Die Kompressions-Kältemaschine

Der „nasse" und „trockene" Gang der Kompressions-Kältemaschine

dargestellt auf Grund von

Versuchen an einer schnellaufenden Schwefligsäure-Kältemaschine

nebst einem Anhang:

Die Berechnung der Kompressions-Kältemaschine mit Hilfe der Entropie- (i-s-) und Temperatur-Volumen- (v-t-) Diagramme der Schwefligsäure-, Ammoniak- und Kohlensäuredämpfe

Von

Dr.-Ing. W. Koeniger

Mit 66 Textfiguren, 2 Tafeln im Text und 8 Diagrammtafeln

München und Berlin 1921
Druck und Verlag von R. Oldenbourg

Vorwort.

Der Hauptteil dieser Arbeit ist vor dem Kriege entstanden und im Jahre 1914 als Dr.-Ing.-Dissertation verwendet worden. Große Teile sind bereits in der Z. f. d. ges. Kälteindustrie abgedruckt worden. Die Arbeit ist aus eingehenden Versuchen hervorgegangen, die ich an einer Schwefligsäure-Kältemaschine durchgeführt habe. Die Bearbeitung der Versuchsergebnisse führte zu neuen Anschauungen, die einen Beitrag zur Lösung der Frage bieten, warum der »nasse« Kompressorgang unter sonst gleichen Verhältnissen wesentlich ungünstigere Leistungsziffern bei ausgeführten Kompressionskältemaschinen ergeben muß als der »trockene« Kompressorgang. Darüber hinaus war die Arbeit Veranlassung, Methoden für die Berechnung einer Kältemaschine auszubilden, die unabhängig voneinander Professor P. Ostertag in seinem Buche: »Die Berechnung der Kältemaschinen auf Grund der Entropiediagramme« angewandt hat, ohne daß jedoch in diesem Werke die wärmetechnische Bedeutung der Faktoren, die das Abweichen der theoretischen mit adiabatischer Kompression arbeitenden Kältemaschine von der wirklichen Maschine bedingen, eingehend im Einzelnen dargelegt worden wäre.

Die einfache Berechnungsart von Kältemaschinen außer für die Schwefligsäuremaschinen auch für die andern gebräuchlichen Kältemaschinen (die Ammoniak- und Kohlensäuremaschinen) zu ermöglichen, veranlaßte mich, nachdem die i-s- und v-t-Diagramme für

I*

Schwefligsäure fertiggestellt worden waren, auch solche für Ammoniak und Kohlensäure anzufertigen. Die Kriegszeit und die erste Zeit nach dem Kriege ließen mir nicht die Muße, die zeitraubende Anfertigung der Diagramme vorzunehmen; erst jetzt konnte die Arbeit vollendet werden. Das i-s-Diagramm in der vorliegenden Form für alle drei Kältemedien, sowie das v-t-Diagramm gestatten, auf einfachste Weise Kältemaschinen für alle Betriebsbedingungen einwandfrei zu berechnen.

Ich halte das i-s-Diagramm weitaus geeigneter für den praktischen Gebrauch bei der Berechnung der Kältemaschinen als das T-s-(Temperatur-Entropie-) Diagramm. Auch scheint mir nach den Erfahrungen, die ich mit neu sich mit der Theorie der Kältemaschinen befassenden Studierenden gemacht habe, als ob auch für das Verständnis der Kälteerzeugungsvorgänge das i-s-Diagramm mit den als Strecken erscheinenden Wärmeinhalten das geeignetere ist. Der Vorteil dieses Diagramms für die Zwecke der Berechnung war auf jeden Fall aber für mich ausschlaggebend, beim Entwurf der Tafeln dem i-s-Diagramm den Vorzug zu geben, zumal ja auch die Handhabung des Diagramms für Wasserdampf in der bekannten Mollierschen Ausführung einem großen Teil von Ingenieuren geläufig ist. Eine Verquickung der Volumendiagramme mit den Entropietafeln erschien mir nicht zweckmäßig, da dadurch die Einfachheit und Übersichtlichkeit der Diagramme erfahrungsgemäß leidet und das Aufsuchen von Werten erschwert wird.

Das Buch ist dazu bestimmt, dem jungen Fachgenossen, insbesondere dem Studierenden, Kenntnis der Theorie der Kältemaschine, die ja wärmetechnisch von großem Interesse ist, zu vermitteln, ihm an der Hand von sorgfältigst durchgeführten Versuchen mit der Anstellung von Versuchen an Kältemaschinen und mit deren Auswertungen vertraut zu machen und ihm schließlich die Grundlagen zur Berechnung von Kältemaschinen zu verschaffen. Dem in der Praxis stehenden Ingenieur — und dafür ist hauptsächlich der Anhang bestimmt — soll das Buch ein Mittel sein, mit Hilfe der Entropiediagramme, Kältemaschinenanlagen schnell zu berechnen und Versuche auszuwerten. Für verschiedene Längen im Text, die aus dem Werdegang des Werkes sich herleiten, muß um Nachsicht gebeten werden.

Das Buch erfüllt hoffentlich den Zweck, einen Beitrag zu bieten für die einfache, aber streng wissenschaftliche Behandlung der Kälteprozesse der hauptsächlichsten Kältemaschinen auf thermodynamischem Wege.

Berlin-Wilmersdorf, den 1. August 1920.

Der Verfasser.

Inhaltsverzeichnis.

Zahlentafelverzeichnis.

Figurenverzeichnis.

Tafelverzeichnis.

Einleitung.

Seitdem, vor allem durch Geheimrat Professor Dr. v. Linde und Professor Dr. H. Lorenz, die wissenschaftliche Erforschung der Vorgänge bei der Kälteerzeugung durch Kompressionsmaschinen eingesetzt hat, gelangte man sehr bald zu der klaren Erkenntnis, daß der Einfluß der Überhitzung der Kaltdämpfe bei ausgeführten Anlagen auf die spezifische Kälteleistung und die Leistungsziffer ein anderer ist, als er nach theoretischen Erwägungen für eine mit adiabatischer Kompression ohne schädlichen Raum arbeitende Maschine zu erwarten wäre. Bezeichnet man mit Q_1 die absolute Kälteleistung in WE/st beim Umlauf von G_a kg/st Kältemedium, mit $A \cdot G_a \cdot L_{ad}$ die aufgewendete Arbeit bei dem Prozeß mit adiabatischer Kompression, mit $A \cdot G_a \cdot L_i$ die bei dem wirklichen Prozeß in WE/st — L_{ad} und L_i bedeuten den Arbeitsbedarf zur adiabatischen und wirklichen Kompression von 1 kg Kältemedium in mkg —, d. h. mit $\dfrac{Q_1}{A \cdot G_a \cdot L_{ad}}$ und $\dfrac{Q_1}{A \cdot G_a \cdot L_i}$ die entsprechenden Leistungsziffern, so nimmt die Leistungsziffer des Prozesses mit adiabatischer Kompression, wie ich später zeigen werde — sieht man von der Unterkühlung vorerst ab —, mit zunehmender Trocknung des Dampfes beim Ansaugen zuerst zu bis zur Erreichung eines Maximums für den Dampfzustand, bei dem der Dampf am Ende der Kompression trocken gesättigt ist, und sodann mit zunehmender Überhitzung am Ende der Kompression wieder ab. Gerade entgegengesetzt sind die Ergebnisse der Praxis. Man findet, daß mit zunehmender Trocknung des Dampfes die Leistungsziffer bei ausgeführten Kältemaschinenanlagen auch dann noch zunimmt, wenn der Dampf am Ende der Kompression sich im überhitzten Zustande befindet; die Leistungsziffer nimmt mit zunehmender Überhitzung ständig zu — die Anlage arbeitet um so günstiger, je höher der Dampf am Ende der Kompression überhitzt ist.

Die zulässige Grenze des Überhitzungsgrades ergibt sich bei ausgeführten Maschinen aus dem Umstande, daß hohe Temperaturen bei Austritt aus dem Kompressor auch Überhitzung des Dampfes beim Eintritt in den Kompressor bedingen, d. h. auch Überhitzung des Dampfes im Verdampfer. Bei Erzeugung überhitzter Dämpfe im Verdampfer ist der Wärmeübergang in diesem Apparat ein schlechterer, weil die Wärmeübergangszahlen bei überhitzten Dämpfen bedeutend niedriger sind als bei gesättigten. Günstige Abmessungen des Verdampfers bedingen ein Arbeiten im Verdampfer mit nassen Dämpfen, günstiges Arbeiten des Kompressors erfordert Ansaugen überhitzter Dämpfe. Die Erkenntnis des Widerspruches dieser beiden Forderungen hat dazu geführt, Einrichtungen zu bauen, die die aus dem Verdampfer kommenden nassen Dämpfe durch Absondern der Flüssigkeit trocknen; die abgeschiedene Flüssigkeit wird dann teils durch natürliches Gefälle, teils durch Pumpvorrichtungen, Strahlapparate usw. wieder in die Flüssigkeitsleitung zurückgefördert. Es bestehen eine ganze Reihe von Patenten für die Ausführung dieser Rückführung. Ich nenne nur die von Linde, Seyboth, Keilbar, Konstanz Schmidt, Stein, die sich im allgemeinen nur nach der Art der Rückführung unterscheiden. Es gelingt auf diese Weise, trockene Dämpfe durch den Kompressor ansaugen zu lassen, während der Dampf im Verdampfer noch naß ist. Man erhält also für Verdampfer wie für den Kompressor günstige Betriebsverhältnisse.

Eine Grenze für die Höhe der Überhitzung bietet bei der Verwendung der schwefligen Säure in Kältemaschinen auch die mangelnde Schmierfähigkeit stark überhitzter schwefliger Säure. Es verbietet sich also bei diesen Maschinen aus betriebstechnischen Rücksichten schon, die Überhitzung allzu weit zu treiben.

Die Einstellung der gewünschten Überhitzung geschieht auf einfache Weise durch Verstellung des Regulierventiles. Durch Öffnen des Regulierventiles wird mehr Flüssigkeit in den Verdampfer befördert und dadurch der Dampfgehalt des Dampfes im Verdampfer erniedrigt, durch Schließen des Regulierventiles wird umgekehrt mehr Flüssigkeit im Kondensator zurückbehalten, so daß die Flüssigkeitsmenge im Verdampfer geringer wird, wodurch größerer Dampfgehalt erzielt wird.

Den Gründen dieses von der Theorie der mit adiabatischer Kompression arbeitenden Kältemaschine abweichenden Verhaltens der wirklichen Maschine nachzuforschen, ist von verschiedenen Forschern versucht worden. Insbesondere war es, wie eingangs erwähnt, Professor Dr. H. Lorenz, der eine Theorie der mit überhitzten Dämpfen arbeitenden Kältemaschine aufstellte. Diese Theorie versuchte Dr. Döderlein an Hand der sog. »Münchener Versuche«, d. h. von Versuchen, die in der von Professor Dr. M. Schröter geleiteten Münchener Versuchsstation in den Jahren 1892—1893 gemacht worden waren, in einer Dissertationsschrift zu stützen[1]).

Professor Dr. Lorenz erklärte das von der mit adiabatischer Kompression arbeitenden Kompressions-

---

[1]) Prüfung und Berechnung ausgeführter Ammoniak-Kompressions-Kältemaschinen an Hand des Indikatordiagrammes. München und Berlin 1903, 2. Auflage. Verlag von R. Oldenbourg.

kältemaschine abweichende Verhalten der wirklichen
Maschine damit, daß bei Eintritt von nassem Dampf
in den Zylinder sofort eine Scheidung von Dampf und
Flüssigkeit eintrete, so daß während des Ansaugens
sich die Flüssigkeit tropfenförmig an den Wandungen
niederschlüge und der Dampf also am Anfang der
Kompression trocken gesättigt wäre. Die Flüssigkeit
bleibt nach dieser Theorie auch während der Kompression noch als Flüssigkeit bestehen, und nach der
Kompression ist ebenfalls der unveränderte Flüssigkeitsgehalt noch vorhanden. Erst beim Hinausschieben
findet eine intensive Durchwirbelung des Dampfes mit
der Flüssigkeit infolge der größeren Geschwindigkeit
in den Druckventilen und damit eine Verdampfung
der Flüssigkeit statt. Die Temperatur des Dampfes
am Ende der Kompression wird also größer sein als
im Druckrohr, da die Überhitzungswärme des überhitzten Dampfes dazu verwendet wird, die zum Verdampfen der Flüssigkeit nötige Wärme zu liefern.
Dadurch würde sich die Erscheinung erklären, daß
bei höherem Flüssigkeitsgehalt beim Ansaugen trotz
gleicher Kompressionsendtemperatur niedrigere Druckrohrtemperaturen auftreten. Nimmt man gleiche umlaufende Gewichtsmengen bei »nassem« und »trockenem«
Kompressorgang an, so wird die Kälteleistung entsprechend dem niedrigeren Wärmeinhalt des nassen Dampfes
beim Eintritt in den Kompressor kleiner bei »nassem«
Kompressorgang sein; denn die absolute Kälteleistung
in dem gesamten System wird gegeben durch

$$Q_\mathrm{I} = G_a \cdot (i_4 - q_8) \ \mathrm{WE/st}$$
$$= G_a \cdot (x_4 \cdot r_4 + q_4 - q_8) \ \mathrm{WE/st}$$
$$= G_a \cdot [x_4 \cdot r_4 - (q_8 - q_4)] \ \mathrm{WE/st}.$$

In dieser Gleichung bedeutet:

G_a die stündlich umlaufende Dampfmenge in kg/st,
i_4 den Wärmeinhalt des Dampfes bei Eintritt
in den Kompressor in WE/kg,

r_4 die Verdampfungswärme in WE/kg,

q_8 die Flüssigkeitswärme vor dem Regulierventil in WE/kg,

q_4 die Flüssigkeitswärme beim Eintritt in den Kompressor,

x_4 den Dampfgehalt beim Eintritt in den Kompressor.

Die indizierte Arbeit $G_a \cdot L_i$ ergibt sich nach der Lorenzschen Theorie, wenn man mit L_i'' die Arbeit zur Kompression von 1 kg gesättigten Dampf, mit L' die Hubarbeit von 1 kg reiner Flüssigkeit bezeichnet, zu

$$A \cdot G_a \cdot L_i = A \cdot G_a \cdot [x_4 \cdot L_i'' + (1 - x_4) \cdot L_i']$$
$$= A \cdot G_a \cdot [L_i' + x_4 \cdot (L_i'' - L_i')].$$

Die Leistungsziffer erhält somit den Wert

$$\varepsilon = \frac{G_a \cdot [x_4 \cdot r_4 - (q_8 - q_4)]}{A \cdot G_a \cdot [L_i' + x_4 (L_i'' - L_i')]} = C_1 - \frac{C_2}{x_4},$$

wenn man L_i' gegen $x_4 \cdot (L_i'' - L_i')$ vernachlässigt, was unbedenklich geschehen kann, und die Konstanten C_1 und C_2 einführt; q_8 ist stets $> q_4$.

Daraus ist unmittelbar zu folgern, daß entsprechend den Ergebnissen der Praxis die Leistungsziffer $\frac{Q_1}{A \cdot G_a \cdot L_i}$ mit zunehmender Trocknung des Dampfes beim Ansaugen, d. h. zunehmendem x_4, auch zunehmen muß und ihr Maximum für den Fall des Ansaugens trocken gesättigter Dämpfe erreicht. Mit dieser Theorie ergibt sich dann weiterhin, wie Professor Dr. Lorenz nachwéist[1]), daß mit zunehmender Überhitzung der angesaugten Dämpfe die Leistungsziffer wieder abnehmen muß, so daß also der Zustand des Ansaugens trocken gesättigter Dämpfe auch gegenüber dem Ansaugen überhitzter Dämpfe bei dieser Theorie ein absolutes Maximum der Leistungsziffer ergibt.

---

[1]) Professor Dr. H. Lorenz, Technische Wärmelehre S. 348 u. 349. München und Berlin 1904. Verlag von R. Oldenbourg.

Dr. Döderlein findet in seiner obenerwähnten Arbeit durch Vergleich ausgeführter Kompressordiagramme, daß im allgemeinen bei allen Kompressorgängen die Kompressionslinie mit der Adiabate für überhitzten Dampf zusammenfällt, und daß nur bei ganz »nassem« Kompressorgang, der sich durch Flüssigkeitsschläge im Kompressor zeigt, die viel flachere Adiabate für nassen Dampf auftritt. Er schließt daraus auf die Richtigkeit der Lorenzschen Theorie, daß eine Abscheidung von Flüssigkeit stattfindet und der Zustand des Dampfes am Beginn der Kompression für alle Dampfzustände derselbe ist. Die Kompressionslinie verläuft vollkommen stetig, während doch bei Übertritt vom Sättigungsgebiet in das Überhitzungsgebiet während der Kompression eine Unstetigkeit erwartet werden müßte.

Während diese Theorie einzig und allein die Abweichung des wirklichen Kompressorganges von dem mit adiabatischer Kompression durch Abscheidung der Flüssigkeit vor Beginn der Kompression erklärt und andere Einflüsse nicht in Betracht zieht, sucht eine andere Theorie das abweichende Verhalten des wirklichen Kompressorganges nur aus den Wandungseinflüssen zu erklären. Der Hauptvertreter dieser Theorie ist Geheimrat Professor Dr. R. Mollier in Dresden. Zur Stützung dieser Theorie sind von Dr.-Ing. Doerffel Versuche angestellt, die beweisen sollen, daß diese Theorie die richtige sei, und daß das Verhalten der Leistungsziffer bei »nassem« und »trockenem« Kompressorgang sich nur aus den verschiedenen Wandungseinflüssen bei nassem und überhitztem Dampf erkläre.

---

[1]) Untersuchungen an einer Kompressions-Kältemaschine an Hand der Messung der umlaufenden Ammoniakmengen. Von Dr.-Ing. E. Doerffel, Bernburg (Mitteilung aus dem Masch.-Labor. B der Techn. Hochschule zu Dresden), Zeitschrift für die gesamte Kälte-Industrie, Jahrgang 1908, S. 1 u. f.

Nach der Mollierschen Theorie erfährt der mit niedriger Temperatur in den Zylinder eintretende Dampf eine Wärmezufuhr von den durch die Kompressions- und Ausschubperioden erwärmten Zylinderwandungen. Diese Wärmeaufnahme — so wird gefolgert — ist bei nassem Dampf infolge der höheren Wärmeübergangs- zahlen größer als bei überhitztem Dampf. Infolgedessen muß der Lieferungsgrad bei »nassem« Kompressorgang geringer sein als bei »trockenem« Kompressorgang. Diese Vorwärmung bewirkt, daß bei allen Kompressor- gängen der Zustand des Dampfes bei Beginn der Kom- pression derselbe sein wird, d. h. daß der Dampf schon überhitzt sein wird, wodurch die nach der Erfahrung mit der Adiabate für überhitzten Dampf übereinstim- mende Kompressionslinie bei allen Kompressorgängen bedingt wird. Der indizierte Arbeitsbedarf zur Kom- pression von 1 kg Dampf wird also, da der Dampf- zustand bei Beginn der Kompression infolge der Vor- wärmung ungefähr der gleiche sein wird, einerlei, ob überhitzter oder nasser Dampf angesaugt wird, auch sich nur wenig verändern. Damit ergibt sich dann, daß die Leistungsziffer

$$\frac{G_a \cdot (i_4 - q_8)}{G_a \cdot L_i} = \frac{(i_4 - q_8)}{L_i}$$

mit zunehmendem Dampfgehalt und zunehmender Über- hitzung vor Eintritt in den Kompressor, d. h. mit steigendem i_4, ständig zunehmen muß.

Das Bestehen von Flüssigkeit während des Ansau- gens ist nach dieser Theorie nicht möglich, da die Flüssigkeitsteilchen, wenn sie auch, wie in einem Wasserabscheider, sich niedersenken, sofort bei der Berührung mit der Wand, die eine höhere Temperatur besitzt, verdampfen. Nur bei sehr nassem Kompressor- gang ist ein Ansammeln von Flüssigkeit möglich. Erst bei diesem Gange ergibt sich die flacher verlaufende nasse Adiabate im Diagramm.

Dr.-Ing. Doerffel hat durch Versuche an der Ammoniakkältemaschinenanlage des Maschinenlaboratoriums der Dresdener Technischen Hochschule diese Theorie zu beweisen gesucht, und zwar durch Bestimmung der umlaufenden Dampfmenge vermittelst eines von ihm konstruierten Ammoniakmengenmessers. Durch Dampfmengenmessung bestimmte Dr.-Ing. Doerffel den Lieferungsgrad des Kompressors bei »nassem« und »trockenem« Kompressorgang, wobei sich tatsächlich dieser bedeutend schlechter bei »nassem« Kompressorgang erwies, und zwar, wie Doerffel nachweist, nur zum kleinen Teil infolge Rückexpansion aus dem schädlichen Raum, in der Hauptsache infolge der Vorwärmung beim Ansaugen. Durch diese Arbeit ist experimentell tatsächlich der Beweis gegeben, daß Wandungseinflüsse bei einem Ammoniakkompressor auftreten.

Bei der Untersuchung von Kältemaschinen kam der Verfasser dazu, sich näher mit den Vorgängen bei »nassem« und »trockenem« Kompressorgang zu beschäftigen. Nachdem in den bekannt gewordenen Laboratoriumsversuchen die am meisten verbreiteten Ammoniakkältemaschinen zum Gegenstand der Untersuchung gemacht worden waren, schien es erwünscht, auch das Verhalten der Schwefligsäure-Maschinen bei verschiedenem Zustand des Dampfes vor Eintritt in den Kompressor zu untersuchen und an Hand dieser Versuche zu ergründen, welche Ursachen das Abweichen von dem Verhalten des mit adiabatischer Verdichtung arbeitenden Kompressors bedingen.

Eine geeignete Maschine, um Versuche nach dieser Hinsicht anzustellen, bot die SO_2-Kältemaschinenanlage des Maschinenbau-Laboratoriums der Kgl. Technischen Hochschule Berlin-Charlottenburg, dessen Vorsteher, Herrn Geh. Reg.-Rat Professor Josse, ich für die Überlassung der Maschine zu Versuchszwecken und für die Förderung der Arbeit zu Dank verpflichtet bin.

Abgesehen davon, daß die untersuchte Maschine
die erste SO$_2$-Kältemaschine ist, die eingehend labora-

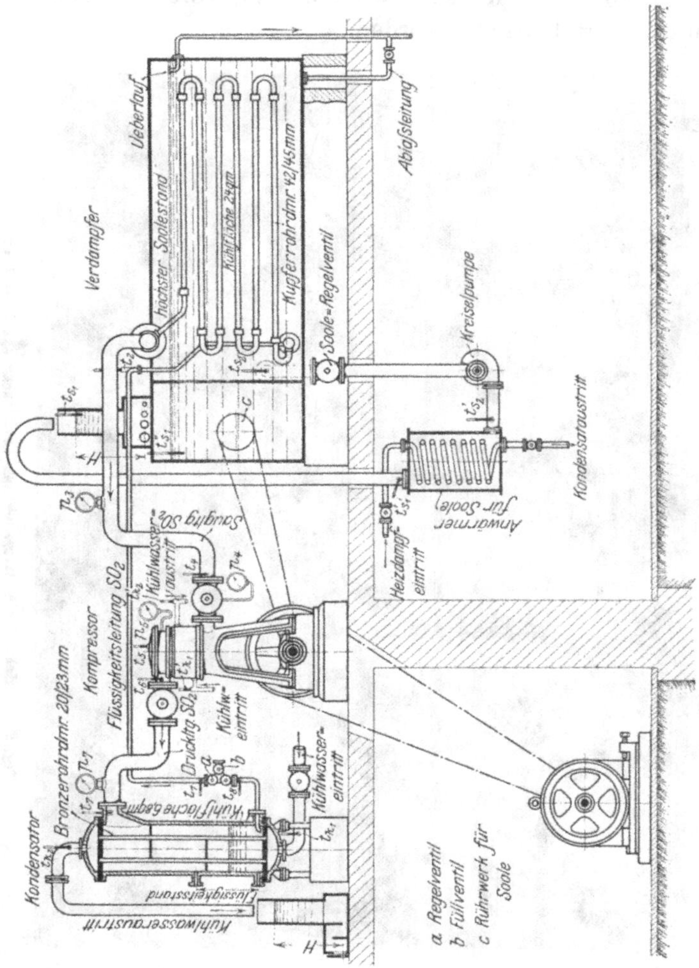

Fig. 1. Schema der Kältemaschinen-Versuchsanlage.

toriumsmäßig untersucht wurde, bieten auch die Versuche deshalb besonderes Interesse, weil es sich um
einen schnellaufenden Kompressor von 250—350 Uml./-

min handelt. Versuche über schnellaufende Motoren
finden sich meines Wissens nicht in der Literatur; sie
sind, wenn sie gemacht worden sind, von den Firmen
nicht veröffentlicht worden.

Fig. 2. Ansicht der Kältemaschinen-Versuchsanlage über Flur.

Der Kompressor ist eine einfach wirkende Maschine,
die durch den Kolben die Dämpfe ansaugt, der Kondensator ist nach den Vorschlägen des Herrn Geheimrat Josse entsprechend den Erfahrungen der Wärme-

übertragung bei Wasserdampfkondensatoren **gebaut.** — Das allgemeine Schema der Kälteanlage geht aus der Fig. 1 hervor. Ein Bild der Anlage zeigen die Fig. 2 u. 3.

Die Anlage ist als Versuchsanlage so durchgebildet, daß sie im Beharrungszustand untersucht werden kann.

Fig. 3. Ansicht der Kältemaschinen-Versuchsanlage unter Flur.

Zu dem Zweck kann entsprechend dem Schema Fig. 1 die Sole aus dem Verdampfer durch eine elektrisch angetriebene, im Keller stehende Pumpe angesaugt und durch einen Heizapparat zum Anwärmen geschickt werden. Vom Anwärmer führt eine Leitung zu einem Meßgefäß mit geeichten Öffnungen, durch die die Sole wieder in den Verdampfer zurückgelangt. Der Soleanwärmer wird durch eine mit Dampf gespeiste Heizschlange geheizt. Durch Ventileinstellung kann die zugeführte Wärmemenge so fein reguliert werden, daß die Soletemperatur im Beharrungszustand konstant bleibt.

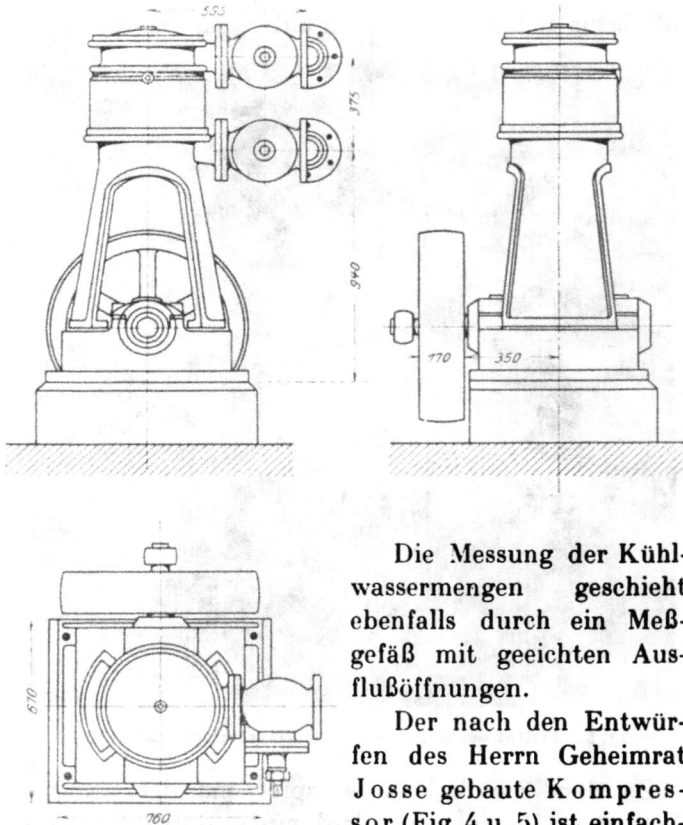

Die Messung der Kühlwassermengen geschieht ebenfalls durch ein Meßgefäß mit geeichten Ausflußöffnungen.

Der nach den Entwürfen des Herrn Geheimrat Josse gebaute Kompressor (Fig. 4 u. 5) ist einfachwirkend und saugt, wie aus der Zeichnung hervorgeht, durch den Kolben hindurch an. Die Stopfbuchse hat infolgedessen nie gegen hohen Druck abzudichten, sondern dieser schwankt entsprechend den Verdampfertemperaturen zwischen geringem Überdruck und niedrigem Vakuum. Der Zylinder hat einen Kühlmantel.

Fig. 4. **Ansicht des Schwefligsäurekompressors.**

Auf Stopfbüchsenkühlung ist verzichtet worden. Die normale Umlaufzahl des Kompressors soll 250 Uml./min betragen; das Triebwerk ist aber so bemessen, daß

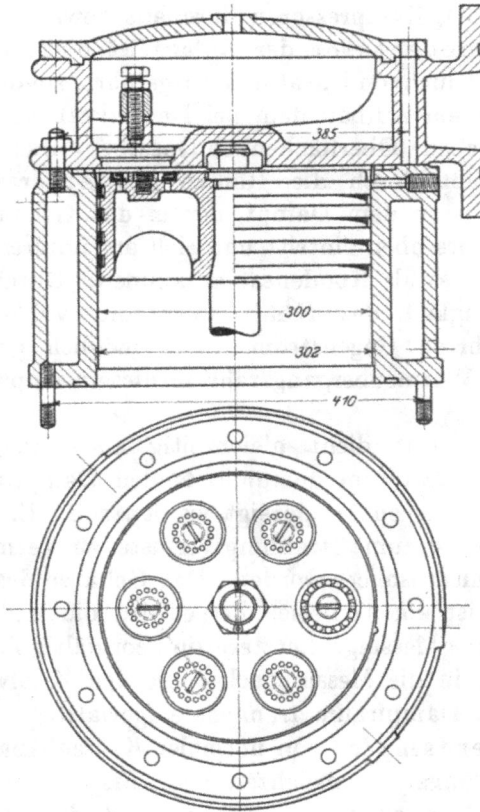

Fig. 5. Schnitt durch den Zylinder des Schwefligsäure-Kompressors.

der Kompressor anstandslos mit 350—400 Uml./min betrieben werden kann. Im Kolben sind 6 Saugventile, im Deckel 6 Druckventile angeordnet. Die Ventile sind dünne Stahlblättchen von rd. 0,3 mm Stärke, die durch Federn belastet sind, die aus einem

2*

einmal gebogenen, 0,5 mm starken Stahlblättchen bestehen. Diese Ventile ermöglichen es, wegen ihrer besonders geringen Masse hohe Umlaufzahlen anzuwenden, und sie haben sich bei Luftkompressoren wie
auch bei SO_2-Kompressoren durchaus bewährt.

Der Kondensator der Anlage ist nicht wie die
normalen Tauchkondensatoren ausgeführt, sondern äh-
nelt in seinem Aufbau dem bei Dampfkraftmaschinen
gebräuchlichen Oberflächenkondensator. Das Kühlwasser fließt durch die Röhren des Apparates im
Gegenstrom zu dem Dampf, der in das Gehäuse des
Kondensators oben eintritt und sich am unteren Ende
des Apparates als Kondensat ansammelt. Durch hohe
Geschwindigkeit des Kühlwassers und vollkommen
durchgeführten Gegenstrom ist es möglich gewesen,
eine hohe Wärmeübergangszahl an diesem Apparat zu
erzielen.

Der Apparat dient gleichzeitig als vorzüglicher
Versuchsapparat, um die umlaufenden Dampfmengen
zu messen, wie später gezeigt werden soll. Er ist zu
diesem Zweck, um Strahlungsverluste zu vermeiden,
sehr sorgfältig isoliert worden. Das Gehäuse des Kondensators ist aus Gußeisen hergestellt, die Kühlrohre
bestehen aus Messing. Letztere sind sorgfältig mit Nut
und Feder in die Messingdeckel, die den Kühlwasser-
raum vom Dampfraum trennen, eingewalzt.

Der Verdampfer von normaler Kastenbauart mit
Kupferschlangen ist gleichzeitig als Eisgenerator aus-
gebildet. Wie oben beschrieben, wird die Sole bei
Versuchen jedoch durch die im Keller befindliche
Umlaufpumpe umgewälzt, und es wird durch Einschal-
ten des Anwärmeapparates eine Beharrungstemperatur
hergestellt.

Außer dem Kondensator sind selbstverständlich
Verdampfer, Flüssigkeitsleitung, Saugleitung und Sole-
leitungen sorgfältig isoliert. Aber auch die SO_2-Druck-

leitung ist der Versuchszwecke wegen mit starker Isolierung versehen.

An der Anlage sind an allen wichtigen Meßstellen Stutzen für Thermometer angebracht, wie auch Anschlußstellen für Manometer. Die Meßstellen werden später bei Beschreibung der Versuche angegeben werden.

Die Dimensionen der einzelnen Teile der Anlage sind in folgendem zusammengestellt.

1. Kompressor.

Kolbendurchmesser . . . . . . $d = 300$ mm,
Kolbenstangendurchmesser . . . . $d' = 55$ »
Wirksame Kolbenfläche . . . . $F_K = 706{,}85$ cm²,
Hub . . . . $s = 120$ mm,
Zylinderkonstante . . . . . . $\dfrac{F_K \cdot s}{60 \cdot 75} = 0{,}01883$.

2. Kondensator.

Anzahl der Rohre 75,
Rohrdurchmesser . . . . 20/23 mm,
Rohrlänge . . . . 1300 »
Mittlere Kühlfläche . . . . 6,575 m²,
Kühlwasserzuleitungsdurchmesser . . . 60 mm,
Kühlwasserableitungsdurchmesser . . . 60 »

3. Verdampfer.

Kupferrohrdurchmesser . . . . 42/45 mm,
Mittlere Verdampfungsfläche . . . . . 24 m²,

4. Leitungen.

SO₂-Saugleitungsdurchmesser . . . . . . 90 mm,
SO₂-Druckleitungsdurchmesser . . . . . 90 »
SO₂-Flüssigkeitsleitungsdurchmesser . . . 25 »

Der schädliche Raum der Maschine ist durch mehrfache Messung zu 5,05 v. H. des Hubvolumens bestimmt worden.

Vor Erörterung der ausgeführten Versuche und deren Bearbeitung soll im ersten Kapitel der Arbeit an Hand des Entropiediagrammes gezeigt werden, wie sich der Kälteprozeß mit adiabatischer Kompression ohne schädlichen Raum des Kompressors bei verschiedenen Ansaugezuständen vor Eintritt in den Kompressor verhält.

Das Entropiediagramm gibt ein besonders anschauliches und klares Bild über sämtliche Vorgänge bei dem Gesamtprozeß der Kompressionskältemaschine und gestattet, gerade dem Anfänger die oftmals schwer verständlichen Vorgänge deutlich klarzumachen. Es findet als T-s-(Temperatur-Entropie-) Diagramm und i-s-(Wärmeinhalt-Entropie-) Diagramm Verwendung. Ein T-s-Diagramm für Kohlensäure hat bereits Mollier im Jahre 1896 angegeben[1]); auf die Bedeutung des i-s-Diagrammes auch für Kältemaschinenprozesse hat er im Jahre 1904 hingewiesen und ein i-s-Diagramm für Kohlensäure veröffentlicht.[2]) Es ist verwunderlich, daß die Entropiediagramme — die ja allgemein für die Beurteilung von Arbeitsprozessen der Dampfkraftmaschinen, insbesondere der Dampfturbinen, der Verbrennungskraftmaschinen und Kompressoren und für deren Berechnungszwecke Verwendung finden — verhältnismäßig nur wenig in der landläufigen einschlägigen Literatur über Kältemaschinen benutzt werden. Von neueren Arbeiten nenne ich nur die Veröffentlichungen von Dr. Hýbl über Zahlentafeln und Diagramme für Ammoniak und schweflige Säure[3]), insbesondere aber die Veröffentlichung von Professor P. Ostertag in Buchform: »Die Berechnung der Kältemaschinen auf Grund der Entropiediagramme«[4]). In beiden Arbeiten wird jedoch nur das T-s-Diagramm, nicht das i-s-Diagramm verwendet.

Verfasser hat für Schwefligsäuredämpfe besondere Entropietafeln entworfen, die sich an die von Hýbl angegebenen Werte anlehnen, jedoch in einigen Punk-

---

[1]) Zeitschr. f. d. ges. Kälte-Ind. Jahrg. 1896, S. 65, 90.
[2]) Z. d. V. d. Ing., Jahrg. 1904, S. 271.
[3]) Ztschr. f. d. ges. Kälte-Ind. Jg.1911, S. 161; Jg. 1913, S.65.
[4]) Verlag von Julius Springer. Berlin 1913.

ten aus Gründen abweichen, die später dargelegt werden sollen. Die nach Aufzeichnung dieser Tafeln erschienenen Entropietafeln Professor Ostertags sind bezüglich des Überhitzungsgebietes nur für annähernde Rechnungen brauchbar, weil sie auf Grund einer konstanten niedrigen spezifischen Wärme des überhitzten Schwefligsäuredampfes angefertigt sind, während die spezifische Wärme der überhitzten schwefligen Säure offenbar viel höher liegt, wie schon Professor Dr. Lorenz gezeigt hat, und ebenso wie die anderer überhitzter Dämpfe abhängig von Druck und Temperatur ist.

---

1. Kapitel.

Verhalten einer verlustlos arbeitenden Kältemaschine mit adiabatischer Kompression ohne schädlichen Raum.

Die in einer mit adiabatischer Kompression ohne schädlichen Raum und ohne Druck- und Strahlungsverluste arbeitenden Kältemaschine auftretenden Arbeitsvorgänge stellen sich in dem Entropiediagramm so dar, wie in Fig. 6 u. 7 gezeigt ist. Das Diagramm ist für die Druckgrenzen und die Unterkühlungstemperatur entworfen, auf die später sämtliche ausgeführten Versuche reduziert worden sind.

Druck vor dem Kompressor . . . . 1,20 at abs.
Druck hinter dem Kompressor . . . 5,00 » »
Unterkühlungstemperatur im Kondensator . . . . 10,8° C.

Im Diagramm sind fünf verschiedene Kompressionsvorgänge eingetragen und zur Diskussion gestellt:

1. Dampf vor der Kompression naß,
   » nach » » »

2. Dampf vor der Kompression naß,
   »   nach »   »   überhitzt,
3.   »   vor »   »   »
      »   nach »   »   »

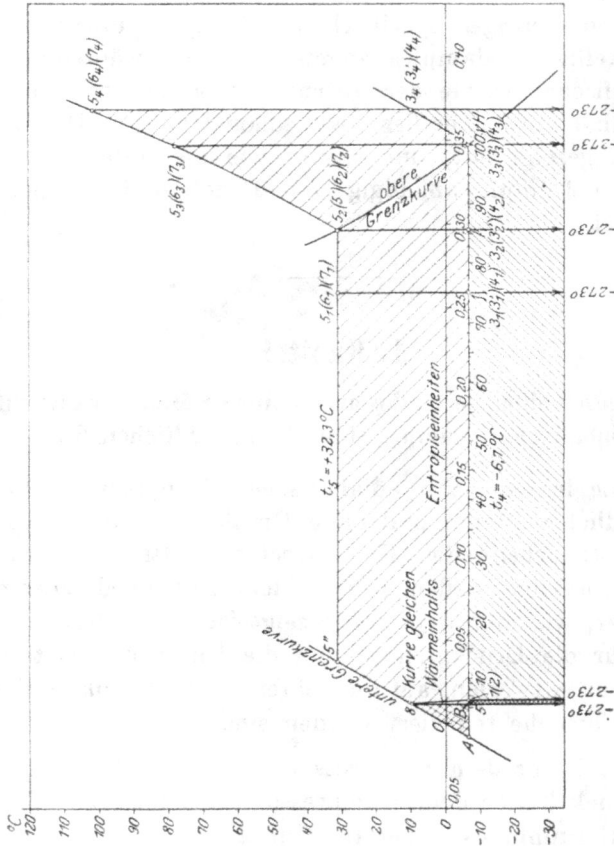

Fig. 6. T—s-Diagramm einer verlustlos arbeitenden Kältemaschine mit adiabatischer Kompression.

und der Grenzfälle
   2a) Dampf vor der Kompression naß,
       »   nach »   »   trocken gesättigt,
   2b) »   vor »   »   »   »
        »   nach »   »   überhitzt.

In den Fig. 6 u. 7 ist der Zustand des Dampfes während der Zustandsänderung durch die gleichen Zahlen bezeichnet, durch die die Meßstellen bei den später angegebenen Versuchen angegeben sind. Da die Zu-

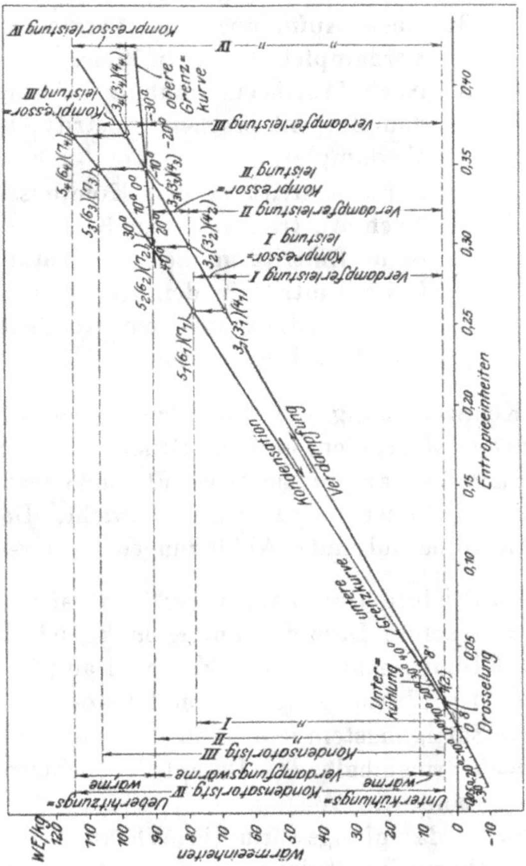

Fig. 7.

i—s-Diagramm einer verlustlos arbeitenden Kältemaschine mit adiabatischer Kompression.

standsänderung in einer verlustlosen Maschine ohne Strahlungs- und Druckverluste in den Leitungen verläuft, so sind bei dieser Maschine die Zustände des Dampfes an hintereinander liegenden Meßstellen, die bei der wirklichen Maschine Unterschiede zeigen, dieselben. Die Meßstellen an der ausgeführten Maschine sind folgende:

Meßstelle 1: Hinter dem Regulierventil.

» 2: Beim Eintritt in den Verdampfer.

» 3: Nach Aufnahme von Wärme in dem Verdampfer durch die Sole.

» 3': Nach Wärmeeinstrahlung in den Verdampfer, entsprechend Austritt aus dem Verdampfer.

» 4: Beim Eintritt in den Kompressor.

» 5: Nach Austritt aus dem Kompressor.

» 6: Beim Eintritt in die Druckleitung.

» 7: Beim Eintritt in den Kondensator.

» 8: Nach Austritt aus dem Kondensator. Vor dem Regulierventil.

Zur Kennzeichnung des Dampfzustandes an den verschiedenen Meßstellen sind für Druck, Temperatur, Wärmeinhalt, Verdampfungswärme, Flüssigkeitswärme, spezifisches Volumen, spezifisches Gewicht, Dampfgehalt, Entropie folgende Abkürzungen angewendet:

$p =$ absolute Dampfspannung in at abs.,

$P =$ absolute Dampfspannung in kg/m² abs.,

$t, T =$ Temperatur des überhitzten Dampfes oder der Flüssigkeit in ⁰ C und ⁰ abs.,

$t', T' =$ Sättigungstemperatur in ⁰ C und ⁰ abs.,

$i =$ Wärmeinhalt des Dampfes beliebigen Zustandes in WE/kg,

$r =$ Verdampfungswärme in WE/kg,

$i'' =$ Wärmeinhalt des trocken gesättigten Dampfes in WE/kg,

$q =$ Flüssigkeitswärme in WE/kg,

$x =$ Dampfgehalt,

$v =$ spezifisches Volumen von Dampf beliebigen Zustandes in m³/kg,

$v'' = $ spezifisches Volumen des trocken gesättigten Dampfes in m³/kg,

$v' = $ spezifisches Volumen der Flüssigkeit in m³/kg,

$\gamma, \gamma'', \gamma' = $ spezifisches Gewicht des Dampfes oder der Flüssigkeit in kg/m³,

$s = $ Entropie des Dampfes oder der Flüssigkeit beliebigen Zustandes,

$s'' = $ Entropie des gesättigten Dampfes,

$s' = $ Entropie der Flüssigkeit.

Zu diesen Bezeichnungen ist die Nummer der betreffenden Meßstelle als Index gesetzt worden.

Bei der mit adiabatischer Kompression verlustlos arbeitenden Maschine fallen von diesen Meßstellen verschiedene zu einer zusammen.

Es sind dies die Meßstellen:

1 und 2, Dampfzustand hinter dem Regulierventil, im Entropiediagramm bezeichnet als 1 (2),

3, 3', 4 Dampfzustand beim Eintritt in den Kompressor, im Entropiediagramm bezeichnet als 3 (3') (4),

5, 6, 7 Dampfzustand nach Austritt aus dem Kompressor, im Entropiediagramm bezeichnet als 5 (6) (7).

Im Diagramm ist weiterhin bezeichnet als 5' bei überhitztem Dampf nach der Kompression der Beginn der Verflüssigung, mit 5'' der Beginn der Unterkühlung.

Mit diesen Bezeichnungen ergeben sich aus dem Diagramm die Kondensator-, Verdampfer- und Kompressorleistungen sowie die Leistungsziffern des Kälteprozesses mit adiabatischer Kompression ohne schädlichen Raum des Kompressors und ohne Saug-, Druck- und Strahlungsverlusten in folgender Weise:

Die Verdampferleistung:
$$Q_{I_0} = (i_4 - q_8)\ \text{WE/kg}.$$

Die Kondensatorleistung:
$$Q_{II_0} = (i_5 - q_8)\ \text{WE/kg}.$$

Die Kompressorleistung:
$$Q_{II_0} - Q_{I_0} = (i_5 - i_4)$$

Die Leïstungsziffer:
$$\varepsilon_0 = \frac{Q_{I_0}}{Q_{II_0} - Q_{I_0}}$$

$$\frac{1}{\varepsilon_0} = \frac{Q_{II_0} - Q_{I_0}}{Q_{I_0}} = \frac{Q_{II_0}}{Q_{I_0}} - 1.$$

Sieht man von der Kältemaschine mit Expansionszylinder ab und betrachtet sogleich eine Kältemaschine mit Ersatz des Expansionszylinders durch ein Regulierventil, so ist in Fig. 6 die Verdampferleistung durch die unter 1 (2)—(3) (3') (4) liegende, bis zur —273° C-Linie reichende Fläche gegeben. Die Kondensatorleistung ergibt sich durch die unter dem Linienzug 5 (6) (7)—5'—5''—8 liegende, bis zur —273° C reichende Fläche (bei nassem Dampf nach der Kompression durch die Fläche unter dem Linienzug 5 (6) (7)—5''—8), die Kompressorleistung durch die Fläche A—5''—5'—5 (6) (7)—3 (3') (4)—A (bei nassem Dampf nach der Kompression durch die Fläche unter dem Linienzug A—5''—5 (6) (7)—3 (3') (4)—A).

Der Kälteverlust durch den Fortfall des Expansionszylinders und dessen Ersatz durch das Regulierventil ist durch den unter B—1 (2) liegenden Flächenstreifen, der Leistungsverlust, in Wärmemaß gemessen, durch das die Leistung des Expansionszylinders darstellende Dreieck A—8—B, das dem unter B—1 (2) liegenden Flächenstreifen flächengleich ist, gegeben. Der Vorgang der Drosselung im Regulierventil wird durch die Linie gleichen Wärmeinhaltes 8—1 (2) dargestellt.

Diese Darstellung gilt für den allgemeinen Fall, daß das Kondensat vor dem Regulierventil unterkühlt ist. Ist keine Unterkühlung vorhanden, so ergibt sich in ähnlicher Weise der Zustand nach der Drosselung durch die Verzeichnung einer Linie gleichen Wärmeinhaltes von 5″ bis zur t_4'-Linie. Bezeichnet man diesen Schnittpunkt mit 1′, so ist die Verdampferleistung durch das Rechteck unter 1′—3 (3′) (4) bis zur —273°-Linie, die Kondensatorleistung durch die Fläche unter 5 (6) (7)—5′—5″ bis zur —273°-Linie gegeben. Die Kompressorleistung ist die gleiche wie vorher.

In der Fig. 7 sind für die gleichen Dampfzustände die gleichen Bezeichnungen angewandt wie in der Fig. 6. Die Wärmeinhalte erscheinen in dem $i—s$-Diagramm in übersichtlicher Weise als Strecken. Der Drosselvorgang wird durch die der Abszissenachse parallele Gerade 8—1 (2) gegeben. Der Verlust an Kälteleistung infolge des Ersatzes des Expansionszylinders durch das Regulierventil wird durch den senkrechten Abstand des Punktes 8 von der Verdampfungslinie dargestellt. Die gleiche Strecke stellt den durch Fortfall des Expansionszylinders entstehenden Leistungsverlust, in Wärmemaß gemessen, dar. Aus der Betrachtung des $i—s$-Diagrammes ergibt sich somit ohne weiteres, daß der bei Fortfall des Expansionszylinders entstehende Verlust an Kälteleistung gleich dem entstehenden Leistungsverlust ist, während die Gleichheit der diese Verluste im $T—s$-Diagramm darstellenden Flächen (s. oben) nicht ohne weiteres dem Auge in diesem Diagramm sichtbar ist.

In Fig. 8 sind in Abhängigkeit von dem Dampfgehalt vor der adiabatischen Kompression die Kondensator-, Verdampfer- und Kompressorleistungen aufgetragen, und zwar

1. für einen Prozeß ohne Unterkühlung,

2. für eine Unterkühlung auf 10,8° C, entsprechend der tiefsten Unterkühlung, die bei den
Versuchen erreicht werden konnte.

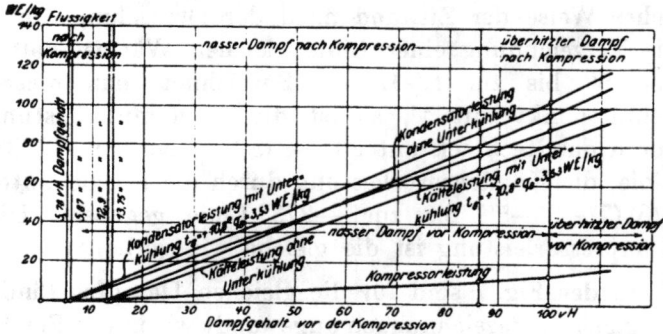

Fig. 8. **Verdampfer-, Kondensator- und Kompressorleistungen bei adiabatischer
Kompression in Abhängigkeit vom Dampfzustand vor der Kompression.**
Druck vor der Kompression $p_4 = 1,20$ at abs., $t_4' = -6,7°$ C.
Druck nach der Kompression $p_5 = 5,00$ at abs., $t_5' = -32,3°$ C.

Für zwei weitere Unterkühlungstemperaturen, für
die in Fig. 9 die Leistungsziffern verzeichnet worden
sind, nämlich für 20° C Unterkühlungstemperatur und
für 12,49° C Unterkühlungstemperatur — letzterem

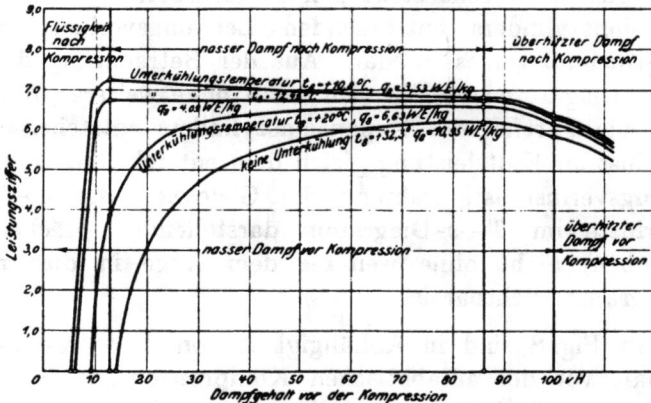

Fig. 9. **Leistungsziffern bei adiabatischer Kompression in Abhängigkeit vom
Dampfzustand vor der Kompression.**
Druck vor der Kompression $p_4 = 1,20$ at abs., $t_4' = -6,7°$ C.
Druck nach der Kompression $p_5 = 5,00$ at abs., $t_5' = +32,3°$ C.

Wert kommt eine besondere Bedeutung zu, wie wir später sehen werden —, sind die Kondensator- und Verdampferleistungen nicht in Fig. 8 eingetragen, um das Bild nicht unübersichtlich zu machen, da die Kurven zum Teil übereinander liegen. Wie man aus der Darstellung ersieht, ist der Ansaugezustand, für den die Kondensator- und Verdampferleistung $= 0$ werden, verschieden, je nach der Höhe der Unterkühlungstemperatur vor dem Regulierventil. Die Kompressorleistung ist von der Unterkühlungstemperatur unabhängig und hat für jeden Zustand des Dampfes vor der Kompression einen bestimmten Wert. Die Kompressorleistung erreicht den Wert 0 für den Dampfzustand vor der Kompression $= 0$. Dies ist sofort aus der Betrachtung des Entropiediagrammes zu erkennen. Für die Kompressorleistung 0 muß die Kondensatorleistung $(i_5 — q_8) =$ der Verdampferleistung $(i_4 — q_8)$ sein. Dies ist nur möglich, wenn $i_4 = i_5$ ist. Dieser Fall hat natürlich eine rein rechnerische Bedeutung. Er ist nur denkbar für $x_4 = 0$; in diesem Fall wird $i_4 = — q_4$ und auch i_5 muß in seiner Größe $= — q_4$ sein. D. h. die Kurven der Kondensator- und Verdampferleistungen für gleiche Unterkühlungstemperatur, schneiden sich auf der Ordinatenachse bei einem negativem Wert, der die Größe $(— q_4 — q_8)$ WE/kg hat. Negative Kondensator- und Verdampferleitungen sind selbstverständlich, wie gesagt, nur errechnete Werte, die für die Verzeichnung der Kurven von Wert sind. Der Grenzwert der für den Kälteprozeß möglichen Kondensator- und Verdampferleistung ist 0. Der Dampfzustand vor der Kompression x_4', für den die Verdampferleistung $= 0$ wird, bestimmt sich in folgender Weise.

Es muß die Verdampferleistung $(i_4 — q_8) = 0$ sein, somit gilt

$$i_4 = q_4 + x_4' \cdot r_4 = q_8$$

$$x_4' = \frac{q_8 — q_4}{r_4}.$$

Der Wert x_4'', für den die Kondensatorleitung = 0 wird, ist dadurch bestimmt, daß für diesen Fall die Kondensatorleistung $(i_5 - q_8) = 0$, $i_5 = q_8$ ist. Für die Entropien gelten daher folgende Beziehung

$$s_5 = s_8' = s_4' + \frac{x_4'' \cdot r_4}{T_4'}.$$

Aus dieser Gleichung bestimmt sich das x_4'', für das die Kondensatorleistung = 0 wird.

Auf Grund der Verdampfer- und Kompressorleistungen sind in Fig. 9 die Leistungsziffern für die Druckgrenzen 1,20 at abs. und 5,00 at abs. in Abhängigkeit von dem Dampfzustand vor der Kompression aufgetragen. Es seien zuerst betrachtet die Kurven für die Unterkühlung 0°, für eine Unterkühlung auf 20° und für eine Unterkühlung auf 10,8°C, der höchsten Unterkühlung, die, wie gesagt, bei den Versuchen erreicht werden konnte. Allen Kurven sind Unstetigkeiten gemeinsam und zwar:

1. bei dem Dampfzustand, der trocken gesättigten Dampf nach der Kompression ergibt, für die Druckgrenzen des Beispieles $x_4 = 86$ v. H.,
2. bei trocken gesättigtem Dampf vor der Kompression $x_4 = 100$ v. H.,
3. (für die Kurve der Kälteprozesse mit Unterkühlung) bei dem Dampfzustand, bei dem nach adiabatischer Kompression Flüssigkeit im Grenzzustande vorhanden ist.

Man ersieht aus der Darstellung, daß die Kurve für Unterkühlung 0° stetig bis zu dem Augenblick verläuft, in dem der Dampf nach der Kompression sich zu überhitzen beginnt. In diesem Augenblick wird das Maximum der Leistungsziffer erreicht, dann senkt sich die Kurve sehr schnell bis zum Dampfzustand 100 v. H. vor der Kompression, um von diesem Augenblick an wieder langsamer zu fallen.

Die Kurve für 20⁰ Unterkühlungstemperatur verläuft
im Anfang steiler, hat einen Knick bei Eintritt des
komprimierten Dampfes in das Dampfgebiet, und verläuft im Überhitzungsgebiet ähnlich wie die erste Kurve.
Das Maximum der Leistungsziffer liegt offenbar wieder
bei $x_4 = 100$ v. H.

Die dritte zu betrachtende Kurve ist für die Unterkühlungstemperatur $t_8 = 10,8^0$ verzeichnet. Sie besitzt
innerhalb des Überhitzungsgebietes nach der Kompression denselben Charakter wie die beiden eben besprochenen Kurven, verläuft jedoch im Sättigungsgebiet
vollkommen anders wie diese. Das Maximum der Leistungsziffer liegt auf der Grenzkurve zwischen Dampf
und Flüssigkeit nach der Kompression, von diesem
Augenblick an fällt die Kurve zuerst langsam, dann
aber sehr schnell, bis zum Wert von x_4, für den die
Verdampferleistung $= 0$ ist.

Bei diesem Charakter der Kurven muß es offenbar
eine Unterkühlung geben, für die die Leistungsziffer
innerhalb des Sättigungsgebietes konstant ist.

Um diesen Wert der Unterkühlung und diese konstante Leistungsziffer zu finden und um zu beweisen,
daß die Kurven in dieser Weise verlaufen müssen, ist
eine analytische Betrachtung der adiabatischen Kompressionsvorgänge zweckmäßig.

Selbstverständlich kann aber auch aus beiden Entropiediagrammen abgelesen werden, welche Größe die
Leistungsziffer haben muß.

Bei der rechnerischen Ermittlung der Leistungsziffer sind die Rechnungen verschieden, je nach dem
Zustand des Dampfes vor und nach der Kompression.
Es sind bei der Rechnung die auf Seite 23—24 ge-
nannten verschiedenen Kompressionsvorgänge zu unterscheiden.

Die Kompressionsvorgänge, die innerhalb des Flüssigkeitsgebietes fallen, sollen in der nachstehenden Darstellung nicht betrachtet werden, da sie nur rechnerischen Wert besitzen.

Die Bezeichnungen für Wärmeinhalte, Flüssigkeitswärmen, Drucke, Temperaturen, spezifische Volumina und Entropien entsprechen den Angaben auf Seite 26 und 27.

1. Nasser Dampf vor und nach der Kompression.

Es gilt für die Wärmeinhalte:

$$i_4 = q_4 + x_4 \cdot r_4$$
$$i_5 = q_5 + x_5 \cdot r_5$$

Für die Entropien:

$$s_4 = s_4' + \frac{x_4 \cdot r_4}{T_4'}$$
$$s_5 = s_5' + \frac{x_5 \cdot r_5}{T_5'}.$$

Für adiabatische Zustandsänderung muß sein:

$$s_4 = s_5$$
$$s_4' + \frac{x_4 \cdot r_4}{T_4'} = s_5' + \frac{x_5 \cdot r_5}{T_5'}$$
$$x_5 \cdot r_5 = (s_4' - s_5') \cdot T_5' + \frac{x_4 \cdot r_4}{T_4'} \cdot T_5'.$$

Mit diesen Werten ergibt sich:

die Verdampferleistung

$$Q_{I.} = (i_4 - q_8) = (q_4 - q_8 + x_4 \cdot r_4),$$

die Kondensatorleistung

$$Q_{II.} = (i_5 - q_8) = (q_5 - q_8 + x_5 \cdot r_5) =$$
$$= (q_5 - q_8) + (s_4' - s_5') \cdot T_5' + \frac{x_4 \cdot r_4}{T_4'} \cdot T_5'.$$

Für die Leistungsziffer läßt sich nach früherem schreiben:

$$\frac{1}{\varepsilon_0} = \frac{Q_{II.}}{Q_{I.}} - 1 = \frac{(q_5 - q_8) + (s_4' - s_5') \cdot T_5' + \frac{x_4 \cdot r_4}{T_4'} \cdot T_5'}{q_4 - q_8 + x_4 \cdot r_4} - 1$$

$$= \frac{T_5'}{q_4 - q_8 + x_4 \cdot r_4} \cdot \left[\frac{x_4 \cdot r_4}{T_4'} + \frac{q_5 - q_8}{T_5'} + (s_4' - s_5') \right] - 1$$

$$= \frac{T_5'}{q_4 - q_8 + x_4 \cdot r_4} \cdot \left[\frac{q_4 - q_8 + x_4 \cdot r_4 - q_4 + q_8}{T_4'} + \right.$$
$$\left. + \frac{q_5 - q_8}{T_5'} + (s_4' - s_5') \right] - 1$$

$$= \frac{T_5'}{T_4'} - 1 + \frac{T_5'}{q_4 - q_8 + x_4 \cdot r_4} \cdot$$
$$\cdot \left[\frac{q_8 - q_4}{T_4'} - \frac{q_8 - q_5}{T_5'} + (s_4' - s_5') \right].$$

Ob dieser Wert mit wachsendem x_4 zu- oder abnimmt, richtet sich danach, ob das dritte Glied $>$ oder < 0 ist. Das Vorzeichen dieses Gliederausdruckes hängt wieder davon ab, ob der Klammerausdruck positiv oder negativ ist, da $\frac{T_5'}{q_4 - q_8 + x_4 \cdot r_4}$ stets > 0 ist. Das Vorzeichen des Klammerausdruckes richtet sich nach der Größe von q_8. Der Wert $(s_4' - s_5')$ wird stets < 0 sein, da s_4' stets $< s_5'$. Ist somit

$$\frac{q_8 - q_4}{T_4'} - \frac{q_8 - q_5}{T_5'} > (s_4' - s_5'),$$

so wird das dritte Glied des Ausdruckes $\frac{1}{\varepsilon_0}$ positiv, damit nimmt $\frac{1}{\varepsilon_0}$ mit wachsendem x_4 ab und ε_0 mit wachsendem x_4 zu. Ist umgekehrt

$$\frac{q_8 - q_4}{T_4'} - \frac{q_8 - q_5}{T_5'} < (s_4' - s_5'),$$

so wird das dritte Glied des Ausdruckes $\frac{1}{\varepsilon_0}$ negativ,

3*

damit nimmt dieses mit wachsendem x_4 ab, $\dfrac{1}{\varepsilon_0}$ nimmt zu und ε_0 nimmt mit wachsendem x_4 wiederum ab.

Für den Grenzfall gilt:

$$\frac{q_8 - q_4}{T_4{'}} - \frac{q_8 - q_5}{T_5{'}} = (s_4{'} - s_5{'}).$$

Der Klammerausdruck wird $= 0$, das dritte Glied in der Summe ebenfalls $= 0$, und $\dfrac{1}{\varepsilon_0}$ ist für den Geltungsbereich der Formel konstant:

$$\frac{1}{\varepsilon_0} = \frac{T_5{'}}{T_4{'}} - 1 = \frac{T_5{'} - T_4{'}}{T_4{'}}$$

$$\varepsilon_0 = \frac{T_4{'}}{T_5{'} - T_4{'}}$$

gleich der Leistungsziffer des Carnotprozesses. Die Unterkühlungswärme für diesen konstanten Wert der Leistungsziffer ist dann:

$$\frac{q_8 - q_4}{T_4{'}} - \frac{q_8 - q_5}{T_5{'}} = (s_4{'} - s_5{'})$$

$$(q_8 - q_4) \cdot T_5{'} - (q_8 - q_5) \cdot T_4{'} = T_4{'} \cdot T_5{'} (s_4{'} - s_5{'})$$

$$q_8 = \frac{T_4{'} \cdot T_5{'} \cdot (s_4{'} - s_5{'}) + q_4 \cdot T_5{'} - q_5 \cdot T_4{'}}{(T_5{'} - T_4{'})}.$$

Nimmt $\dfrac{1}{\varepsilon_0}$ mit wachsendem x_4 ab, so ist für diesen Fall der Minimalwert für $x_4 = 100$ v. H. gegeben, d. h. der Maximalwert von ε_0 ist dann vorhanden, wenn der Dampf vor der Kompression trocken gesättigt ist.

Für den entgegengesetzten Fall, daß $\dfrac{1}{\varepsilon_0}$ mit wachsendem x_4 zunimmt, ist der kleinste Wert, den $\dfrac{1}{\varepsilon_0}$ annehmen kann, für den kleinsten Wert vorhanden, den x_4 innerhalb des Geltungsbereiches der Formel besitzen kann, nämlich den Ansaugezustand, für den nach der Kompression Flüssigkeit im Grenzzustande vorhanden ist. Für diesen Wert ist dann also ε_0 ein Maximum.

Die Kurven für ε_0 innerhalb des Sättigungsgebietes finden also nach vorstehendem ihre Erklärung.

Die Flüssigkeitswärme, für die die ε_0-Kurve innerhalb des Sättigungsgebietes konstant ist, ist nach der obigen Formel für die Drücke, für die die Kurven verzeichnet sind, 1,20 at abs. Druck vor der Kompression und 5 at abs. Druck nach der Kompression,

$$q_8 = 4,09 \ \text{WE/kg}.$$

Die dazugehörige Unterkühlungstemperatur beträgt

$$t_8 = 12,49^0 \ \text{C}.$$

Die Leistungsziffer hat für diesen Fall den Wert

$$\varepsilon_0 = 6,75.$$

2. **Nasser Dampf vor der Kompression, überhitzter Dampf nach der Kompression.**

Für die Wärmeinhalte gilt:

$$i_4 = q_4 + x_4 \cdot r_4$$
$$i_5 = q_5 + r_5 + \int_{T_5'}^{T_5'} c_{p_i} \cdot dT \sim q_5 + r_5 + c_{p_i} \cdot (T_5 - T_5').$$

Für die Entropien gilt:

$$s_4 = \frac{x_4 \cdot r_4}{T_4'} + s_4'$$
$$s_5 = \int_{T_5'}^{T_5} c_{p_i} \cdot \frac{dT}{T} + s_5'' = c_{p_i} \cdot \ln \frac{T_5}{T_5'} + s_5''.$$

Annähernd kann gesetzt werden:

$$s_5 \sim c_{p_i} \cdot \frac{(T_5 - T_5')}{\dfrac{T_5 + T_5'}{2}} + s_5''.$$

Es muß dann für adiabatische Kompression sein:

$$s_4 = s_5 = \frac{x_4 \cdot r_4}{T_4'} + s_4' = s_5'' + \frac{c_{p_i} \cdot (T_5 - T_5')}{\dfrac{T_5 + T_5'}{2}}$$
$$x_4 \cdot r_4 = T_4' \cdot (s_5'' - s_4') + c_{p_i} \cdot \frac{(T_5 - T_5') \cdot T_4'}{\dfrac{T_5 + T_5'}{2}}.$$

Mit diesem Werte wird:

Die Verdampferleistung:

$$Q_{I_\bullet} = (i_4 - q_8) = (q_4 - q_8) + T_4' \cdot (s_5'' - s_4') +$$
$$+ c_{p_\bullet} \cdot \frac{(T_5 - T_5') \cdot T_4'}{\dfrac{T_5 + T_5'}{2}}.$$

Die Kondensatorleistung:

$$Q_{II_\bullet} = (i_5 - q_8) = (q_5 - q_8) + r_5 + c_{p_\bullet} \cdot (T_5 - T_5').$$

Mit Benutzung der Beziehungen ist:

$$\frac{1}{\varepsilon_0} = \frac{(q_5 - q_8) + r_5 + c_{p_\bullet} \cdot (T_5 - T_5')}{(q_4 - q_8) + T_4' \cdot (s_5'' - s_4') + c_{p_\bullet} \cdot \dfrac{(T_5 - T_5') \cdot T_4'}{\dfrac{T_5 + T_5'}{2}}} - 1$$

$$= \frac{\dfrac{q_5 - q_8 + r_5}{c_{p_\bullet} \cdot (T_5 - T_5') \cdot \dfrac{T_4'}{\dfrac{T_5 + T_5'}{2}}} + \dfrac{(T_5 + T_5')}{2 \cdot T_4'}}{\dfrac{q_4 - q_8 + T_4' \cdot (s_5'' - s_4')}{c_{p_\bullet} \cdot (T_5 - T_5') \cdot \dfrac{T_4'}{\dfrac{T_5 + T_5'}{2}}} + 1} - 1.$$

Setzt man in dieser Gleichung die Konstanten $= C$, so ergibt sich:

$$\frac{1}{\varepsilon_0} = \frac{C_1 \cdot \dfrac{(T_5 + T_5')}{(T_5 - T_5')} \cdot \dfrac{1}{c_{p_\bullet}} + C_2 \cdot (T_5 + T_5')}{C_3 \cdot \dfrac{(T_5 + T_5')}{(T_5 - T_5')} \cdot \dfrac{1}{c_{p_\bullet}} + 1} - 1$$

$$= \frac{C_1 + C_2 \cdot c_{p_\bullet} \cdot (T_5 - T_5')}{C_3 + c_{p_\bullet} \dfrac{(T_5 - T_5')}{(T_5 + T_5')}} - 1$$

$$= \frac{C_1 \cdot \left[1 + \dfrac{C_2}{C_1} \cdot c_{p_\bullet} \cdot (T_5 - T_5') \right]}{C_3 \cdot \left[1 + \dfrac{1}{C_3} \cdot c_{p_\bullet} \cdot \dfrac{(T_5 - T_5')}{(T_5 + T_5')} \right]} - 1$$

Um den Einfluß der Höhe von T_5 auf den Wert $\dfrac{1}{\varepsilon_0}$ zu erkennen, ist das Verhältnis

$$\frac{\dfrac{C_2}{C_1} \cdot c_{p_*} \cdot (T_5 - T_5')}{\dfrac{1}{C_3} \cdot c_{p_*} \cdot \dfrac{T_5 - T_5'}{T_5 + T_5'}} = C_4 \cdot (T_5 + T_5') = Y$$

bei verschiedenen Überhitzungstemperaturen zu erörtern.

Dieser Wert Y wächst mit zunehmender Überhitzung. Damit ergibt sich, daß mit zunehmender Überhitzung

$$\frac{C_2}{C_1} \cdot c_{p_*} \cdot (T_5 - T_5') > \frac{1}{C_3} \cdot c_{p_*} \cdot \frac{T_5 - T_5'}{T_5 + T_5'}$$

$$1 + \frac{C_2}{C_1} \cdot c_{p_*} \cdot (T_5 - T_5') > 1 + \frac{1}{C_3} \cdot c_{p_*} \cdot \frac{T_5 - T_5'}{T_5 + T_5'},$$

und es folgt daraus, daß $\dfrac{1}{\varepsilon_0}$ mit wachsender Über-hitzung auch zunimmt, d. h. daß ε_0 für den Fall, daß der Dampf vor Beginn der Kompression naß, nach der Kompression überhitzt ist, mit zunehmender Überhitzung abnimmt.

3. Überhitzter Dampf vor und nach der Kompression.

Für die Wärmeinhalte gilt:

$$i_4 = q_4 + r_4 + \int_{T_4}^{T_4'} c_{p_*} \cdot dT = q_4 + r_4 + c_{p_*} \cdot (T_4 - T_4')$$

$$i_5 = q_5 + r_5 + \int_{T_5}^{T_5'} c_{p_*} \cdot dT = q_5 + r_5 + c_{p_*} \cdot (T_5 - T_4')$$

Damit ergibt sich:

Die Verdampferleistung:

$$Q_{I_*} = (q_4 - q_8) + r_4 + c_{p_*} \cdot (T_4 - T_4').$$

Die Kondensatorleistung:

$$Q_{II_4} = (q_5 - q_8) + r_5 + c_{p_4} \cdot (T_5 - T_5').$$

$$\frac{1}{\varepsilon_0} = \frac{(q_5 - q_8) + r_5 + c_{p_4} \cdot (T_5 - T_5')}{(q_4 - q_8) + r_4 + c_{p_4} \cdot (T_4 - T_4')} - 1$$

$$= \frac{\dfrac{q_5 - q_8 + r_5}{c_{p_4} \cdot (T_4 - T_4')} + \dfrac{c_{p_4} \cdot (T_5 - T_5')}{c_{p_4} \cdot (T_4 - T_4')}}{\dfrac{q_4 - q_8 + r_4}{c_{p_4} \cdot (T_4 - T_4')} + 1} - 1.$$

Es werde gesetzt:

$$c_{p_4} \cdot (T_4 - T_4') = X$$
$$c_{p_4} \cdot (T_5 - T_5') = Y$$
$$\frac{c_{p_4} \cdot (T_5 - T_5')}{c_{p_4} \cdot (T_4 - T_4')} = \frac{Y}{X} = Z.$$

Zur Beurteilung der Gleichung für $\dfrac{1}{\varepsilon_0}$ ist zu diskutieren, wie sich der Wert Z bei verschiedenen Überhitzungen verhält.

Aus dem Charakter der c_p-Kurven geht, wie man aus der späteren Fig. 11 ersieht, hervor, daß c_p um so stärker mit der Temperatur fällt, je höher der Druck ist. Infolgedessen wird nach der Gleichung

$$(s - s'') = \int_T^{T'} \frac{c_p \cdot dT}{T} = c_p \cdot \ln \frac{T}{T'}$$

bei hohem Druck die Entropie des im Überhitzungsgebiete liegenden Teiles der Zustandsänderung mit wachsender Überhitzungstemperatur für das gleiche Temperaturverhältnis langsamer zunehmen als bei niedrigem Druck.

Damit ergibt sich, daß die Kurven gleichen Wärmeinhaltes im Überhitzungsgebiet des T—s-Diagrammes stärker bei hohem als bei niedrigem Druck ansteigen, und die Beziehung zwischen der Überhitzungswärme

bei Kondensatordruck und bei Verdampferdruck kann
gegeben werden durch den Ausdruck:

$$c_{p_4} \cdot (T_5 - T_5') = c_{p_4} \cdot (T_4 - T_4')^n$$

n ist in dieser Gleichung eine Zahl > 1 und steigt mit
wachsender Überhitzung an. Für die Gleichung für Z
kann somit geschrieben werden:

$$Z = \frac{c_{p_4} \cdot (T_4 - T_4')^n}{c_{p_4} \cdot (T_4 - T_4')} = 1^n;$$

der Ausdruck Z wächst somit mit steigender Überhitzung.

Mit den angegebenen Abkürzungen ergibt sich:

$$\frac{1}{\varepsilon_0} = \frac{\frac{C_1}{X} + Z}{\frac{C_2}{X} + 1} - 1$$

$$\frac{C_1 \cdot \left(1 + \frac{X \cdot Z}{C_1}\right)}{C_2 \cdot \left(1 + \frac{X}{C_2}\right)} - 1 = \frac{C_1}{C_2} \frac{\left(1 + \frac{X \cdot Z}{C_1}\right)}{\left(1 + \frac{X}{C_2}\right)} - 1.$$

Für die Größe von $\dfrac{1}{\varepsilon_0}$ ist das Verhältnis

$$\frac{\frac{X \cdot Z}{C_1}}{\frac{X}{C_2}} = C_3 \cdot Z$$

maßgebend. Es ergibt sich damit, daß auch

$$\frac{\left(1 + \frac{X \cdot Z}{C_1}\right)}{\left(1 + \frac{X}{C_2}\right)}$$

mit wachsendem Z und somit mit steigender Überhitzung zunimmt.

Damit ist bewiesen, daß auch $\dfrac{1}{\varepsilon_0}$ mit wachsender Überhitzung zunimmt, somit der Leistungsfaktor ε_0 für den Fall, bei dem der Dampf vor und nach der adiabatischen Kompression überhitzt ist, mit wachsender Überhitzung abnimmt.

Die Leistungsziffern für die obengenannten Grenzfälle der Kompression, nämlich für die Fälle, daß

2a) der Dampf vor der Kompression naß, nach der Kompression trocken gesättigt ist,

2b) vor der Kompression trocken gesättigt, nach der Kompression überhitzt ist,

lassen sich nach obiger Darstellung leicht ausrechnen.

Durch die Darstellung ist bewiesen, daß die Leistungsziffern für adiabatische Kompression sich so verhalten müssen, wie es die Fig. 9 angibt.

Ein vollkommen anderes Verhalten als die mit adiabatischer Kompression ohne schädlichen Raum und ohne Saug-, Druck- und Strahlungsverluste arbeitende Maschine zeigt die ausgeführte Maschine, wie an den im folgenden dargestellten und bearbeiteten Versuchen nunmehr gezeigt werden wird. Bevor jedoch der Frage nähergetreten werden soll, wie groß die Leistungsziffer der untersuchten Maschine für verschiedene Ansaugezustände und Umlaufzahlen ist, und wodurch das Abweichen von dem Gange der mit adiabatischer Kompression arbeitenden Maschine bedingt wird, soll zunächst der Gang der Versuche dargestellt werden, und sodann durch Aufstellung der Wärmebilanzen der Versuche ein Maßstab dafür gewonnen werden, ob der Genauigkeitsgrad der Versuche groß genug ist, um aus ihnen allgemein gültige Schlüsse über das Verhalten von SO_2-Kältemaschinen zu ziehen.

2. Kapitel.

Ausführung der Versuche.

1. Beschreibung der Versuche.

Für die Versuche wurde folgender Versuchsplan auf-
gestellt:

A. Einstellung auf konstante Umlaufzahl, Veränderung des Ansaugezustandes.

B. Möglichste Konstanthaltung des Ansaugezustandes, Veränderung der Umlaufzahl.

Um die Versuche nicht zu umfangreich zu gestalten,
wurde darauf verzichtet, bei verschiedenen Drücken
die Versuche durchzuführen, sondern als einheitliche
Druckgrenzen wurden für den unmittelbar am Kompressor gemessenen Ansaugedruck 1,20 at abs., für den
Kompressionsenddruck 5,00 at abs. festgelegt. Der
Kompressionsenddruck wurde deshalb in dieser Höhe
gewählt, weil die Versuche auch bei höheren Umlaufzahlen durchgeführt werden sollten, der Kondensator
aber nur so groß bemessen ist, daß bei normaler Umlaufzahl von rd. 250 Uml./min bei normalem »trok-
kenen« Gang etwa 4,00 at abs. Kondensatordruck er-
zielbar ist. Für die Genauigkeit der Versuche war es
von Wichtigkeit, diese Druckgrenzen 1,20 at abs. und
5,00 at abs. genau innezuhalten. Die Einstellung des
Kondensatordruckes geschah durch Regulierung der
Kühlwassertemperatur vermittelst Veränderung der
Kühlwassermenge, die Einstellung des Verdampfer-
druckes erfolgte durch Regulierung der Soletemperaturen. Der Ansaugezustand vor dem Kompressor
wurde durch Einstellung des Regulierventiles verändert.
Die zur Erzielung größerer Dampffeuchtigkeit vor Eintritt in den Kompressor erforderliche größere Öffnung
des Regulierventiles und das dadurch bedingte ver-

mehrte Absaugen von Flüssigkeit aus dem Kondensator bewirkt, daß infolge des geringeren Flüssigkeitsstandes in dem stehenden Oberflächenkondensator die Unterkühlung um so geringer wird, je größer die Dampffeuchtigkeit vor dem Kompressor ist. Je größer die Flüssigkeitsmenge im Verdampfer ist — diese Flüssigkeitsmenge hängt von dem Zustand des Dampfes vor dem Kompressor u n d der Umlaufzahl ab —, desto größer wird anderseits der Druckabfall zwischen Regulierventil und Kompressor sein. Daher findet man bei den Versuchen 5, 6 und 8, die bei niedriger Umlaufzahl und nassem Dampf vor dem Kompressor durchgeführt wurden, stärkere Druckdifferenzen zwischen dem Regulierventil und dem Kompressoreintritt. Die abnormal hohe Abdrosselung bei Versuch 5 ist dadurch zu erklären, daß bei diesem ganz im Beginn der Untersuchung vorgenommenen Versuch die Füllung der Maschine eine zu große war, so daß der Verdampfer überfüllt wurde. Da aber dieser Versuch im übrigen sehr brauchbar erschien, wurde er mit für die Auswertung verwendet, während für die übrigen Versuche die Füllung der Maschine verringert wurde.

Vor jedem Versuch wurden ein oder zwei Vorversuche angestellt. Solche Versuche, bei denen die Verhältnisse während des Ablesens nicht vollkommen konstant blieben, wurden für die Bearbeitung nicht verwendet. Die Maschine war 4—6 Stunden nach Einstellung der gewünschten Verhältnisse im Betrieb, bevor mit den Ablesungen begonnen wurde; diese wurden fünfminutlich vorgenommen.

Die Düsen in dem Ausflußgefäß, das zur Messung der Sole verwendet wurde, wurden vor jedem Versuch sorgfältig von abgelagerten Solekrusten gereinigt, da kleine Ablagerungen schon große Veränderungen in der Ausflußziffer hervorrufen. Während des Versuches konnte keine beträchtliche Veränderung der Höhe im

Ausflußgefäß beobachtet werden; die Eichung der scharfkantigen Öffnungen des Soleausflußgefäßes erfolgte vor und nach den Versuchen. Die Unterschiede zwischen den beiden Eichungen betrugen weniger als ¼ v. H.

Die Öffnungen der Kühlwasserausflußgefäße wurden ebenfalls sorgfältig vor jedem Versuch gereinigt, die Eichungen vor und nach den Versuchen gaben praktisch gleichwertige Ergebnisse.

Die Messung der Drücke geschah auf der Saug- und Druckseite durch Federmanometer. Geeicht wurden die Instrumente an der Quecksilbersäule des Maschinenbaulaboratoriums.

Für die Messung der Soletemperaturen, der Kühlwassertemperaturen und der Temperaturen der SO_2-Dämpfe auf der Saugseite wurden auf $1/_{10}°$ C eingeteilte Quecksilberthermometer verwendet. Die Ablesung geschah mittels aufgesetzter Lupen. Die Thermometerhülsen für die Messung der Temperaturen der SO_2-Dämpfe auf der Saugseite wurden mit Spiritus aufgefüllt. Für die Dampftemperaturen wurden Thermometer bis 110° C Einteilung verwendet. Sämtliche Thermometer wurden geeicht, auf negative Temperaturen mit abgekühlter Kochsalzlösung, die allmählich durch Einstrahlung sich erwärmte. Für die Eichung wurden von der Physikalisch-Technischen Reichsanstalt geeichte Normalinstrumente verwendet.

Für die Indizierung wurde ein von der Firma Maihak in Hamburg gelieferter Indikator kleiner Masse verwendet, der katalogmäßig für 500 Uml./min geeignet sein soll. Der Trommelantrieb wurde von einem direkt am Kreuzkopf befestigten Mitnehmer abgeleitet. Der Indikator erwies sich zur Aufzeichnung der Kompressionslinie als sehr zweckmäßig, ist ja auch der Kompressionsvorgang bei einem Kompressor für eine richtige Wiedergabe im Indikatordiagramm gut geeignet. Eine einwandsfreie Wiedergabe der schnell verlaufenden Expansionslinie durch den Indikator ließ sich bei den für die Versuche in Frage kommenden Umlaufzahlen nicht mehr erreichen. Der richtige Verlauf der Expansionslinie aus dem Diagramm konnte daher nur schätzungsweise bestimmt werden. Die Eichung der sorgfältig ausgesuchten Feder geschah durch Gewichtsbelastung vor, während und nach den Versuchen. Eine Differenz gegenüber dem angegebenen Federmaßstab und eine Veränderung des Federmaßstabes konnte durch die Eichungen nicht gefunden werden.

Die Umlaufzahl wurde durch einen von der Kurbelwelle des Kompressors angetriebenen Hubzähler ermittelt. Die minutliche Umlaufzahl wurde außerdem durch einen Umdrehungszähler zehnminutlich nachgeprüft.

Für die einwandsfreie Durchführung der Versuche war vor allem darauf zu sehen, daß

1. die Kompressororgane möglichst dicht waren,
2. keine Luft sich in der Maschine befand.

Über die Größe der durch etwaige Undichtigkeiten der Kompressorventile und des Kolbens bedingten Versuchsfehler lassen sich selbstverständlich, wie bei allen Kolbenmaschinen, nicht irgendwelche Angaben machen. Ein Maßstab für die Dichtheit der Ventile bietet das Indikatordiagramm. Nach diesem konnte, wie später noch gezeigt werden wird, auf eine größere Undichtheit der Ventile nicht geschlossen werden.

Um die Dichtheit der Ventile und des Kolbens zu prüfen, wurden während der Versuche bei geschlossenem Regulierventil und abgestellter Kühlwasserzufuhr zum Kondensator Schwefligsäuredämpfe in den Kondensator gepreßt. Darauf wurde der Kompressor stillgesetzt und einmal bei geschlossenem Absperrventil vor dem Kompressor der Druckabfall des Kondensatormanometers in einem bestimmten Zeitabschnitt beobachtet und anschließend daran der Versuch bei geöffnetem Absperrventil vor dem Kompressor wiederholt. Es zeigte sich, daß der Druckabfall, den das Manometer anzeigte, in beiden Fällen praktisch der gleiche war; z. B. sank bei einem Versuche sowohl bei geöffnetem wie bei geschlossenem Absperrventil der Druck von 5,30 at abs. innerhalb 15 Minuten auf 4,55 at abs., wobei die Abnahme der Drücke mit der Zeit stetig in gleicher Weise bei beiden Versuchen geringer wurde.

Ich bin hiernach der Meinung, daß die Ventile im Betrieb praktisch dicht sein müssen; sie saugen sich infolge der geringen Stärke in ihrem Sitz fest. Zur Dichtheit tragen auch die hohen Umlaufzahlen bei, die bewirken, daß die Ventile mit verhältnismäßig großer Kraft beim Schließen auf ihren Sitz gepreßt werden. Gewöhnliche Merkmale für Undichtheiten, wie abnormale Geräusche in den Ventilen, schwere Einstellung »nassen« Kompressorganges und dadurch bedingte schwere Bereifung des Saugstutzens — letztere Merkmale treten bei undichten Saugventilen auf — konnten nicht beobachtet werden.

Das Ansaugen von Luft durch die Stopfbüchse des Kompressors während des Betriebes wurde dadurch vermieden, daß im Betrieb mit Saugdrücken höher als Atmosphärendruck gearbeitet wurde. Durch die Vakua, die bei Absaugen der Dämpfe aus dem Verdampfer und das Hineindrücken in den Kondensator bei Stillsetzen der Anlage entstehen, hätte gegebenenfalls ein Ansaugen von Luft bewirkt werden können. Zur Vorsicht wurden deshalb öfters während der Versuche Entlüftungen der Maschine vorgenommen. Ein Kennzeichen für Luft in der Maschine ist ein eigenartiges surrendes Geräusch im Regulierventil; dieses konnte nie beob-

achtet werden. Auch konnten bei niedrigen Umlaufzahlen mit Leichtigkeit niedrige Kondensatordrücke
und niedrige Druckrohrtemperaturen erreicht werden,
deren abnormale Größe sonst stets auf Ansammeln
von Luft in der Maschine hinweist. Es ist somit anzunehmen, daß tatsächlich die Anlage praktisch luft-
frei war.

2. Auswertung der Versuche.

Für die Auswertung der Versuche auf Grund der
durch Eichung richtiggestellten Werte ist vor allem
nötig:

    a) für die Bestimmung der Kälteleistung die
       Kenntnis der spezifischen Wärme der Sole,

    b) für die wärmetechnische Untersuchung der An-
       lage die Kenntnis der wärmetechnischen Daten
       der schwefligen Säure.

Für die Bestimmung der spezifischen Wärme einer
Kochsalzlösung habe ich die Versuche von Dr. Doerffel[1]) benutzt. Die Versuchsergebnisse, die sich auf eine

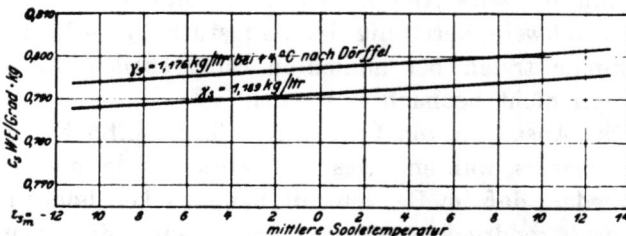

Fig. 10. **Spezifische Wärme der Sole bei verschiedenen Soletemperaturen.**

Kochsalzlösung von einem spezifischen Gewicht von
1,176 kg/l bei +4° C beziehen, sind in Fig. 10 in Abhängigkeit von der mittleren Soletemperatur aufgetragen. Auf Grund von verschiedenen Versuchen
kann man nach einer Darstellung in Lorenz-Heinel,

---

[1]) Zeitschr. f. d. ges. Kälte-Ind. Jahrg. 1908, Heft 1, S. 8.

»Neuere Kühlmaschinen«[1]) bei rd. 1 v. H. Erhöhung
des spezifischen Gewichtes rd. 0,75 v. H. Verminderung der spezifischen Wärme bei Kochsalzlösungen
annehmen. Unter Benutzung dieser Zahl habe ich in
Fig. 10 eine Linie eingetragen, die ungefähr den Verlauf der spezifischen Wärme bei dem während der Versuche vorhandenen spezifischen Gewicht von 1,189 kg/l
wiedergeben wird. Da die Versuche von Dr. Doerffel
bis auf 3 vom Tausend mit Versuchen übereinstimmen, die im Laboratorium für technische Physik an
der Technischen Hochschule in München gemacht sind,
und da der Grad der Verminderung der spezifischen
Wärme mit der Erhöhung des spezifischen Gewichtes
auch die Ergebnisse verschiedener Versuche widergibt,
so liegt offenbar der für die Berechnung der Kälteleistung bei den vorliegenden Versuchen verwendete
Wert der spezifischen Wärme innerhalb der erforderlichen und möglichen Genauigkeitsgrenzen.

Für die Bestimmung der wärmetechnischen Daten
der Schwefligsäuredämpfe wurde die von Dr. Hýbl
in der »Zeitschrift für die gesamte Kälteindustrie«[2])
angegebene Callendarsche Zustandsgleichung

$$v - v' = \frac{13,24 \cdot T}{P} - 0,016 \cdot \left(\frac{273}{T}\right)^4$$

benutzt.

$v' =$ das spezifische Volumen der Flüssigkeit
kann in dem praktischen Temperaturbereich konstant
$= 0,0007$ m³/kg angenommen werden.

Der Vergleich dieser Callendarschen Zustandsgleichung mit der Zustandsgleichung von Tumlirz für
Schwefligsäuredämpfe

$$v = \frac{13,24 \cdot T}{P} - 0,01$$

[1]) Lorenz und Heinel, Neuere Kühlmaschinen, 4. Aufl.
S. 372. München und Berlin 1909. Verlag von R. Oldenbourg.
[2]) Zeitschr. f. d. ges. Kälte-Ind. Jahrg. 1913, Heft 4, S. 65.

und der van der Waalsschen Form

$$P = \frac{13,24 \cdot T}{v - 0,006} - \frac{61}{v^2}$$

ergibt, daß die Tumlirzsche Formel bei allen Dämpfen große Abweichungen gegenüber den wirklichen, durch den Versuch ermittelten Werten zeigt, während die van der Waalssche Form fast identische Werte mit den Versuchswerten und der Callendarschen Zustandsgleichung ergibt.

Versuchstechnisch ist die schweflige Säure innerhalb des Sättigungsgebietes durch Regnault und Cailletet und Mathias sorgfältig untersucht worden. Versuche von Sajotschewsky und Blümcke haben im wesentlichen dieselben Ergebnisse gehabt wie die Regnaultschen Versuche.

Für die Spannungskurve, d. h. die Abhängigkeit des Druckes von der Temperatur, habe ich die Werte von Regnault und Cailletet und Mathias gewählt. Diese sind in Zahlentafel 1 eingetragen.

Die Werte für die spezifischen Volumina, die ich nach der obigen, von Hýbl gewählten Callendarschen Zustandsgleichung berechnet habe, weichen im Sättigungsgebiet von der van der Waalsschen Form maximal um weniger als 2 v. H. ab, von der Tumlirzschen Form um weniger als 3 v. H., von den von Lorenz angegebenen, aus Messungsergebnissen von Cailletet und Mathias und Lange[1]) zusammengestellten Werten der spezifischen Volumina maximal um weniger als 4 v. H. Die von Mollier[2]) angegebenen Werte weichen maximal von den gewählten Werten um 2 v. H. ab. Für die benutzte Ansaugetemperatur beträgt die maximale vorkommende Abweichung, bezogen auf sämtliche Versuche (gegenüber

---

[1]) Zeitschr. f. d. ges. Kälte-Ind. Jahrg. 1899, S. 82.
[2]) Zeitschr. f. d. ges. Kälte-Ind. Jahrg. 1903, S. 125.

Zahlentafel I. Gesättigte Dämpfe der schwefligen Säure.

Temperatur t °C	Druck p at abs.	Rauminhalt v″ m³/kg	Spez. Gewicht γ kg/m³	Wärmeinhalt WE/kg		Verdampfungswärme WE/kg			Entropie		
				der Flüssigkeit q	des Dampfes i″	gesamte r	innere ρ	äußere ψ	der Flüssigkeit s′	des Dampfes s″	$\frac{r}{T}$
— 30	0,392	0,795	1,258	— 9,07	94,01	103,08	95,77	7,31	— 0,0352	0,3890	0,4242
— 25	0,512	0,617	1,621	— 7,63	93,63	101,26	93,85	7,41	— 0,0293	0,3790	0,4083
— 20	0,657	0,488	2,049	— 6,17	93,24	99,41	91,89	7,52	— 0,0234	0,3695	0,3929
— 15	0,831	0,391	2,558	— 4,67	92,88	97,55	89,93	7,62	— 0,0175	0,3606	0,3781
— 10	1,039	0,317	3,155	— 3,14	92,56	95,68	87,97	7,71	— 0,0117	0,3521	0,3638
— 5	1,286	0,259	3,861	— 1,59	92,19	93,78	85,99	7,79	— 0,0059	0,3440	0,3499
0	1,578	0,213	4,695	0	91,87	91,87	84,00	7,87	0	0,3365	0,3365
+ 5	1,921	0,177	5,650	+ 1,61	91,55	89,94	82,00	7,94	+ 0,0059	0,3294	0,3235
+ 10	2,321	0,148	6,757	+ 3,26	91,26	88,00	80,00	8,00	+ 0,0117	0,3227	0,3110
+ 15	2,785	0,124	8,065	+ 4,93	90,96	86,03	77,98	8,05	+ 0,0175	0,3161	0,2986
+ 20	3,320	0,105	9,524	+ 6,63	90,68	84,05	75,95	8,10	+ 0,0234	0,3103	0,2869
+ 25	3,934	0,089	11,236	+ 8,37	90,43	82,06	73,91	8,15	+ 0,0293	0,3047	0,2754
+ 30	4,635	0,076	13,158	+ 10,13	90,17	80,04	71,85	8,19	+ 0,0352	0,2994	0,2642
+ 35	5,432	0,065	15,385	+ 11,92	89,93	78,01	69,79	8,22	+ 0,0410	0,2943	0,2533
+ 40	6,335	0,056	17,857	+ 13,74	89,71	75,97	67,72	8,25	+ 0,0469	0,2896	0,2427

der Lorenzschen Form), rd. 3,5 v. H.; bei der bei den Versuchen benutzten Kondensatortemperatur stimmen die von sämtlichen Forschern angegebenen Werte für v'' fast genau mit dem gewählten Wert überein.

Für das Überhitzungsgebiet ergeben die gewählte Callendarsche Form der Zustandsgleichung und die van der Waalssche Form der Zustandsgleichung für 100° Überhitzungstemperatur maximal 1 v. H. Abweichung.

Für die spezifische Wärme bei konstantem Druck leitet für den Gesamtwärmeinhalt und die Entropie auf Grund der allgemeinen Wärmegleichung

$$d\,i = T \cdot ds + A \cdot v \cdot d\,P$$

Dr. Hýbl folgende Ausdrücke ab:

$$c_p = c_{p_0} + 7{,}51 \cdot 10^{-4} \cdot \left(\frac{273}{T}\right)^4 \cdot \frac{P}{T}$$

$$i = c_{p_0} \cdot t - 1{,}878 \cdot 10^{-4} \cdot \left(\frac{273}{T}\right)^4 \cdot P + 1{,}64 \cdot 10^{-6} \cdot P + Y$$

$$s = c_{p_0} \cdot \ln T - 0{,}03108 \ln P - 1{,}5 \cdot 10^{-4} \cdot \left(\frac{273}{T}\right)^4 \cdot \frac{P}{T} + X.$$

c_{p_0} bedeutet in diesen Gleichungen den Grenzwert der spezifischen Wärme, d. h. die spezifische Wärme für 0 at, die nach neueren Forschungen mit der Temperatur zunimmt.

Dieser Grenzwert der spezifischen Wärme c_{p_0} ist von Dr. Hýbl in der angezogenen Abhandlung zu 0,32 WE/kg·°C angegeben worden. Der Wert wurde nach den mir persönlich von Dr. Hýbl gemachten Mitteilungen mittelbar aus Versuchen bestimmt, die von ihm zur Ermittlung der spezifischen Wärme von überhitzter schwefliger Säure angestellt waren, und stellt den Mittelwert aus verschiedenen Versuchen dar.

Regnault hat die spezifische Wärme für die im vollkommenen Gaszustand befindliche schweflige

Säure im Mittel zu 0,154 WE/kg·⁰C angegeben[1]).
Dieser Wert wurde auf folgende Weise auf kalorimetri-
schem Wege ermittelt. Die reine, durch Behandlung
von metallischem Kupfer mit konzentrierter siedender
Schwefelsäure erzeugte schweflige Säure wurde durch
ein Ölbad auf rd. 185⁰ C erhitzt, die Austrittstemperatur aus dem Kalorimeter betrug im Mittel rd. 18⁰ C.
Der Druck ist in dem Versuchsbericht nicht angegeben.
Aus den Angaben, daß durch eine Kältemischung die
schweflige Säure flüssig gehalten werden mußte, ist
aber zu schließen, daß der Druck unter 1,5 at abs.
gewesen sein, sich etwa zwischen 1,0 und 0,5 at abs.
gehalten haben muß. Nimmt man nach diesen Angaben eine Sättigungstemperatur von —10⁰ C an, so
hat die Überhitzung der schwefligen Säure bei Eintritt
in das Kalorimeter 195⁰ C, bei Austritt 28⁰ C betragen. Der von Regnault angegebene Wert 0,154
WE/kg·⁰C stellt also den Mittelwert der spezifischen
Wärme der überhitzten schwefligen Säure innerhalb
der großen Temperaturgrenzen 195⁰ C und 28⁰ C Überhitzung bei einem Druck von etwa 1,0 at abs. dar.
Schweflige Säure bei diesem niedrigen Druck und solchen hohen Überhitzungen kommt natürlich in der
Praxis der Kältemaschinen nicht vor. Bei niedrigen
Überhitzungsgraden und bei höheren Drücken müssen
höhere spezifische Wärmen nach den Erfahrungen bei
anderen Dämpfen vorhanden sein. Da der Regnault-
sche Wert für die Bestimmung der spezifischen Wärme
innerhalb der in der Praxis der Kältemaschinen vorkommenden Temperaturgrenzen somit keinen Anhalt
bot, außer den von Hýbl angegebenen Werten aber keine
weiteren Versuchsergebnisse über die Größe der spezifischen Wärme überhitzter schwefliger Säure vorliegen, habe
ich die letzteren, d. h. den Wert $c_{p_0} = 0,32$ WE/kg·⁰C,

---

[1]) Mémoires de l' Académie des Scienes de France, Bd. 26,
Jahrg. 1862, S. 145.

verwendet. Daß die mit Hilfe dieses Wertes und der oben angegebenen Formel errechneten Werte offenbar die Größenordnung der spezifischen Wärme der überhitzten schwefligen Säure innerhalb der in der Praxis der Kältemaschinen vorkommenden Überhitzungen einigermaßen richtig wiedergeben, scheinen mir außer der Durchrechnung meiner Versuche mit diesen Werten auch Rechnungen von Lorenz zu bestätigen, der durch ein Näherungsverfahren[1]) mit Hilfe des Exponenten der Kompressionslinie von Indikatordiagrammen ausgeführter SO_2-Kompressoren verschiedene Werte von c_p berechnet hat und beispielsweise für 1,25 at abs. und 7,4° Überhitzungstemperatur eine spezifische Wärme von 0,356 WE/kg·°C fand, welcher Wert gut mit dem aus obigen Gleichungen gefundenen Wert übereinstimmt.

Die berechneten Werte von c_p sind in Fig. 11 für die den verschiedenen Drücken entsprechenden Sät-

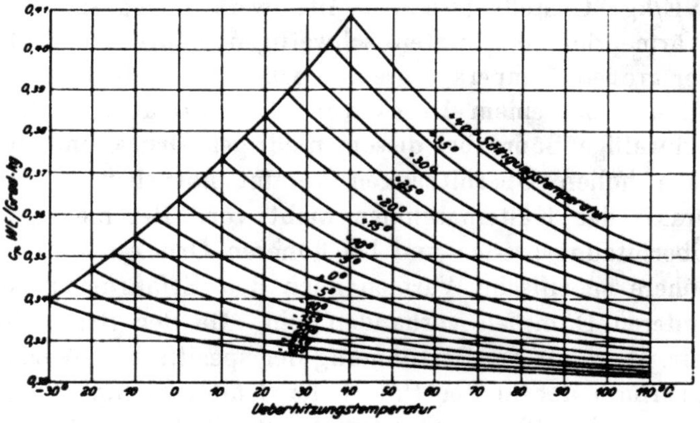

Fig. 11. Spezifische Wärme des überhitzten SO_2-Dampfes bei verschiedenen Drücken und Überhitzungstemperaturen.

tigungstemperaturen in Abhängigkeit von den Überhitzungstemperaturen aufgetragen.

---

[1]) Professor Dr. H. Lorenz, Technische Wärmelehre, S. 331. München und Berlin 1904. Verlag von R. Oldenbourg.

Zur Berechnung der unbestimmten Werte Y und X in den Ausdrücken für i und s schlägt Hýbl ein Verfahren ein, das auf Kenntnis der Veränderlichkeit der spezifischen Wärme der Flüssigkeit beruht[1]. Dieser Weg führt zu Werten von Y, die Verdampfungswärmen bedingen, welche bei Sättigungstemperaturen von etwa $+ 30^0$ C mit den von Cailletet und Mathias auf Versuchswegen gefundenen Werten übereinstimmen, bei Temperaturen über $+ 30^0$ C kleinere, bei solchen unter $+ 30^0$ C jedoch beträchtlich größere Werte als diese ergeben.

Eine Durchrechnung der Versuchsergebnisse mit den auf Grund der Hýblschen Rechnung ermittelten Werten ergab, daß diese offenbar zu hoch sind. Bei allen Versuchen, bei denen nach der Temperaturmessung nasser Dampf vor dem Kompressor vorhanden sein mußte, ergab die Durchführung der Rechnung mit den Hýblschen Werten bereits überhitzten Dampf. Ich habe deshalb, da den Werten der von Cailletet und Mathias auf Versuchswegen ermittelten Verdampfungswärme r große Genauigkeit beizumessen ist, für die Verdampfungswärmen diese beibehalten. Die Versuchswerte von r genügen der empirischen Gleichung

$$r = 91{,}87 - 0{,}384 \cdot t' - 0{,}00034 \cdot t'^2 \text{ WE/kg.}$$

Diese Wahl von r bedingt in der oben angegebenen Formel für i eine Veränderlichkeit von Y mit dem Drucke P. Diese Veränderlichkeit der Werte Y ist in Fig. 12 in Abhängigkeit von der Sättigungstemperatur aufgetragen. Für die kritische Temperatur, die von Cailletet und Mathias zu $t_k = 156^0$ C, von Sajotschewsky zu $155{,}4^0$ bei einem kritischen Druck von $p_k = 78{,}9$ at abs. bestimmt wurde, würde $r_k = 0$, $i_k'' = q_k$ sein; für diesen Fall wäre $Y = 37{,}56$ WE/kg,

---

[1] Zeitschr. f. d. ges. Kälte-Ind. Jahrg. 1913, Heft 4, S. 67.

und die Kurve Y verliefe in der gezeichneten durchaus möglichen Form, wenn man die Werte von Y
für Sättigungstemperaturen von — 30° C bis + 40° C
berechnet und diese Werte und den Wert für die

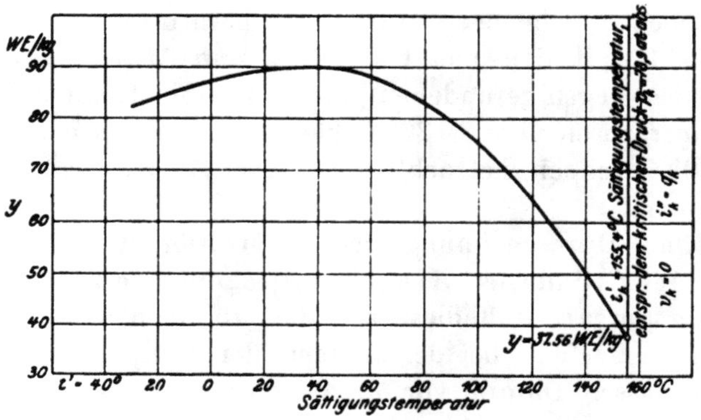

Fig. 12. **Korrekturglied** y **in der Formel für den Wärmeinhalt des SO₂-Dampfes.**

kritische Temperatur durch eine Kurve verbindet.
Wenn auch der von mir eingeschlagene Weg nicht
ganz korrekt ist, so ergibt er doch für die Wärmeinhalte den Versuchen offenbar entsprechende Werte.

Mit dem Werte von r ergibt sich die Entropie
des Dampfes $(s'' - s') = \dfrac{r}{T'}$.

Die Flüssigkeitswärme ist aus der spezifischen
Wärme der flüssigen schwefligen Säure berechnet worden. Nach den Versuchen von Mathias (1894) ist in
dem Temperaturintervall — 30° bis +130° die spezifische Wärme der flüssigen SO₂ gegeben durch

$$c = 0{,}31712 + 0{,}0003507 \cdot t' + 0{,}000006762 \cdot t'^2.$$

Annähernd kann mit hinreichender Genauigkeit die
Veränderung mit der Temperatur vernachlässigt werden und

$$c = 0{,}32 \ \text{WE/kg} \cdot {}^{0}\text{C}$$

für die in der Kältetechnik normalerweise vorkommenden Sättigungstemperaturen — 30° bis + 40° gesetzt werden.

Die Entropie der Flüssigkeit ist entsprechend der Formel für q festgelegt durch

$$s' = \int_0^{T'} \frac{dq}{T}.$$

Die auf diese Weise ermittelten Werte für trocken gesättigte Schwefligsäuredämpfe sind in die Dampftabellen, Zahlentafel 1, eingetragen.

Für die Wärmewerte im Überhitzungsgebiet habe ich neue Tafeln entworfen, und zwar

Tafel 1 das $T—s$-Diagramm,
» 2 das $i—s$-Diagramm für die Flüssigkeits-, Naßdampf- und Überhitzungsgebiete,
» 3 das $i—s$-Diagramm in großem Maßstab für das Überhitzungsgebiet und das Gebiet in der Nähe der oberen Grenzkurve,
» 4 das $v—t$-Diagramm für verschiedene Drücke.

Für die Berechnung im Gebiete des Naßdampfes sind die soeben besprochenen Werte von r benutzt worden.

Für das Überhitzungsgebiet sind die Werte der c_p nach der Fig. 11 benutzt worden. Die Berechnung des Wärmeinhaltes für einen Dampf von T^0 abs. Überhitzungstemperatur geschah nach der Formel

$$i = q + r + c_p \cdot (T — T')$$
$$s = s' + \frac{r}{T'} + c_p \cdot \ln \frac{T}{T'}.$$

$c_p \cdot \ln \dfrac{T}{T'}$ stellt den Zuwachs der Entropie bei der Annahme einer mittleren konstanten spezifischen

Tafel I. $T-s$-Diagramm für Schwefligsäuredampf.

1 Temperatureinheit = 0,5 mm

1 Entropieeinheit = 250 mm.

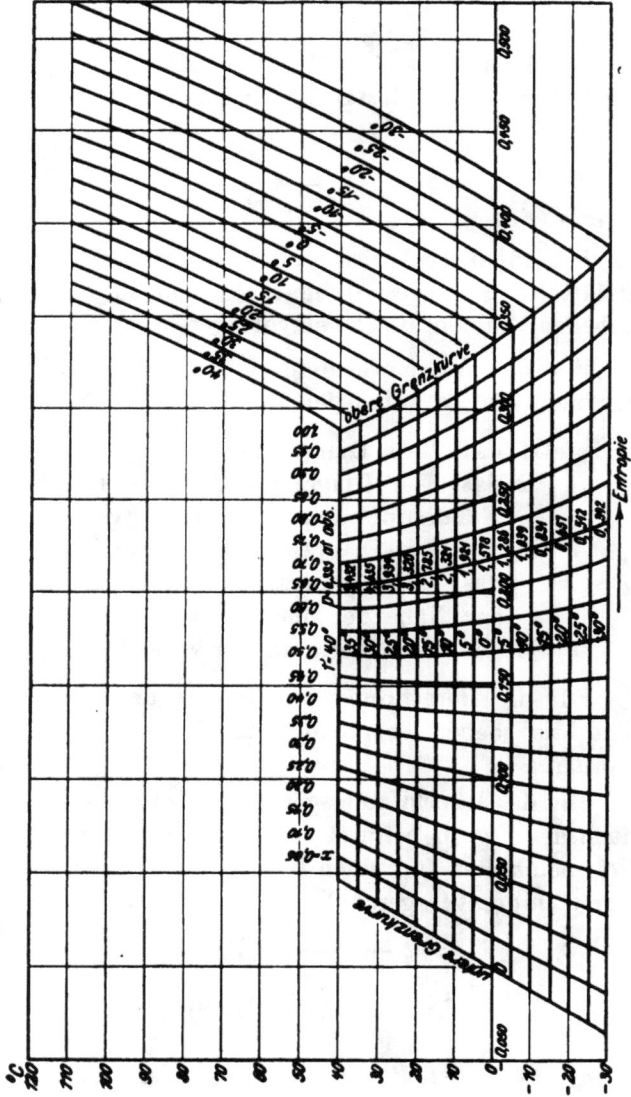

Tafel II. $i - s$ - Diagramm für Schwefligsäuredampf für das Flüssigkeits-, Naßdampf- und Überhitzungsgebiet.

1 Wärmeeinheit = 0,5 mm

1 Entropieeinheit = 250 mm.

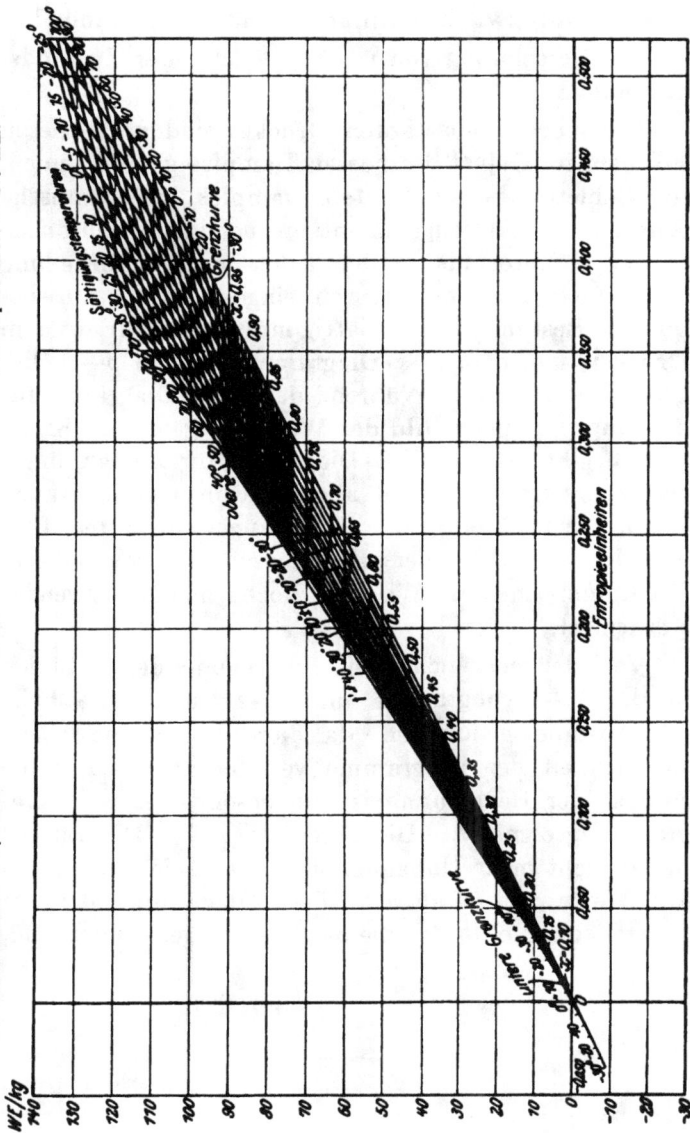

Wärme c_p bei konstantem Druck und verschiedener Überhitzung zwischen Anfangs- und Endzustand dar.

Die Berechnung von v geschah nach der Zustandsgleichung.

Die Kurven konstanten Druckes sind nach diesen Formeln im Gebiet des nassen Dampfes gerade Linien, im Gebiete des überhitzten Dampfes logarithmische Kurven. Die Kurven sind entsprechend dem Gebrauche in der Kältetechnik in der Tafel in ihrer Einteilung nach Sättigungstemperaturen eingezeichnet. Zur bequemen Bestimmung der Sättigungstemperatur aus dem Druck ist auf dem i—s-Diagramm auch ein p—t-Diagramm verzeichnet. Während das T—s-Diagramm für das Auge ein gutes Bild der Wärmevorgänge im Kreisprozeß gibt, ist das i—s-Diagramm für Berechnungszwecke geeigneter, bietet aber, wie oben gesagt, auch durch Verzeichnung der Linienzüge ein gutes Bild der Kreisprozesse der Kältemaschine, wozu dieses Diagramm meines Wissens noch nicht verwendet worden ist.

Von der gebräuchlichen Eintragung der v-Linien in die T—s-Diagramme und i—s-Diagramme habe ich Abstand genommen, da diese Linien die Übersichtlichkeit der Diagramme verschlechtern. Für die Zwecke der Berechnung ist ein gesondertes v—t-Diagramm geeigneter. Die Trennung der Diagramme bietet nicht mehr Unbequemlichkeiten beim Aufsuchen der Werte von v als ein T—s-Diagramm oder ein i—s-Diagramm, in das die v-Linien eingezeichnet sind.

3. Kapitel.

Die Wärmebilanzen der Versuche.

Nach den Versuchswerten in Zahlentafel 2 und 3 und nach den für die verschiedenen Meßstellen berechneten Dampfzuständen der schwefligen Säure ist es möglich, die Wärmebilanz für jeden der Versuche aufzustellen. Diese Wärmebilanzen sind für zwei Unterkühlungstemperaturen berechnet:

1. für die bei jedem Versuch vorhandene Unterkühlungstemperatur,
2. für eine für alle Versuche einheitliche Unterkühlungstemperatur von 10,8° C, entsprechend der niedrigsten Temperatur, die bei den Versuchen erreicht wurde.

Unmittelbar sind durch die Hauptversuche bestimmbar:

1. Nutzleistung der Sole:
$$Q_1 = G_s \cdot c_s \cdot (t_{s_1} - t_{s_2}) \text{ in WE/st}$$
2. Kondensatorleistung:
$$Q_7 = G_k \cdot (t_{k_1} - t_{k_2}) \text{ in WE/st}$$
3. Wärmewert der indizierten Leistung:
$$Q_{III} = 632,2 \cdot N_i \text{ in WE/st}$$
4. Kühlwasserwärme des Kompressors:
$$Q_4 = G_k' \cdot (t_{k_1}' - t_{k_2}') \text{ in WE/st.}$$

In diesen Gleichungen bedeutet:

G_s das stündlich umlaufende Solegewicht in kg/st,

G_k das stündliche Kühlwassergewicht in kg/st,

G_k' das stündliche Kühlwassergewicht des Kompressors in kg/st,

t_{s_1} die Eintrittstemperatur der Sole in den Verdampfer in ° C,

t_{s_2} die Austrittstemperatur der Sole aus dem Verdampfer in ° C,

Zahlentafel 2. Versuchswerte.

Betrieb — Einstellung der Umlaufzahl des Kompressors		Hohe Umlaufzahl			Mittlere Umlaufzahl			Niedrige Umlaufzahl	
Zustand des Dampfes nach der Kompression		stark überhitzt	mittel überhitzt	schwach überhitzt	stark überhitzt	mittel überhitzt	schwach überhitzt	stark überhitzt	mittel überhitzt
Versuchsnummer		1	2	3	4	5	6	7	8
Dauer des Versuches . . . . st		3st 50 min	1st 5 min	1st 40 min	2st 30 min	2st 20 min	2st 10 min	1st 15 min	1st 0 min
Anlage im Betrieb seit rd. . . . »		4	6	6	4	4	4	5	5
Barometerstand . . . . . . B mm Q.S.		768,10	768,00	766,10	767,10	758,10	769,00	765,00	764,00
$p_0 = \dfrac{B}{735,5}$ . . . . . at abs.		1,04	1,04	1,04	1,04	1,03	1,04	1,04	1,04
Raumtemperatur . . . . t_R °C		+18,55	+21,36	+16,30	+21,75	+25,49	+17,81	+19,15	+18,40
Solemessungen:									
Stündliche Solemenge . . . . . . V_s m³/st		26,05	12,20	16,49	22,55	10,25	4,81	14,81	2,71
Spez. Gewicht der Sole . . . γ_s kg/l		1,189	1,189	1,189	1,189	1,189	1,189	1,189	1,189
Stündliches Solegewicht $G_s = V_s \cdot 1000 \cdot \gamma_s$ kg/st		30 975	14 505	19 605	26 810	12 185	5 720	17 610	3 220
Soletemperaturen:									
Eintritt Verdampfer . . . . t_{s1} °C		+4,83	+2,92	+0,078	+10,00	+0,20	+3,02	+11,85	+4,27
Austritt Verdampfer . . . . t_{s2} °C		+3,12	−0,28	−1,90	+8,39	−2,57	−2,56	+9,90	−4,11
Im Verdampfer, Meßstelle I . . t_{sI} °C		+3,41	−0,13	−1,85	+8,70		−2,56	+10,23	−4,00
» » II . . t_{sII} °C		+3,16	−0,35	−1,96	+8,21		−2,70	+9,84	−4,20
» » III . . t_{sIII} °C		+3,19	−0,28	−1,94	+8,38	−1,51	−2,55	+9,81	−4,12
» » Mitteltemperatur . t_{sm} °C		+3,28	−0,28	−1,92	+8,43		−2,60	+9,96	−4,11
Soletemperaturdifferenz . . . . . $[t_{s1} - t_{s2}]$ °C		+1,71	+3,20	+1,978	+1,61	+2,77	+5,58	+1,95	+8,38
Spezifische Wärme der Sole . . . . c_s WE/kg °C		0,792	0,791	0,791	0,794	0,791	0,791	0,795	0,790
Nutzbare Kälteleistung der Sole $Q_1 = G_s \cdot c_s \cdot [t_{s1} - t_{s2}]$ WE/st		+41 880	+36 660	+30 680	+34 300	+26 675	+25 220	+27 240	+21 330

			7 335	4 700	3 320	4 625	2 240	2 130	3 310	1 329
Kondensator:										
Kühlwassermenge	G_k	kg/st	7 335	4 700	3 320	4 625	2 240	2 130	3 310	1 329
Kühlwassertemperaturen:										
Eintritt Kondensator . . .	t_{k1}	°C	+10,84	+10,82	+10,85	+10,86	+11,40	+10,90	+11,00	+11,00
Austritt Kondensator . . .	t_{k2}	°C	+17,73	+20,75	+23,41	+19,51	+27,31	+26,90	+20,31	+31,92
Kühlwassertemperaturdifferenz . .	$[t_{k1}-t_{k2}]$	°C	−6,89	−9,93	−12,56	−8,65	−15,91	−16,00	−9,31	−20,92
Kondensatorleistung $Q_7 = G_k \cdot [t_{k1}-t_{k2}]$		WE/st	−50 500	−46 700	−41 700	−40 000	−35 650	−34 100	−30 800	−27 800
Kompressor:										
Minutliche Umlaufzahl	n	Uml/min	342	336	337	283	282	283	232	229
Mittlerer indizierter Druck . . .	p_m	at	1,829	1,742	1,650	1,715	1,660	1,639	1,680	1,670
Indizierte Leistung	$N_i = C \cdot n \cdot p_m$	PS	11,74	11,04	10,45	9,12	8,80	8,73	7,35	7,19
Kühlwasserverbrauch . . .	G_k'	kg/st	454,00	266,00	70,00	240,00	73,90	84,50	163,00	146,00
Eintrittstemperatur des Kühlwassers	t_{k1}'	°C	+11,10	+10,85	+12,00	+11,00	+12,20	+12,10	+11,00	+11,05
Austrittstemperatur des Kühlwassers	t_{k2}'	°C	+14,00	+13,15	+8,00	+15,48	+15,91	+10,30	+16,20	+13,45
Kühlwassertemperaturdifferenz $[t_{k1}'-t_{k2}']$		°C	−2,90	−2,30	+4,00	−4,48	−3,71	−1,80	−5,20	−2,40
Kühlwasserwärme $Q_4 = G_k' \cdot [t_{k1}'-t_{k2}']$		WE/st	−1315	−610	+280	−1075	−274	+152	−849	−850
Antriebselektromotor:										
Spannung	E	Volt	205,00	204,50	204,20	172,00	—	171,00	143,00	145,10
Stromstärke	J	Ampere	69,10	64,50	62,50	57,70	—	58,50	61,40	60,31
Leistung	$\frac{E \cdot J}{1000}$	KW	14,15	13,20	12,75	9,92	—	10,00	8,79	8,76
. . . . .	$\frac{E \cdot J}{736}$	PS	19,21	17,95	17,35	13,45	—	13,60	11,92	11,90

Zahlentafel 3. Spannungen und Temperaturen der SO₂ an den Meßstellen.

Betrieb — Einstellung der Umlaufzahl / Zustand des Dampfes nach Kompression	Hohe Umlaufzahl			Mittlere Umlaufzahl			Niedrige Umlaufzahl	
	stark überhitzt	mittel überhitzt	schwach überhitzt	stark überhitzt	mittel überhitzt	schwach überhitzt	stark überhitzt	mittel überhitzt
Versuchsnummer	1	2	3	4	5	6	7	8
Absoluter Druck hinter dem Regulierventil . . . . . p_1 at abs.	1,394	1,363	1,369	1,334	2,275	1,487	1,279	1,750
» beim Eintritt Verdampfer . . . . . p_2 » » »	1,311	1,272	1,274	1,279	2,033	1,354	1,230	1,510
» im Saugrohr . . . . p_3 » » »	1,238	1,235	1,236	1,231	1,320	1,244	1,243	1,240
» beim Eintritt Kompressor . . . . . p_4 » » »	1,204	1,199	1,192	1,209	1,222	1,216	1,198	1,186
» beim Austritt Kompressor . . . . . p_5 » » »	5,052	4,920	4,910	4,970	4,990	4,890	4,920	4,970
» beim Eintritt Druckleitung . . . . . p_6 » » »	5,052	4,920	4,910	4,970	4,990	4,890	4,920	4,970
» vor dem Kondensator p_7 » » »	4,892	4,850	4,840	4,940	4,980	4,860	4,880	4,960
» vor dem Regulierventil . . . p_8 » » »	4,892	4,850	4,840	4,940	4,980	4,860	4,880	4,960
Temperatur hinter dem Regulierventil t_1 °C	−3,16	−3,69	−3,58	−4,18	+9,43	−1,43	−5,14	+2,51
» beim Eintritt Verdampfer t_2 »	−4,58	−5,28	−5,24	−5,14	+6,40	−3,84	−6,13	−1,01
» im Saugrohr . . . . . t_3 »	—	—	—	—	—	—	—	—
» beim Eintritt Kompressor t_4 »	+4,26	−6,77	−6,90	+11,80	−6,30	−6,41	+12,28	−7,02
» beim Austritt Kompressor t_5 »	+102,00	+88,00	+59,10	+101,90	+84,02	+67,60	+101,00	+89,86
» beim Eintritt Druckleitung t_6 »	+101,20	+85,50	+58,90	+99,80	+81,00	+64,00	+97,60	+86,51
» vor dem Kondensator . . t_7 »	+90,90	+77,50	+55,10	+89,00	+73,70	+59,10	+81,50	+74,98
» vor dem Regulierventil . t_8 »	+10,90	+12,01	+15,40	+10,85	+28,40	+26,10	+10,80	+28,73

Sättigungstemperatur hinter dem		1	2	3	4	5	6	7	8
Regulierventil . . t_1'	»	$-3,16$	$-3,69$	$-3,58$	$-4,18$	$+9,43$	$-1,43$	$-5,14$	$+2,51$
beim Eintritt Verdampfer . . t_2'	»	$-4,58$	$-5,28$	$-5,24$	$-5,14$	$+6,40$	$-3,84$	$-6,13$	$-1,01$
im Saugrohr . . t_3'	»	$-5,97$	$-6,03$	$-6,01$	$-6,11$	$-4,42$	$-5,85$	$-5,87$	$-5,93$
beim Eintritt Kompressor . t_4'	»	$-6,66$	$-6,77$	$-6,90$	$-6,56$	$-6,30$	$-6,41$	$-6,78$	$-7,02$
beim Austritt Kompressor . t_5'	»	$+32,62$	$+31,79$	$+31,72$	$+32,10$	$+32,23$	$+31,60$	$+31,79$	$+32,10$
beim Eintritt Druckleitung . t_6'	»	$+32,62$	$+31,79$	$+31,72$	$+32,10$	$+32,23$	$+31,60$	$+31,79$	$+32,10$
vor dem Kondensator . . t_7'	»·	$+31,61$	$+31,35$	$+31,29$	$+31,91$	$+32,16$	$+31,41$	$+31,54$	$+32,04$
vor dem Regulierventil . . t_8'	»	$+31,61$	$+31,35$	$+31,29$	$+31,91$	$+32,16$	$+31,41$	$+31,54$	$+32,04$

Zahlentafel 4. Ermittelung der umlaufenden SO$_2$-Gewichte.

Versuchsnummer		1	2	3	4	5	6	7	8
Kühlwasserwärme des Kondensators . Q_7	WE/st	50 500	46 700	41 700	40 000	35 650	34 100	30 800	27 800
Wärmeinhalt vor dem Kondensator . i_7	WE/kg	110,99	106,60	99,01	110,23	105,06	100,35	107,90	105,56
Wärmeinhalt beim Austritt Kondensator . . i_8	»	3,56	3,93	5,07	3,54	9,57	8,76	3,53	9,68
Abnahme des Wärmeinhaltes im Kondensator . . . . . $[i_7 - i_8]$	»	107,43	102,67	93,94	106,69	95,49	91,59	104,37	95,88
Umlaufendes SO$_2$-Gewicht $G_a = \dfrac{Q_7}{[i_7 - i_8]}$	kg/st	**469**	**455**	**445**	**375**	**374**	**372**	**295**	**290**

t_{k_1} die Eintrittstemperatur des Kühlwassers in den
Kondensator in ^{0} C,

t_{k_2} die Austrittstemperatur des Kühlwassers aus dem
Kondensator in ^{0} C,

t'_{k_1} die Eintrittstemperatur des Kühlwassers in den
Kompressormantel in ^{0} C,

t'_{k_2} die Austrittstemperatur des Kühlwassers aus dem
Kompressormantel in ^{0} C,

c_s die spezifische Wärme der Sole in WE/kg $\cdot$ ^{0}C.

Die zugeführten Wärmengen sollen mit positiven,
die fortgeführten mit negativen Vorzeichen bezeichnet
werden.

Durch einen Hilfsversuch kann die Einstrahlung
in den Verdampfer und der Wärmewert der Rührwerksarbeit Q_2 — das von der Kurbelwelle des Kompressors aus betriebene Rührwerk war stets während
der Versuche im Betrieb — bestimmt werden.

Die in die Saugleitung einstrahlenden und die aus
der Druckleitung ausstrahlenden Wärmemengen sind
bestimmbar, wenn bekannt ist

1. das umlaufende SO_2-Gewicht,
2. die Abnahme bzw. die Zunahme des Wärmeinhaltes in dem Teil der Rohrleitung, dessen
   Strahlungsverhältnisse ermittelt werden sollen.

Die Messung des umlaufenden SO_2-Gewichtes, dessen Bestimmung von grundlegender Bedeutung für die
Weiterbehandlung der Versuche ist, geschah auf folgende Weise:

Der sorgfältig isolierte Kondensator kann als Kalorimeter benutzt werden, da man die durch das Kühlwasser stündlich abgeführte Wärmemenge $Q_7 =$ der
Kondensatorleistung kennt. Vernachlässigt man, was
unbedenklich geschehen kann, die Strahlung, so ist,
wenn G_a das umlaufende SO_2-Gewicht in kg/st bedeutet,

$$Q_7 = G_a \, (i_7 - i_8) \text{ WE/st},$$

$$G_a = \frac{Q_7}{(i_7 - i_8)} \text{ kg/st}.$$

Die auf diese Weise ermittelten SO_2-Gewichte sind in Zahlentafel 4 zusammengestellt.

Für die Bestimmung der Strahlungswärmemengen ist die Bestimmung des Zustandes des Dampfes für Ein- und Austritt aus den Rohrleitungen nötig. Die Methoden der Berechnung des Dampfzustandes für die einzelnen, auf Seite 26 aufgeführten Meßstellen ist in folgendem gegeben:

Überhitzter Dampf ist stets an den Meßstellen 5, 6 und 7 vorhanden, bei starker Überhitzung nach der Kompression auch an Meßstelle 4. Flüssigkeit ist an Meßstelle 8, nasser Dampf stets an den Meßstellen 1, 2 und 3, bei schwacher Überhitzung nach der Kompression auch an Meßstelle 4 vorhanden.

Meßstelle 1.

Die Berechnung des Dampfzustandes erfolgt nach der Drosselungsgleichung:

$$A \cdot U_8 + A \cdot P_8 \cdot v_8 + A \cdot \frac{w_8^2}{2\,g} =$$

$$= A \cdot U_1 + A \cdot P_1 \cdot v_1 + A \cdot \frac{w_1^2}{2\,g}.$$

In dieser Gleichung bedeutet außer den bekannten Abkürzungen

U den Energieinhalt des Dampfes in mkg,
w die Geschwindigkeit des SO_2-Dampfes in m/sec.

Vernachlässigt man die kinetische Bewegungsenergie, was bei der Kleinheit der in Frage kommenden Größen zulässig ist, so wird

$$A \cdot U_8 + A \cdot P_8 \cdot v_8 = A \cdot U_1 + A \cdot P_1 \cdot v_1.$$

Es ist nun weiterhin

$$A \cdot U + A \cdot P \cdot v = q + x \cdot \varrho + A \cdot P \cdot v$$
$$= q + x \cdot \varrho + A \cdot P \cdot [v' + (v'' - v') \cdot x]$$
$$= q + x \cdot \varrho + x \cdot (v'' - v') \cdot A \cdot P + A \cdot P \cdot v'$$
$$= q + x \cdot r + A \cdot P \cdot v',$$

da $\varrho + (v'' - v') \cdot A \cdot P = r$ ist.

Somit ergibt sich

$$q_8 + x_8 \cdot r_8 + A \cdot P_8 \cdot v_8' = q_1 + x_1 \cdot r_1 + A \cdot P_1 \cdot v_1'.$$

Da an der Meßstelle 8 Flüssigkeit vorhanden ist, so gilt

$$q_8 + A \cdot P_8 \cdot v_8' = q_1 + x_1 \cdot r_1 + A \cdot P_1 \cdot v_1'.$$

In dieser Gleichung ist annähernd

$$v_1' \cong v_8' \cong 0{,}0007 \ \text{m}^3/\text{kg}.$$

Damit ergibt sich, da die Werte $A \cdot P \cdot v'$ vernachlässigt werden können,

$$q_8 = q_1 + x_1 \cdot r_1,$$

und die Dampffeuchtigkeit im Meßpunkt 1 ergibt sich zu

$$x_1 = \frac{q_8 - q_1}{r_1}.$$

Meßstelle 2.

Die Dampffeuchtigkeit im Meßpunkt 2 ergibt sich unter der bei der guten Isolation, der geringen Strahlungsoberfläche und dem verhältnismäßig kleinen Wärmeübertragungskoeffizienten für Flüssigkeit berechtigten Voraussetzung, daß keine Einströmung bzw. Ausströmung von Wärme aus der Flüssigkeitsleitung erfolgt, zu

$$q_8 = q_1 + x_1 \cdot r_1 = q_2 + x_2 \cdot r_2$$
$$x_2 = \frac{q_8 - q_2}{r_2}.$$

x_2 wird, da zwischen Meßstelle 1 und 2 ein Druckabfall stattfindet und somit $q_2 < q_1$ ist, größer als x_1 werden.

Meßstelle 3.

Der Wärmeinhalt beim Austritt aus dem Verdampfer berechnet sich aus der Verdampferleistung entsprechend den früher angegebenen Bezeichnungen zu

$$i_3 = q_1 + x_1 \cdot r_1 + \frac{Q_1}{G_a} = q_8 + \frac{G_s \cdot c_s \cdot (t_{s_1} - t_{s_n})}{G_a} \text{ WE/kg.}$$

Meßstelle 3′.

Der Zustand des Dampfes nach Einstrahlung von Wärme in den Verdampfer von der umgebenden Raumluft und nach Zufuhr von Wärme aus der Rührwerksarbeit berechnet sich, wenn Q_2 die Einstrahlungswärmemenge in den Verdampfer + den Wärmewert der Rührwerksarbeit in WE/st bedeutet, zu

$$i_{3'} = q_8 + \frac{G_s \cdot c_s \cdot (t_{s_1} - t_{s_n})}{G_a} + \frac{Q_2}{G_a} \text{ WE/kg.}$$

Diese Wärmemenge Q_2 wurde durch einen Hilfsversuch ermittelt.

Hilfsversuch zur Bestimmung der Einstrahlung in den Verdampfer und des Wärmewertes der Rührwerksarbeit.

Es bezeichne außer den früheren Bezeichnungen:

k_v den Wärmeübergangskoeffizienten von Luft auf Sole in WE/⁰C·m²·st,

F_v Oberfläche des Verdampfers in m²,

t_R mittlere Raumtemperatur in ⁰ C,

t_{sm} » Soletemperatur in ⁰ C,

G_v im Verdampfer vorhandenes Solegewicht $= 3760$ kg,

G_1 Eisengewicht des Verdampfergefäßes $= 1092$ kg,

G_2 Kupfergewicht der Rohrschlange $= 393$ kg,

G_3 Eisengewicht der Rohrschlange $= 96$ kg,

c_s spezifische Wärme der Sole $= 0{,}792$ WE/kg·⁰C,

c_{fer} » ▪ des Eisens $= 0{,}114$ WE/kg·⁰C,

c_{cu} » » des Kupfers $= 0{,}093$ WE/kg·⁰C,

z Zeitdauer des Versuches in Stunden.

Es wurde bei den Versuchen die Solepumpe außer Betrieb genommen, und die Sole stagnierte im Verdampfer, das Rührwerk wurde in Betrieb gelassen. Die von außen aus dem Raum einstrahlende Wärmemenge sowie auch die durch Rührwerksarbeit zugeführte Wärmemenge bewirkte eine Erhöhung der Soletemperatur. Die auf diese Weise zugeführte Wärmemenge ergibt sich in folgender Weise:

$$dQ = k_v \cdot dz \cdot (t_R - t_{sm}) \cdot F_v$$
$$dQ = [c_s \cdot G_v + c_{fer} \cdot (G_1 + G_3) + c_{cu} \cdot G_2] \, dt_s.$$

Es ergibt sich damit

$$k_v \cdot dz \cdot (t_R - t_{sm}) \cdot F_v = [c_s \cdot G_v - c_{fer} \cdot (G_1 + G_3) + c_{cu} \cdot G_2] \, dt_s$$

$$\frac{dt_s}{t_R - t_{sm}} = \frac{dz \cdot k_v \cdot F_v}{c_s \cdot G_v + c_{fer} \cdot (G_1 + G_3) + c_{cu} \cdot G_2}$$

$$\int_{t_{sm_1}}^{t_{sm_2}} \frac{dt_s}{t_R - t_{sm}} = \frac{k_v \cdot F_v}{c_s \cdot G_v + c_{fer} \cdot (G_1 + G_3) + c_{cu} \cdot G_2} \cdot \int_{z_1}^{z_2} dz$$

$$\ln \frac{t_R - t_{sm_1}}{t_R - t_{sm_2}} = \frac{z \cdot k_v \cdot F_v}{c_s \cdot G_v + c_{fer} \cdot (G_1 + G_3) + c_{cu} \cdot G_2}$$

$$z \cdot k_v \cdot F_v = \ln \frac{t_R - t_{sm_1}}{t_R - t_{sm_2}} \cdot [c_s \cdot G_v + c_{fer} \cdot (G_1 + G_3) + c_{cu} \cdot G_2].$$

Setzt man die Zahlenwerte ein, so ist

$$z \cdot k_v \cdot F_v = [0{,}792 \cdot 3760 + 0{,}114 \cdot (1092 + 96) +$$
$$+ 393 \cdot 0{,}093] \ln \frac{t_R - t_{sm_1}}{t_R - t_{sm_2}}$$

$$z \cdot k_v \cdot F_v = 3150 \cdot \ln \frac{t_R - t_{sm_1}}{t_R - t_{sm_2}}.$$

Der Einstrahlungsversuch wurde 4 Stunden lang durchgeführt, und zwar solange, bis die Temperatur längere Zeit konstant geblieben war. Es wurden gemessen:

$$z = 4 \text{ st,}$$
$$t_R = 20{,}30^\circ \text{ C,}$$

$$t_{sm_1} = -12,65^0 \, C,$$
$$t_{sm_2} = -11,45^0 \, C.$$

Die Mitteltemperaturen der Sole ergeben sich aus Messungen an drei verschiedenen Stellen des Verdampfers in verschiedenen Höhenlagen.

Mit diesen Werten wird

$$4 \cdot k_v \cdot F_v = 3150 \cdot \ln \frac{32,95}{31,75}$$

$$k_v F_v = 29,20 \text{ WE/}^0\text{C} \cdot \text{st.}$$

Damit ergibt sich die Schlußgleichung

$$Q_2 = 29,20 \, [t_R - t_{sm}] \text{ WE/st}[1].$$

Die Wärmemengen sind in Zahlentafel 6 zusammengestellt.

Meßstelle 4.

Durch den Unterschied der Wärmeinhalte an den Meßstellen 3' und 4 ergibt sich die Einstrahlung in die Saugleitung. Die in der Stunde in die Saugleitung einstrahlende Wärmemenge ist gegeben durch

$$Q_3 = k_s \cdot F_s \cdot \left(t_R - \frac{t_3 + t_4}{2} \right) \text{ WE/st.}$$

---

[1] Der Fehler, der dadurch begangen wird, daß die Zuführung von Wärme durch die Rührwerksarbeit wie die Einstrahlung aus der Luft in Abhängigkeit von der Temperatur behandelt wird, kann vernachlässigt werden. Einfacher läßt sich für die kleinen Temperaturdifferenzen, die bei den Versuchen vorhanden waren, wenn man den Wasserwert

$$c_S \cdot G_v + c_{fer} \cdot (G_1 + G_3) + c_{cu} \cdot G_2 = W$$

setzt, folgende Formel für die stündlich eintretende Wärmemenge aufstellen:

$$Q_2 = W \cdot (t_{sm_2} - t_{sm_1}) = z \cdot k_v \cdot F_v \cdot \left(t_R - \frac{t_{sm_2} + t_{sm_1}}{2} \right)$$

$$k_v \cdot F_v = \frac{W \cdot (t_{sm_2} - t_{sm_1})}{z \cdot \left(t_R - \frac{t_{sm_2} + t_{sm_1}}{2} \right)}.$$

In dieser Gleichung bedeutet:

k, den Wärmeübertragungskoeffizienten von Raumluft an Dampf in WE/⁰C·m²·st,

F, die Rohroberfläche in m².

Die eingehenden Versuche Eberles[1]) über den Wärme- und Spannungsverlust gesättigten und überhitzten Wasserdampfes haben gezeigt, daß der Einfluß der Dampfgeschwindigkeit auf den Wärmeverlust bei gesättigtem Dampf sehr gering ist, auf jeden Fall erheblich geringer als die Fehlerquellen, die bei der Versuchsdurchführung mit bewegtem Dampf in die Arbeit gebracht werden.

Bei nackten Dampfleitungen, die mit überhitztem Dampf betrieben wurden, wurde festgestellt, daß der Wärmeverlust der nackten Leitung bei gleichen Dampftemperaturen mit der Dampfgeschwindigkeit zunimmt, d. h. daß die Temperatur der Rohrwandung wächst. Für isolierte Leitungen war die Zunahme des Wärmeverlustes, obwohl mit Geschwindigkeiten zwischen 5 und 55 m/sec gearbeitet wurde, so klein, daß tatsächlich für isolierte Leitungen auch bei überhitztem Dampf der Einfluß der Geschwindigkeit vernachlässigt werden kann. Der Grund für diese Tatsache liegt darin, daß die Rohrwandungstemperaturen bei gesättigtem Dampf, einerlei ob das Rohr nackt oder umhüllt ist, den Dampftemperaturen gleichgesetzt werden können. Bei überhitztem Dampf ohne Anwendung von Isolierungen bleiben sie hinter der Dampftemperatur zurück, und zwar wächst der Unterschied mit abnehmender Dampfgeschwindigkeit.

Dies angewendet auf die Fortleitung von SO_2-Dämpfen in den isolierten Saugleitungen würde ergeben, daß die Umlaufzahl des Kompressors, d. h. die Dampfgeschwindigkeit, keinen Einfluß auf den Wärme-

---

[1]) Z. d. V. d. I. Jahrg. 1908, S. 481 u. f.

übergangskoeffizienten hätte und nur die Verschiedenheit der Temperaturen Einfluß ausübte. Abgesehen
hiervon sind bei den vorliegenden Versuchen die Überhitzungen in den Rohrleitungen nur gering, und die
bei den einzelnen Versuchen gemessenen Temperaturen
der Saugleitung sind nicht sehr verschieden voneinander. Man kann daher in der obigen Gleichung $k_s \cdot F_s$
für alle Dampfzustände vor Eintritt in den Kompressor
konstant annehmen.

Das konstante Produkt $k_s \cdot F_s$ läßt sich für die
Versuche ermitteln, bei denen der Dampf an Meßstelle 4 bereits überhitzt war, nämlich bei den Versuchen 1, 4 und 7. Die Ermittlung des Wertes $k_s \cdot F_s$
geschieht in Zahlentafel 5. Mit den aus dieser Zahlentafel sich ergebenden Mittelwerten ist dann in Zahlentafel 6 die Wärmeeinstrahlung in die Saugleitung für
sämtliche Versuche ermittelt worden. Es kann somit
auch für die Versuche, bei denen der Dampf nicht
an der Meßstelle 4 überhitzt ist, der Wärmeinhalt
bestimmt werden:

$$i_4 = q_8 + \frac{G_s \cdot c_s \cdot (t_{s_1} - t_{s_2}) + Q_2 + Q_3}{G_a} \text{ WE/kg.}$$

Meßstelle 5.

Der Zustand des Dampfes an Meßstelle 5 bestimmt
sich aus Druck- und Temperaturmessung, da der Dampf
bei allen Versuchen an dieser Stelle überhitzt ist.

Das gleiche gilt für Meßstelle 6 und Meßstelle 7.

Meßstelle 8.

An dieser Meßstelle ist nur Flüssigkeit vorhanden,
der Wärmeinhalt somit auch ohne weiteres gegeben.

Mit Hilfe dieser Rechnungen sind die Werte für
die absoluten Drucke, die Temperaturen, die Sättigungstemperaturen, die Wärmeinhalte und die Entropien für

Zahlentafel 5. Wärmeeinstrahlung in die Saugleitung für 1° Temperaturdifferenz.

Versuchsnummer	1	4	7
Raumtemperatur . . . . t_R °C	$+18,55$	$+21,75$	$+19,15$
Temperatur des SO_2-Dampfes beim Austritt Verdampfer . . . . . $t_{3'}$ ▸	$-1,30$	$+4,60$	$+6,60$
Temperatur des SO_2-Dampfes vor Eintritt Kompressor . . . . . t_4 ▸	$+4,26$	$+11,80$	$+12,28$
Mitteltemperatur in der Saugleitung $\left[\dfrac{t_{3'}+t_4}{2}\right]$ . . . . ▸	$+2,78$	$+8,20$	$+9,44$
Mittlere Temperaturdifferenz gegen Raumluft . . . . $\left[t_R - \dfrac{t_{3'}+t_4}{2}\right]$ ▸	$+15,77$	$+13,55$	$+9,71$
Wärmeinhalt des SO_2-Dampfes beim Austritt Verdampfer . . . $i_{3'}$ WE/kg	93,66	96,24	96,63
Wärmeinhalt des SO_2-Dampfes beim Eintritt Kompressor. i_4 ▸	96,11	98,66	98,92
Zunahme des Wärmeinhaltes in der Saugleitung . . $[i_4 - i_{3'}]$ ▸	2,45	2,42	2,29
Wärmeeinstrahlung in die Saugleitung . . . . $G_a \cdot [i_4 - i_{3'}]$ WE/st	1150	906	675
Wärmeeinstrahlung in die Saugleitung für 1° Temperaturdifferenz zwischen Raumluft- und mittlerer SO_2-Temperatur $k_s \cdot F_s = \dfrac{G_a \cdot [i_4 - i_{3'}]}{\left[t_R - \dfrac{t_{3'}+t_4}{2}\right]}$ WE/°C·st	73,10	66,90	69,50
Mittlere Wärmeeinstrahlung in die Saugleitung für 1° Temperaturdifferenz . . $[k_s \cdot F_s]_m$ WE/°C·m²·st		70,00	

die einzelnen Meßstellen ermittelt und in Zahlentafel 8 zusammengestellt.

Aus dem Unterschied des Wärmeinhaltes an den Meßstellen 5 und 7 bzw. 6 und 7 ist der Wärmeverlust in der Druckrohrleitung und die Ausstrahlung aus dem Kompressordeckel bestimmt. In der Zahlentafel 7 sind diese Werte berechnet. Eine gute Kontrolle für die Richtigkeit der Berechnung gibt die Ermittlung des Wertes $k_d \cdot F_d$.

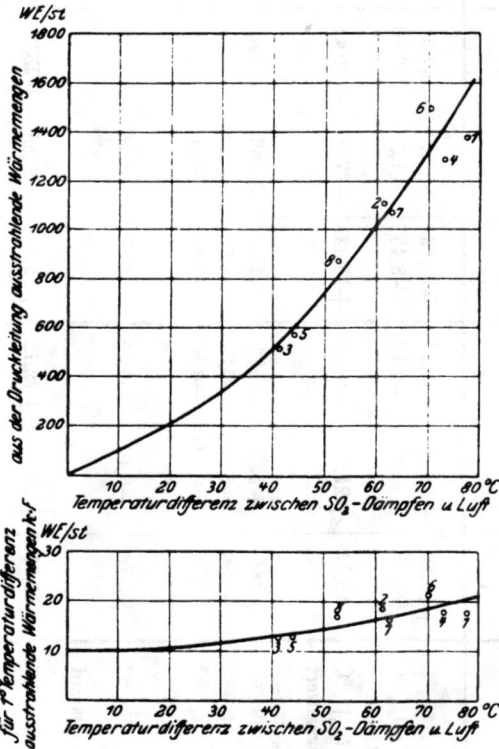

Fig. 13a. Wärmeausstrahlung aus der Druckleitung in Abhängigkeit von der mittleren Temperaturdifferenz zwischen Raumluft und Sole.

Fig. 13b. Wärmeausstrahlung aus der Druckleitung für 1° Temperatur-differenz zwischen Raumluft und Sole.

k_d Wärmeübertragungskoeffizient von SO_2-Dampf an Raum in WE/°C·m²·st,

F_d Rohroberfläche in m²,

d. h. des mittleren Wärmeverlustes in der Druckleitung für 1° Temperaturdifferenz. In der Fig. 13a sind in

Zahlentafel 6. Einstrahlung in den Verdampfer + Wärmewert der Rührwerksarbeit. Einstrahlung in die Saugleitung.

Betrieb	Einstellung der Umlaufzahl	Hohe Umlaufzahl			Mittlere Umlaufzahl			Niedrige Umlaufzahl	
	Zustand am Ende der Kompression	stark überhitzt	mittel überhitzt	schwach überhitzt	stark überhitzt	mittel überhitzt	schwach überhitzt	stark überhitzt	mittel überhitzt
	Versuchsnummer	1	2	3	4	5	6	7	8
Raumtemperatur . . . . t_R °C		+18,55	+21,36	+16,30	+21,75	+25,49	+17,81	+19,15	+18,40
Mittlere Soletemperatur im Verdampfer . . t_{sm} °C		+3,28	−0,28	−1,92	+8,43	−1,51	−2,60	+9,96	−4,11
Temperaturdifferenz zwischen Sole und Raum $[t_R - t_{sm}]$ °C		+15,27	+21,64	+18,22	+13,32	+27,00	+20,41	+ 9,19	+22,51
Einstrahlung in den Verdampfer + Wärmewert der Rührwerksarbeit $Q_2 = 29,20 \cdot [t_R - t_{sm}]$ WE/st		+446	+633	+533	+388	+788	+596	+268	+657
SO_2-Temperatur: Verdampfer Austritt . . t_3 °C		−1,30	−6,03	−6,01	+4,60	−4,42	−5,85	+6,60	−5,93
SO_2-Temperatur: Kompressor Eintritt . . t_4 °C		+4,26	−6,77	−6,90	+11,80	−6,30	−6,41	+12,28	−7,02
Mittlere Temperatur in der Saugleitung $\dfrac{t_3 + t_4}{2}$ °C		+2,78	−6,40	−6,45	+8,20	−5,36	−6,13	+9,44	−6,48
Mittlere Temperaturdifferenz zwischen SO_2-Dampf und Raumluft $t_R - \dfrac{t_3 + t_4}{2}$ . . . . °C		+15,77	+27,76	+22,75	+13,55	+30,85	+23,94	+ 9,71	+24,88
Mittlerer Wärmeverlust in der Saugleitung für 1° Temperaturdifferenz $(k_s \cdot F_s)_m$ WE/°C·m²·st		+70,00	+70,00	+70,00	+70,00	+70,00	+70,00	+70,00	+70,00
Wärmeeinstrahlung in die Saugleitung $Q_3 = (k_s \cdot F_s)_m \cdot \left[t_R - \dfrac{t_3 + t_4}{2} \right]$ WE/st		+1104	+1940	+1590	+948	+2162	+1673	+679	+1740

Zahlentafel 7. Ausstrahlung aus der Druckleitung.

Betrieb Einstellung der Umlaufzahl Zustand des Dampfes nach der Kompression Versuchsnummer	Hohe Umlaufzahl			Mittlere Umlaufzahl			Niedrige Umlaufzahl	
	stark überhitzt 1	mittel überhitzt 2	schwach überhitzt 3	stark überhitzt 4	mittel überhitzt 5	schwach überhitzt 6	stark überhitzt 7	mittel überhitzt 8
Raumtemperatur . . . . t_R °C	+18,55	+21,36	+16,30	+21,75	+25,49	+17,81	+19,15	+18,40
Wärmeinhalt des SO₂-Dampfes:								
beim Austritt Kompressor . . . i_5 WE/kg	114,25	109,97	100,24	114,37	108,46	103,19	114,18	110,47
beim Eintritt Druckleitung . . . i_6 »	113,95	109,03	100,18	113,67	107,41	101,89	112,98	109,26
vor dem Kondensator . . . i_7 »	110,99	106,60	99,01	110,23	105,06	100,35	107,90	105,56
Abnahme des Wärmeinhaltes im Druckraum und Druckleitung. . $i_7 - i_5$ »	−3,26	−3,37	−1,23	−4,14	−3,40	−2,84	−6,28	−4,91
Abnahme des Wärmeinhaltes in der Druckleitung . . . . . . $i_7 - i_6$ »	−2,96	−2,43	−1,17	−3,44	−2,35	−1,54	−5,08	−3,70
Ausstrahlung aus Druckraum und Druckleitung . . . $Q_a = G_a \cdot [i_7 - i_5]$ WE/st	−1525	−1531	−545	−1552	−1275	−1055	−1852	−1420
Ausstrahlung aus Druckleitung $G_a \cdot [i_7 - i_6]$ »	−1385	−1105	−519	−1287	−881	−574	−1500	−1070
Temperatur des SO₂-Dampfes:								
beim Eintritt Druckleitung . . . t_6 °C	+101,20	+88,00	+59,10	+101,90	+84,02	+67,60	+101,00	+89,86
vor dem Kondensator . . . . t_7 °C	+90,90	+77,50	+55,10	+89,00	+73,70	+59,10	+81,50	+74,98
Mitteltemperatur des SO₂-Dampfes in der Druckleitung . . . . . . $\dfrac{t_6 + t_7}{2}$ °C	+96,05	+81,50	+57,00	+94,40	+77,35	+61,55	+89,55	+80,75
Mittlere Temperaturdifferenz zwischen SO₂-Dampf und Raumluft in der Druckleitung . . . . $\left[\dfrac{t_6 + t_7}{2} - t_R\right]$ °C	+77,50	+60,14	+40,70	+72,65	+51,86	+43,74	+70,40	+62,35
Mittlerer Wärmeverlust in der Druckleitung für 1° Temperaturdifferenz $k_d \cdot F_d = \dfrac{G_a \cdot (i_7 - i_6)}{\left[\dfrac{t_6 + t_7}{2} - t_R\right]}$ WE/°C·m²·st	−17,89	−18,39	−12,75	−17,71	−17,00	−18,10	−21,35	−17,19

Zahlentafel 8. Zustandsänderung des SO₂-Dampfes während des Kreisprozesses.

Betrieb / Einstellung der Umlaufzahl / Zustand des Dampfes nach Kompression	Hohe Umlaufzahl			Mittlere Umlaufzahl			Niedrige Umlaufzahl	
Versuchsnummer	stark überhitzt 1	mittel überhitzt 2	schwach überhitzt 3	stark überhitzt 4	mittel überhitzt 5	schwach überhitzt 6	stark überhitzt 7	mittel überhitzt 8
Meßstelle 1: Hinter dem Regulierventil								
Absoluter Druck p_1 at abs.	1,394	1,363	1,369	1,334	2,275	1,487	1,279	1,750
Temperatur t_1 °C	−3,16	−3,69	−3,58	−4,18	+9,43	+1,43	−5,14	+2,51
Sättigungstemperatur t_1' »	−3,16	−3,69	−3,58	−4,18	+9,43	−1,43	−5,14	+2,51
Wärmeinhalt i_1 WE/kg	+3,56	+3,93	+5,07	+3,54	+9,57	+8,76	+3,53	+9,68
Wärmeinhalt d. gesättigten Dampfes i_1'' »	94,08	94,45	94,37	94,80	85,15	92,98	95,46	90,09
Dampfzustand x_1 v. H. Dampfgehalt	4,90	5,49	6,56	5,21	7,37	10,00	5,50	9,80
Entropie s_1	+0,0129	0,0147	0,0186	0,0132	0,0340	0,03241	0,0132	0,0353
Meßstelle 2: Beim Eintritt Verdampfer								
Absoluter Druck p_2 at abs.	1,311	1,272	1,274	1,279	2,033	1,354	1,230	1,510
Temperatur t_2 °C	−4,58	−5,28	−5,24	−5,14	+6,40	−3,84	−6,13	−1,01
Sättigungstemperatur t_2' »	−4,58	−5,28	−5,24	−5,14	+6,40	−3,84	−6,13	−1,01
Wärmeinhalt i_2 WE/kg	+3,56	+3,93	+5,07	+3,54	+9,57	+8,76	+3,53	+9,68
Wärmeinhalt d. gesättigten Dampfes i_2'' »	95,06	95,57	95,54	95,47	87,32	94,56	96,15	92,29
Dampfzustand x_2 v. H. Dampfgehalt	5,35	6,00	7,18	5,51	8,40	10,69	5,80	10,50
Entropie s_2	+0,0132	0,0148	0,0190	0,0133	0,0345	0,0326	0,0133	0,0358
Meßstelle 3: Nach Wärmeaufnahme im Verdampfer								
Absoluter Druck p_3 at abs.	1,238	1,235	1,236	1,231	1,320	1,244	1,243	1,240
Temperatur t_3 °C	−4,16	−6,03	−6,01	+3,60	−4,42	−5,85	+5,00	−5,93
Sättigungstemperatur t_3' »	−5,97	−6,03	−6,01	−6,11	−4,42	−5,85	−5,87	−5,93
Wärmeinhalt i_3 WE/kg	92,91	85,43	74,77	95,44	77,26	96,03	87,08	83,27
Wärmeinhalt d. gesättigten Dampfes i_3'' »	92,26	92,26	92,26	92,27	91,84	92,26	92,25	92,26
Dampfzustand x_3 v. H. Dampfgehalt	überhitzt	92,60	81,50	überhitzt	90,60	84,10	überhitzt	94,50
Entropie s_3	0,3480	0,3209	0,2809	0,3570	0,3108	0,2891	0,3585	0,3260

Meßstelle 3': Nach Wärmeeinstrahlung in den Verdampfer beim Austritt Verdampfer

Absoluter Druck	p_3'	at abs.	1,238	1,235	1,236	1,231	1,320	1,244	1,243	1,240
Temperatur	t_3'	°C	−1,30	−6,03	−6,01	+4,60	−4,42	−5,85	+6,60	−5,93
Sättigungstemperatur	t_3''	»	−5,97	−6,03	−6,01	−6,11	−4,42	−5,85	−5,87	−5,93
Wärmeinhalt	i_3'	WE/kg	93,66	86,88	75,87	96,24	85,27	79,11	96,63	89,18
Wärmeinhalt d. gesättigten Dampfes	i_3''	»	92,26	92,26	92,26	92,27	91,84	92,26	92,25	92,26
Dampfzustand	x_3' v. H. Dampfgehalt		überhitzt	94,30	82,50	überhitzt	92,80	86,00	überhitzt	96,80
Entropie	s_3'		0,3510	0,3249	0,2849	0,3598	0,3188	0,2961	0,3625	0,3340

Meßstelle 4: Beim Eintritt Kompressor

Absoluter Druck	p_4	at abs.	1,204	1,199	1,192	1,209	1,222	1,216	1,198	1,186
Temperatur	t_4	°C	+4,26	−6,77	−6,90	+11,80	−6,30	−6,41	+12,28	−7,02
Sättigungstemperatur	t_4'	»	−6,66	−6,77	−6,90	−6,56	−6,30	−6,41	−6,78	−7,02
Wärmeinhalt	i_4	WE/kg	96,11	90,18	78,87	98,66	88,92	82,66	98,92	91,43
Wärmeinhalt des gesättigt. Dampfes	i_4''	»	92,31	92,32	92,32	92,30	92,28	92,30	92,32	92,33
Dampfzustand	x_4 v. H. Dampfgehalt		überhitzt	97,80	85,80	überhitzt	96,50	89,75	überhitzt	99,00
Entropie	s_4		0,3605	0,3385	0,3025	0,3688	0,3343	0,3105	0,3700	0,3435

Meßstelle 5: Beim Austritt Kompressor

Absoluter Druck	p_5	at abs.	5,052	4,920	4,910	4,970	4,990	4,890	4,920	4,970
Temperatur	t_5	°C	+102,00	+88,00	+59,10	+101,90	+84,02	+67,60	+101,00	+89,86
Sättigungstemperatur	t_5'	»	+32,62	+31,79	+31,72	+32,10	+32,23	+31,60	+31,79	+32,10
Wärmeinhalt	i_5	WE/kg	114,25	109,97	100,24	114,37	108,46	103,19	114,18	110,47
Wärmeinhalt d. gesättigten Dampfes	i_5''	»	78,98	79,32	79,34	79,19	79,14	79,39	79,32	79,19
Dampfzustand	x_5 v. H. Dampfgehalt		überhitzt	überhitzt	überhitzt	überhitzt	überhitzt	überhitzt	überhitzt	überhitzt
Entropie	s_5		0,3690	0,3570	0,3295	0,3685	0,3525	0,3380	0,3680	0,3583

Zahlentafel 8. Zustandsänderung des SO₂-Dampfes während des Kreisprozesses. (Fortsetzung.)

Betrieb	Einstellung der Umlaufzahl	Hohe Umlaufzahl			Mittlere Umlaufzahl			Niedrige Umlaufzahl	
	Zustand des Dampfes nach Kompression	stark überhitzt	mittel überhitzt	schwach überhitzt	stark überhitzt	mittel überhitzt	schwach überhitzt	stark überhitzt	mittel überhitzt
	Versuchsnummer	1	2	3	4	5	6	7	8
Meßstelle 6: Beim Eintritt Druckleitung									
Absoluter Druck . . . . . p_6 at abs.		5,052	4,920	4,910	4,970	4,990	4,890	4,920	4,970
Temperatur . . . . . . t_6 °C		+101,20	+85,50	+58,90	+99,80	+81,00	+64,00	+97,60	+86,5i
Sättigungstemperatur . . . t_6' °		+32,62	+31,79	+31,72	+32,10	+32,23	+31,60	+31,79	+32,10
Wärmeinhalt . . . . . i_6 WE/kg		113,95	109,03	100,18	113,67	107,41	101,89	112,98	109,26
Wärmeinhalt d. gesättigten Dampfes i_6''		78,98	79,32	79,34	79,19	79,14	79,39	79,32	79,19
Dampfzustand		überhitzt	überhitzt	überhitzt	überhitzt	überhitzt	überhitzt	überhitzt	überhitzt
Meßstelle 7: Vor dem Kondensator									
Absoluter Druck . . . . . p_7 at abs.		4,892	4,850	4,840	4,940	4,980	4,860	4,880	4,960
Temperatur . . . . . . t_7 °C		+90,90	+77,50	+55,10	+89,00	+73,70	+59,10	+81,50	+74,98
Sättigungstemperatur . . . t_7' °		+31,61	+31,35	+31,29	+31,91	+32,16	+31,41	+31,54	+32,04
Wärmeinhalt . . . . . i_7 WE/kg		110,99	106,60	99,01	110,23	105,06	100,35	107,90	105,56
Wärmeinhalt d. gesättigten Dampfes i_7''		79,39	79,49	79,52	79,26	79,16	79,47	79,42	79,21
Dampfzustand		überhitzt	überhitzt	überhitzt	überhitzt	überhitzt	überhitzt	überhitzt	überhitzt
Meßstelle 8: Beim Austritt Kondensator / Vor dem Regulierventil									
Absoluter Druck . . . . . p_8 at abs.		4,892	4,850	4,840	4,940	4,980	4,860	4,880	4,960
Temperatur . . . . . . t_8 °C		+10,90	+12,01	+15,40	+10,85	+28,40	+26,10	+10,80	+28,73
Sättigungstemperatur . . . t_8' °		+31,61	+31,35	+31,29	+31,91	+32,16	+31,41	+31,54	+32,04
Wärmeinhalt . . . . . i_8 WE/kg		3,56	3,93	5,07	3,54	9,57	8,76	3,53	9,68
Flüssigkeitswärme des gesättigten Dampfes i_8''		10,71	10,61	10,59	10,82	10,90	10,64	10,68	10,86

Abhängigkeit vom mittleren Temperaturunterschied zwischen Raumluft und SO_2-Dämpfen die ausgestrahlten Wärmemengen aufgetragen und daraus dann in Fig. 13 b die Kurve $k_d \cdot F_d$ entwickelt. Die Kurven ähneln in ihrem Verlauf den Kurven, die Eberle in seiner früher erwähnten Arbeit gefunden hat. Die Abweichungen einzelner Versuchspunkte von der Kurve können nicht wundernehmen, wenn man überlegt, daß der gesamte Ausstrahlungsverlust bei Versuch 1 rd. 2,8 v. H. oder bei Versuch 6 rd. 4,80 v. H. der gesamten fortgeführten Wärmemenge beträgt. Die Differenz zwischen dem aus der Kurve für den Versuch 6 interpolierten Wert und dem wirklich in Versuchen gefundenen Wert beträgt etwa 160 WE, d. h. rd. 0,50 v. H. der zu- oder fortgeführten Gesamtwärmemenge, liegt also durchaus innerhalb der Fehlergrenzen.

Die $k_d \cdot F_d$-Kurve steigt langsam entsprechend den Eberleschen Versuchen mit zunehmendem Temperaturunterschied zwischen Raumluft und Dampf. Der Wert $k_d \cdot F_d$ beträgt im Minimum 10 WE/°C·st und steigt bei 80° Temperaturunterschied auf den Wert 21 WE/°C·st.

Man sieht, daß von etwa 10° Temperaturunterschied zwischen Raumluft und mittlerer SO_2-Temperatur an der Wert $k_d \cdot F_d$ praktisch konstant bleibt, so daß die Annahme eines konstanten Wertes $k_s \cdot F_s$ für sämtliche Versuche bei den geringen Temperaturunterschieden in der Saugleitung durchaus seine Berechtigung hat.

Auf Grund der Versuchsergebnisse und der in der dargestellten Weise berechneten Wärmemengen sind nun in den Zahlentafeln 9 und 10 die Wärmebilanzen aufgetragen, und zwar, wie vorher bemerkt ist, für die bei den Versuchen vorhandene Unterkühlung und sodann für eine einheitliche Unterkühlungstemperatur

Zahlentafel 9. Wärmebilanz der Kälteanlage nach den Versuchswerten.

Betrieb / Einstellung der Umlaufzahl / Zustand des Dampfes nach der Kompression	Hohe Umlaufzahl						Mittlere Umlaufzahl						Niedrige Umlaufzahl			
	stark überhitzt		mittel überhitzt		schwach überhitzt		stark überhitzt		mittel überhitzt		schwach überhitzt		stark überhitzt		mittel überhitzt	
Versuchsnummer	1		2		3		4		5		6		7		8	
	WE/st	v.H.	WE/st	v.H.	WE/st	v.H.	WE/st	v.H.	WE/st	v.H.	WE/st	v.H.	WE/st	v.H.	WE/st	v.H.
Zugeführte Wärmemengen																
I. Gesamte Kälteleistung der SO_2 Q_I	43 430	81,4	39 233	80,5	32 803	77,7	35 636	83,6	29 625	79,6	27 489	78,1	28 187	84,1	23 727	80,2
1. Nutzkälteleistung der Sole . Q_1	41 880	78,5	36 660	75,2	30 680	72,6	34 300	80,5	26 675	71,7	25 220	71,6	27 240	81,3	21 330	72,1
2. Einstrahlung in den Verdampfer + Wärmewert der Rührwerksarbeit . . . . Q_2	446	0,8	633	1,3	533	1,3	388	0,9	788	2,1	596	1,7	268	0,8	657	2,2
3. Einstrahlung i. d. Saugleitung Q_3	1 104	2,1	1 940	4,0	1 590	3,8	948	2,2	2 162	5,8	1 673	4,8	679	2,0	1 740	5,9
II. Wärmewert d. indiz. Leistung Q_{III}	7 420	13,9	6 990	14,2	6 610	15,6	5 760	13,5	5 560	15,0	5 517	15,8	4 648	13,9	4 540	15,4
III. Kühlwasserwärme des Kompressors . . . . Q_4	—	—	—	—	280	0,7	—	—	—	—	152	0,4	—	—	—	—
IV. Kolbenreibung + Einstrahlung zwischen Meßstelle 4 und Kompressor + Versuchsfehler . . . Q_5	2 490	4,7	2 618	5,3	2 552	6,0	1 231	2,9	2 014	5,4	1 997	5,7	666	2,0	1 303	4,4
	53 340	100,0	48 841	100,0	42 245	100,0	42 627	100,0	37 199	100,0	35 155	100,0	33 501	100,0	29 570	100,0
Fortgeführte Wärmemengen																
I. Kondensatorleistung insgesamt Q_{II}	52 025	97,5	48 231	98,7	42 245	100,0	41 552	97,5	36 925	99,3	35 155	100,0	32 652	97,5	29 220	98,8
1. Ausstrahlung aus Druckraum u. Druckleitung . . . . Q_6	1 525	2,8	1 531	3,1	545	1,3	1 552	3,6	1 275	3,4	1 055	3,0	1 852	5,5	1 420	4,8
2. Kühlwasserwärme des Kondensators . . . . . . Q_7	50 500	94,7	46 700	95,6	41 700	98,7	40 000	93,9	35 650	95,9	34 100	97,0	30 800	92,0	27 800	94,0
II. Kühlwasserwärme d. Kompressors Q_4	1 315	2,5	610	1,3	—	—	1 075	2,5	274	0,7	—	—	849	2,5	350	1,2
	53 340	100,0	48 841	100,0	42 245	100,0	42 627	100,0	37 199	100,0	35 155	100,0	33 501	100,0	29 570	100,0

Zahlentafel 10. Wärmebilanz der Kälteanlage, umgerechnet auf 10,8° C Unterkühlung vor dem Regulierventil.

Betrieb — Einstellung der Umlaufzahl — Zustand des Dampfes nach der Kompression	Hohe Umlaufzahl						Mittlere Umlaufzahl						Niedrige Umlaufzahl			
	stark überhitzt		mittel überhitzt		schwach überhitzt		stark überhitzt		mittel überhitzt		schwach überhitzt		stark überhitzt		mittel überhitzt	
Versuchsnummer	1		2		3		4		5		6		7		8	
	WE/st	v.H.	WE/st	v.H.	WE/st	v.H.	WE/st	v.H.	WE/st	v.H.	WE/st	v.H.	WE/st	v.H.	WE/st	v.H.
Zugeführte Wärmemengen																
I. Gesamte Kälteleistung der SO_2 Q_I	43 470	81,5	39 773	80,7	33 423	78,0	35 646	83,6	31 650	80,6	28 954	79,0	28 187	84,1	25 297	81,2
1. Nutzkälteleistung der Sole . Q_I	41 920	78,6	37 200	75,5	31 300	73,1	34 310	80,5	28 700	73,1	27 020	73,9	27 240	81,3	22 900	73,5
2. Einstrahlung in den Verdampfer + Wärmewert der Rührwerksarbeit . . . . . . Q_2	446	0,8	633	1,3	533	1,2	388	0,9	788	2,0	596	1,6	268	0,8	657	2,1
3. Einstrahlung i. d. Saugleitung Q_3	1 104	2,1	1 940	3,9	1 590	3,7	948	2,2	2 162	5,5	1 338	3,5	679	2,0	1 740	5,6
II. Wärmewert d. indiz. Leistung Q_{III}	7 420	13,8	6 990	14,1	6 610	15,4	5 760	13,5	5 560	14,2	5 517	15,2	4 648	13,9	4 540	14,6
III. Kühlwasserwärme des Kompressors . . . . Q_4	—	—	—	—	280	0,6	—	—	—	—	152	0,4	—	—	—	—
IV. Kolbenreibung + Einstrahlung zwischen Meßstelle 4 und Kompressor + Versuchsfehler . . . Q_5	2 490	4,7	2 618	5,2	2 552	6,0	1 231	2,9	2 014	5,2	1 997	5,4	666	2,0	1 303	4,2
	53 380	100,0	49 381	100,0	42 865	100,0	42 637	100,0	39 224	100,0	36 620	100,0	33 501	100,0	31 140	100,0
Fortgeführte Wärmemengen																
I. Kondensatorleistung insgesamt Q_{II}	52 065	97,5	48 771	98,8	42 865	100,0	41 562	97,5	38 950	99,3	36 620	100,0	32 652	97,5	30 790	98,9
1. Ausstrahlung aus Druckraum u. Druckleitung . . . . . . Q_6	1 525	2,7	1 531	3,1	545	1,3	1 552	3,6	1 275	3,3	1 055	2,8	1 852	5,5	1 420	4,6
2. Kühlwasserwärme des Kondensators . . . . Q_7	50 540	94,8	47 240	95,7	42 320	98,7	40 010	93,9	37 675	96,0	35 565	97,2	30 800	92,0	29 370	94,8
II. Kühlwasserwärme d. Kompressors Q_4	1 315	2,5	610	1,2	—	—	1 075	2,5	274	0,7	—	—	849	2,5	350	1,1
	53 380	100,0	49 381	100,0	42 865	100,0	42 637	100,0	39 224	100,0	36 620	100,0	33 501	100,0	31 140	100,0

6*

von 10,8° C, die die tiefste Temperatur darstellt, die überhaupt bei einem Versuch erreicht werden konnte. Prozentual von der gesamten zugeführten oder fortgeführten Wärmemenge nimmt die Gesamtkälteleistung und die nutzbare Kälteleistung mit zunehmender Dampffeuchtigkeit vor dem Kompressor ab. Die Wärmewerte der Kompressorleistungen nehmen mit der Dampffeuchtigkeit zu. Die Höhe dieser sowie die Höhe der Restglieder beeinflussen die Größe der Kälteleistungen.

Die Größe des Restgliedes in der Wärmebilanz bietet besonderes Interesse. Diese Wärmemenge stellt dar:

1. die durch die Kolbenreibung zugeführte Wärmemenge,
2. die durch die Einstrahlung zwischen Meßstelle 4 und dem Kompressor zugeführte Wärmemenge,
3. die Versuchsfehler.

Die Größe des Restgliedes, bezogen auf die gesamten zu- bzw. abgeführten Wärmemengen, schwankt zwischen dem Höchstwert rd. 6 v. H. bei Versuch 3 und dem Niedrigstwert rd. 2 v. H. bei Versuch 7. Das Restglied ist prozentualiter am niedrigsten bei Ansaugen von überhitztem Dampf, am höchsten bei Ansaugen von nassen Dämpfen.

Die unter 1. zugeführte Wärmemenge wächst einerseits mit der Umlaufzahl der Maschine und anderseits mit der Höhe der Überhitzung, da die Schmierfähigkeit der SO_2-Dämpfe mit wachsender Überhitzung abnimmt.

Die unter 2. zugeführte Wärmemenge wächst mit Abnahme der Überhitzung bei Eintritt in den Kompressor und ist umgekehrt proportional der Dampfüberhitzung beim Eintritt in den Kompressor. Offenbar nimmt nun die Einstrahlung unter 2. schneller

mit abnehmender Überhitzung zu, als die unter 1. zugeführte Wärmemenge abnimmt. Aus diesem Grunde
erklärt sich leicht der größere Betrag der Restglieder
bei den Versuchen mit nassem Dampf. Es ist also
bei der Größe des Restgliedes durchaus eine Gesetzmäßigkeit vorhanden, und die Versuchsfehler scheinen
demnach nicht bedeutend gewesen zu sein, wenn sich
natürlich auch deren Größe nicht feststellen läßt.
Diese Versuchsfehler sind bedingt bei der Durchführung der Versuche, wie schon früher dargestellt, durch
innere Undichtheit der Ventile und des Kolbens und
durch Vorhandensein von Luft in der Maschine. Beide
Fehler scheinen nach der früheren Erörterung nicht
in hohem Maße vorhanden gewesen zu sein.

Bei der Auswertung der Versuche zur Bestimmung der Wärmebilanz können sich durch fehlerhafte
Angaben der Instrumente und insbesondere durch Un-
genauigkeiten in der Bestimmung der thermischen
Daten der SO_2 Fehler ergeben. Die Angaben der
Instrumente sind durch Eichen nachgeprüft; es bleibt
damit die Unsicherheit in der Bestimmung der thermischen Daten, die jedoch, wie früher dargelegt, nicht
sehr groß ist und immerhin auf den Vergleich der
einzelnen Versuche unter sich nur von geringem Einfluß sein kann.

Die Wärmebilanzen bilden aber nicht nur einen
Maßstab für die Genauigkeit der Versuche, sondern
sie bilden auch eine Grundlage für die zur Beurteilung
der inneren Vorgänge im Kompressor auszuführenden
Rechnungen.

4. Kapitel.

Bei verlustloser adiabatischer Kompression erreichbare und wirkliche Leistungsziffern. Wirkungsgrade der Kälteanlage.

Die Druckgrenzen für den günstigsten Kälteprozeß mit adiabatischer Kompression für einen gegebenen Ansaugezustand bei der Versuchsmaschine bilden die Drucke p_1 und p_8 vor und hinter dem Regulierventil. Der Wert der Leistungsziffer dieses Prozesses werde mit ε_0' bezeichnet.

Ist weiterhin ε_0 die Leistungsziffer des Prozesses mit adiabatischer Kompression, der zwischen den Drücken vor und hinter dem Kompressor verläuft, so ist ein Maßstab für die Verminderung der Leistungsziffer durch die Druckverluste in den Rohrleitungen der Wirkungsgrad der Leitung

$$\eta_L = \frac{\varepsilon_0}{\varepsilon_0'}.$$

Wird die Leistungsziffer des wirklichen Prozesses mit ε bezeichnet, so ist der Wert

$$\eta_g = \frac{\varepsilon}{\varepsilon_0}$$

der Gütegrad der Kompression, und der Gesamtwirkungsgrad einer Kälteanlage ist dann definiert als

$$\eta = \eta_L \cdot \eta_g = \frac{\varepsilon}{\varepsilon_0'}.$$

Der Gütegrad η_g soll später besprochen werden.

Der Wirkungsgrad η_L läßt sich in den der Saugleitung und den der Druckleitung zerlegen. Der Wirkungsgrad η_S der Saugleitung ergibt sich aus der Ermittlung der Leistungsziffer ε_{0s} eines Prozesses mit adiabatischer Kompression, der zwischen den Drükken p_1 hinter dem Regulierventil und p_5 beim Austritt

aus dem Kompressor verläuft und dessen Leistungsziffer ε_{os} sei.

$$\eta_S = \frac{\varepsilon}{\varepsilon_{os}}.$$

In gleicher Weise berechnet sich der Wirkungs-
grad der Druckleitung η_D aus der Ermittlung der
Leistungsziffer ε_{od} eines Prozesses mit adiabatischer
Kompression, der zwischen den Druckgrenzen p_4 vor
Eintritt in den Kompressor und p_8 vor dem Regulier-
ventil verläuft.

$$\eta_D = \frac{\varepsilon}{\varepsilon_{od}}.$$

Mit großer Annäherung kann

$$\eta_L = \eta_S \cdot \eta_D$$

gesetzt werden.

Sämtliche Prozesse sind einheitlich für eine Unterkühlungstemperatur von 10,8° C am Regulierventil
— der niedrigsten Temperatur, wie gesagt, die bei
den Versuchen erreicht wurde — durchgerechnet. In
der Zahlentafel 11 sind die Werte der Verdampfer-,
Kondensator- und Kompressorleistungen (gerechnet in
WE/kg) sowie die Leistungsziffern für die verschiedenen Druckgrenzen zusammengestellt. Außerdem sind
in die Zahlentafel die entsprechenden Werte auch für
den Carnotprozeß zwischen den Drücken hinter und
vor dem Regulierventil, einem Carnotprozeß mit Unterkühlung auf die Versuchswerte und einem Carnotprozeß für eine Unterkühlung von 10,8° C aufgenommen. Es kann auf diese Weise ein Maßstab für den
Unterschied der erreichbaren Leistungsziffern gegenüber dem Carnotprozeß gewonnen werden, und es zeigt
sich zahlenmäßig, von welcher Größenordnung der Einfluß der Unterkühlung auf die Leistungsziffern ist.

In die Zahlentafel 11 sind weiterhin die Wirkungsgrade der Leitungen eingetragen. Man erkennt aus

Zahlentafel II. Kälte-, Kondensator-, Kompressorleistungen in WE/kg bei adiabatischer Kompression. Leistungsziffern. Wirkungsgrade der Leitungen.

Betrieb	Einstellung der Umlaufzahl des Kompressors	Hohe Umlaufzahl			Mittlere Umlaufzahl			Niedrige Umlaufzahl	
	Zustand des Dampfes nach der Kompression	stark überhitzt	mittel überhitzt	schwach überhitzt	stark überhitzt	mittel überhitzt	schwach überhitzt	stark überhitzt	mittel überhitzt
	Versuchsnummer	1	2	3	4	5	6	7	8
I. Carnotprozeß									
	Kälteleistung . . . . WE/kg	70,10	70,20	70,40	69,70	73,30	70,75	69,60	71,40
	Kondensatorleistung . . . . . . »	79,40	79,50	79,60	79,10	79,10	79,40	79,40	79,10
	Kompressorleistung. . . . . . »	9,30	9,30	9,20	9,40	5,80	8,65	9,80	7,70
	Leistungsziffer	**7,55**	**7,55**	**7,65**	**7,43**	**12,60**	**8,18**	**7,11**	**9,29**
II. Kälteprozeß mit Regulierventil ohne Unterkühlung. Dampf am Ende der Kompression trocken gesättigt									
	Kälteleistung . . . . WE/kg	69,49	69,42	69,97	69,06	72,87	70,41	68,79	70,85
	Kondensatorleistung . . . . . . »	79,40	79,50	79,60	79,10	79,10	79,40	79,40	79,10
	Kompressorleistung. . . . . . »	9,91	9,88	9,93	10,05	6,23	9,39	10,61	8,25
	Leistungsziffer	**7,00**	**7,05**	**7,02**	**6,87**	**11,70**	**7,50**	**6,49**	**8,60**
III. Kälteprozeß mit Regulierventil und Unterkühlung auf die Versuchswerte. Dampf am Ende der Kompression trocken gesättigt									
	Kälteleistung . . . . WE/kg	76,64	76,47	75,19	76,33	74,20	72,29	75,94	72,03
	Kondensatorleistung . . . . . . »	86,55	86,35	85,12	86,38	80,43	81,68	86,55	80,28
	Kompressorleistung. . . . . . »	9,91	9,88	9,93	10,05	6,23	9,39	10,61	8,25
	Leistungsziffer	**7,74**	**7,72**	**7,57**	**7,60**	**11,90**	**7,70**	**7,15**	**8,75**

IV. Kälteprozeß mit Regulierventil und Unterkühlung auf 10,8° C. Dampf am Ende der Kompression trocken gesättigt

Kälteleistung	WE/kg	76,67	76,87	76,73	76,34	80,24	77,52	75,94	78,18
Kondensatorleistung	»	86,57	86,75	86,66	86,39	86,47	86,91	86,55	86,43
Kompressorleistung	»	9,91	9,88	9,93	10,05	6,23	9,39	10,61	8,25
Leistungsziffer		**7,75**	**7,79**	**7,74**	**7,60**	**12,90**	**8,25**	**7,15**	**9,49**

V. Kälteprozeß bei adiabatischer Kompression, entsprechend den Drücken am Regulierventil, ohne Druckverluste in den Leitungen[1]

Kälteleistung	WE/kg	92,58	86,65	75,34	95,13	85,39	79,13	95,39	88,90
Kondensatorleistung	»	106,14	98,52	84,97	109,65	92,02	88,77	110,28	98,80
Kompressorleistung	»	13,56	11,87	9,63	14,52	6,63	9,64	14,89	9,90
Leistungsziffer	e_0'	**6,84**	**7,32**	**7,81**	**6,55**	**12,85**	**8,22**	**6,40**	**8,90**

VI. Kälteprozeß bei adiabatischer Kompression, ohne Druckverluste in der Saugleitung[1]

Kälteleistung	WE/kg	92,58	86,65	75,34	95,13	85,39	79,13	95,39	88,90
Kondensatorleistung	»	106,27	98,72	84,99	109,67	92,22	88,80	110,47	98,87
Kompressorleistung	»	13,69	12,07	9,65	14,54	6,83	9,67	15,08	9,97
Leistungsziffer	e_{0s}	**6,79**	**7,18**	**7,80**	**6,54**	**12,60**	**8,18**	**6,32**	**8,92**

[1] Berechnet für eine Unterkühlung von $+ 10,8°$ C vor dem Regulierventil.

Zahlentafel II (Fortsetzung).

Betrieb	Einstellung der Umlaufzahl des Kompressors	Hohe Umlaufzahl			Mittlere Umlaufzahl			Niedrige Umlaufzahl	
	Zustand des Dampfes nach der Kompression	stark überhitzt	mittel überhitzt	schwach überhitzt	stark überhitzt	mittel überhitzt	schwach überhitzt	stark überhitzt	mittel überhitzt
	Versuchsnummer	1	2	3	4	5	6	7	8
VII. Kälteprozeß bei adiabatischer Kompression, ohne Druckverluste in der Druckleitung[1]									
	Kälteleistung . . . . WE/kg	92,58	86,65	75,34	95,13	85,39	79,13	95,39	88,90
	Kondensatorleistung . . . . . . »	107,29	99,92	86,47	110,97	98,47	90,57	110,67	102,79
	Kompressorleistung . . . . . . »	14,71	13,27	11,13	15,84	13,08	11,44	15,28	13,89
	Leistungsziffer . . . . . . ε_{0d}	6,29	6,53	6,75	5,99	6,54	6,91	6,25	6,40
VIII. Kälteprozeß bei adiabatischer Kompression, entsprechend den Drücken am Kompressor[1]									
	Kälteleistung . . . . WE/kg	92,58	86,65	75,34	95,13	85,39	79,13	95,39	88,90
	Kondensatorleistung . . . . . . »	107,67	100,12	86,52	111,02	98,77	90,60	110,84	102,83
	Kompressorleistung. . . . . . »	15,09	13,47	11,18	15,89	13,38	11,47	15,45	13,93
	Leistungsziffer. . . . . . ε_0	6,15	6,45	6,74	5,98	6,38	6,92	6,18	6,38
Gesamtwirkungsgrad der Leitungen	$\eta_L = \dfrac{\varepsilon_0}{\varepsilon_0'} \cdot 100$ v. H.	90,1	88,2	86,2	91,5	49,7	84,0	96,6	71,6
Wirkungsgrad der Druckleitung	$\eta_D = \dfrac{\varepsilon_0}{\varepsilon_{0d}} \cdot 100$ »	98,0	98,7	99,8	99,8	97,6	99,9	99,0	99,9
Wirkungsgrad der Saugleitung	$\eta_S = \dfrac{\varepsilon_0}{\varepsilon_{0s}} \cdot 100$ »	90,8	90,0	86,5	91,8	50,6	84,5	98,0	71,6

der Zusammenstellung den schlechten Wirkungsgrad
der Saugleitung, der stark mit zunehmender Dampffeuchtigkeit und abnehmender Umlaufzahl abnimmt,
entsprechend der Größe des Druckabfalles in der Saugleitung. Die Gründe für diesen Druckabfall sind bereits auf Seite 44 besprochen worden. Die Druckverluste in den Druckleitungen sind verschwindend klein,
daher ergibt sich der hohe Wirkungsgrad der Druckleitung.

Der den Gesamtwirkungsgrad η vor allem beein-
flussende Gütegrad der Kompression η_g und die wirklichen Leistungsziffern sind neben einer Reihe anderer
für die Beurteilung einer Kälteanlage maßgebenden
Zahlen in Zahlentafel 12 zusammengestellt. Es sind
dies die spezifische Kälteleistung, bezogen auf die gesamte Kälteleistung der SO_2 und auf die Nutzkälteleistung, ferner der Arbeitsbedarf zur Kompression von
1 kg SO_2-Dampf.

Weiterhin sind in die Zahlentafel diejenigen Wirkungsgrade aufgenommen, welche in ihrer Größe die
Vorgänge im Kompressor charakterisieren.

Die spezifische Kälteleistung für die PSi-st nimmt
mit zunehmender Dampffeuchtigkeit bei allen Umlaufzahlen stark ab. Vergleicht man die Werte bei verschiedenen Umlaufzahlen miteinander, so zeigt sich,
daß bei der mittleren Umlaufzahl offenbar ein Höchstwert der spezifischen Kälteleistung auftritt.

Der Arbeitsbedarf zur wirklichen Kompression von
1 kg SO_2-Dampf nimmt in gleicher Weise wie der
Arbeitsbedarf zur adiabatischen Kompression von 1 kg
SO_2-Dampf mit zunehmender Dampffeuchtigkeit ab,
jedoch bei weitem nicht in dem hohen Maße wie dieser;
z. B. beträgt bei der wirklichen Kompression die Abnahme des Arbeitsbedarfes bei hoher Umlaufzahl für
die Versuche 1 und 3 nur 4 v. H., während bei adiabatischer Kompression eine Abnahme des Arbeits-

Zahlentafel 12. Spezifische Kälteleistung. Leistungsziffer. Wirkungsgrade.

Betrieb — Einstellung der Umlaufzahl — Zustand des Dampfes nach der Kompression	Hohe Umlaufzahl			Mittlere Umlaufzahl			Niedrige Umlaufzahl	
	stark überhitzt	mittel überhitzt	schwach überhitzt	stark überhitzt	mittel überhitzt	schwach überhitzt	stark überhitzt	mittel überhitzt
Versuchsnummer	1	2	3	4	5	6	7	8
Indizierte Leistung . . . . N_i PS	11,74	11,04	10,45	9,12	8,80	8,73	7,35	7,19
Wärmewert der indizierten Leistung $Q_{III} = 632{,}2\, N_i$ WE/st	7420	6990	6610	5760	5560	5517	4648	4540
Stündlicher Arbeitsbedarf . $75 \cdot 3600 \cdot N_i$ mkg/st	3 170 000	2 980 000	2 820 000	2 460 000	2 377 000	2 359 000	1 982 000	1 940 000
Gesamte Kälteleistung der SO_2 . . . Q_I WE/st	43 430	39 233	32 803	35 636	29 625	27 489	28 187	23 727
» » » f. 1 PSi/st $\dfrac{Q_I}{N_i}$ W/PSi/st	3 699	3 552	3 140	3 910	3 372	3 160	3 840	3 300
Nutzkälteleistung der Sole . . . . . Q_1 WE/st	41 880	36 660	30 680	34 300	26 675	25 220	27 240	21 330
» » » f. 1 PSi/st $\dfrac{Q_1}{N_i}$ WE/PSi/st	3 570	3 322	2 940	3 770	3 040	2 899	3 710	2 970
Umlaufendes SO_2-Gewicht . . . . . G_a kg/st	469	455	445	375	374	372	295	290
Wirklicher Arbeitsbedarf zur Kompression von 1 kg SO_2-Dampf $\mathfrak{L}_i = \dfrac{75 \cdot 3600 \cdot N_i}{G_a}$ mkg/1 kg	6 760	6 550	6 490	6 560	6 350	6 340	6 730	6 700
Arbeitsbedarf zur adiabatischen Kompression von 1 kg SO_2-Dampf $\mathfrak{L}_{ad} = [i_{sad} - i_a] \cdot 427$ mkg/1 kg	6 440	5 750	4 775	6 770	5 710	4 890	6 600	5 950

Leistungsziffer des Kälteprozesses $\varepsilon = \dfrac{Q_I}{Q_{III}}$	5,85	5,62	4,96	6,19	5,33	4,99	6,07	5,23
Leistungsziffer des Kälteprozesses bei adiabatischer Kompression $\varepsilon_0 = \dfrac{(i_4 - i_8)}{(i_{5ad} - i_8)}$	6,14	6,43	6,61	5,98	6,38	6,54	6,18	5,93
Gütegrad der Kompression $\eta_g = \dfrac{\mathfrak{L}_{ad}}{\mathfrak{L}_i} \cdot 100 = \dfrac{\varepsilon}{\varepsilon_0} \cdot 100$ v. H.	95,20	87,90	74,90	103,10	83,50	77,20	98,10	88,90
Dampfzustand beim Eintritt Kompressor v. H. Dampfgehalt	überhitzt	97,80	85,80	überhitzt	96,50	89,75	überhitzt	99,00
Spezifisches Volumen beim Eintritt Kompressor v_4 m³/kg	0,2901	0,2732	0,2410	0,2991	0,2547	0,2472	0,3030	0,2792
Dampfvolumen beim Eintritt Kompressor $V_4 = G_a \cdot v_4$ m³/st	135,90	124,10	107,10	112,00	95,25	91,90	89,40	81,00
Stündliches Hubvolumen des Kompressors $V_H = F_K \cdot s \cdot n \cdot 60$ »	174,00	170,95	171,20	143,90	143,50	143,90	118,00	116,50
Lieferungsgrad des Kompressors $\lambda = \dfrac{V_4}{V_H} \cdot 100$ v. H.	78,10	72,80	62,60	78,00	66,40	63,90	75,80	69,50
Volumetrischer Wirkungsgrad nach dem Diagramm infolge Rückexpansion aus dem schädlichen Raume . . . . $\eta_{vol\,I}$ v. H.	81,00	76,90	74,10	81,20	78,50	75,00	81,20	79,50
Volumetrischer Wirkungsgrad infolge Vorwärmung beim Ansaugen $\eta_{vol\,II} = \dfrac{\lambda}{\eta_{vol\,I}}$ v. H.	96,50	94,90	84,50	96,20	84,50	85,20	93,50	87,50
Völligkeitsgrad des Kompressordiagrammes $\varphi = \dfrac{\eta_g}{\lambda} \cdot 100$ v. H.	121,80	120,90	101,50	132,50	125,90	121,00	129,50	128,00

bedarfes um 36 v. H. vorhanden ist. Der Grund der geringen Abnahme beim wirklichen Prozeß liegt darin, daß die Leistung nur sehr gering mit zunehmender Dampffeuchtigkeit abnimmt und die umlaufenden Gewichte für die verschiedenen Dampfzustände fast konstant bleiben.

Die wirkliche Leistungsziffer nimmt für jede Versuchsreihe mit zunehmender Dampffeuchtigkeit stark ab. Im Gegensatz dazu steigt die Leistungsziffer des Kälteprozesses mit adiabatischer Kompression entsprechend unseren früheren Darlegungen an. Damit ergibt sich, daß der Gütegrad der Kompression η_g, der nach früherem als das Verhältnis der Leistungsziffer des wirklichen Kälteprozesses zu der des Kälteprozesses mit adiabatischer Kompression oder auch als das Verhältnis des Arbeitsbedarfes bei adiabatischer Kompression von 1 kg SO_2-Dampf zum wirklichen Arbeitsbedarf zu definieren ist, mit zunehmender Dampffeuchtigkeit vor dem Kompressor stark abnimmt. Vergleicht man die Werte bei verschiedenen Umlaufzahlen miteinander, so ergibt sich, daß offenbar ein Höchstwert des Gütegrades bei mittleren Umlaufzahlen auftritt.

In der Zahlentafel 12 ist ferner aufgetragen der Lieferungsgrad des Kompressors λ für die verschiedenen Versuche. Der Lieferungsgrad ist als das Verhältnis des wirklich angesaugten Dampfvolumens, das aus dem spezifischen Volumen an Meßstelle 4 und dem umlaufenden Dampfgewicht in kg/st zu berechnen ist, zum stündlichen Hubvolumen des Kompressors definiert.

Der Lieferungsgrad nimmt beträchtlich bei den drei Versuchsreihen mit verschiedenen Umlaufzahlen mit steigender Überhitzung zu. Bei den Versuchen 1 und 3 beträgt der Unterschied rd. 15 v. H. zwischen einer Überhitzungstemperatur von etwa 5° C, entsprechend einer Überhitzung von rd. 11° C, und einem Dampf-

gehalt von 85 v. H. vor dem Kompressor. Der Lieferungsgrad eines Kompressors kann beeinflußt sein

    1. durch die Rückexpansion aus dem schädlichen
       Raume,
    2. durch Vorwärmung des Mediums beim An-
       saugen.

Bezeichnet man die diesen Verlusten entsprechen-
den Wirkungsgrade mit $\eta_{\text{vol I}}$ und $\eta_{\text{vol II}}$, so muß sein:

$$\lambda = \eta_{\text{vol I}} \cdot \eta_{\text{vol II}}.$$

Ergibt sich, daß $\lambda < \eta_{\text{vol II}}$ ist, so ist bewiesen, daß eine
Vorwärmung beim Ansaugen stattgefunden hat.

Die Bestimmung des volumetrischen Wirkungsgrades
durch Rückexpansion aus dem schädlichen Raum $\eta_{\text{vol I}}$
muß aus dem Diagramm geschehen. Die Schwierig-
keit der Bestimmung liegt darin, daß, wie früher besprochen, die Rückexpansion in zu kurzer Zeit erfolgt,
als daß der Indikator infolge seiner Masse und der
Reibung genau der Druckabnahme entsprechende Werte
anzeigte. Die Werte für $\eta_{\text{vol I}}$ können also nur angenäherte sein. Sie lassen aber einen Vergleich der
Versuche durchaus zu, wenn sie auch in ihrer Höhe
nur ungefähr bestimmt werden können. Es geht aus
der Zahlentafel 12 hervor, daß der Unterschied zwischen dem volumetrischen Wirkungsgrad bei überhitztem und nassem Dampf beträchtlich ist und z. B.
bei der ersten Versuchsreihe rd. 13 v. H. beträgt.
Ähnliche Zahlen zeigen sich auch bei den anderen
Versuchsreihen. Diese großen Unterschiede lassen sich
nicht ohne weiteres erklären, und es soll später bei
der Erörterung der Vorgänge während der Kompression näher auf sie eingegangen werden. Der aus der
Gleichung

$$\eta_{\text{vol II}} = \frac{\lambda}{\eta_{\text{vol I}}}$$

bestimmbare volumetrische Wirkungsgrad durch Vorwärmung beim Ansaugen ist bei allen Versuchen

< 100 v. H. und zeigt bei »nassem« Kompressorgang äußerst geringe Werte gegenüber dem Betrieb mit überhitzten Dämpfen vor Eintritt in den Kompressor. Derartig große Unterschiede können selbstverständlich nicht von der Ungenauigkeit bei Bestimmung von $\eta_{vol\ I}$ herrühren. Für die höchsten Umlaufzahlen beträgt der Unterschied rd. 12 v. H. Die Theorie von L o r e n z , die größere Wandungseinflüsse als nicht vorhanden erklärt, kann also nicht den Tatsachen entsprechen. Die größere Vorwärmung bei »nassem« Kompressorgang ist, wie früher gesagt, leicht erklärlich aus der Tatsache, daß der Wärmeübertragungskoeffizient bei nassem Dampf bedeutend größer ist als bei überhitztem Dampf.

Es ist weiterhin in die Zahlentafel 12 ein Wert $\varphi = \dfrac{\eta_o}{\lambda}$ eingetragen, der als Völligkeitsgrad des Kompressordiagrammes bezeichnet ist und dessen innerer Zusammenhang mit den Werten η_o und λ im nächsten Kapitel besprochen werden soll. Der Wert von φ ist um so höher, je höher die Überhitzung beim Ansaugen ist. Vergleicht man die Werte bei verschiedenen Umlaufzahlen miteinander, so sieht man, daß auch φ, ebenso wie η_o, bei der mittleren Umlaufzahl einen Höchstwert besitzt. Aus der Zahlentafel 12 kann jedoch nicht eindeutig ein Vergleich zwischen den einzelnen Versuchen gezogen werden, da die Unterkühlung bei allen Versuchen verschieden ist und auch die Drücke und die Zustände vor Eintritt in den Kompressor bei den einzelnen Versuchen nicht genau in gleicher Höhe gehalten werden konnten. Um einen Vergleich anstellen zu können, ist es nötig, eine Umrechnung der Versuche vorzunehmen, wozu das im folgenden Kapitel angegebene Verfahren dient.

5. Kapitel.

Umrechnung der Versuche auf gleiche Grundlage. Methode der Berechnung einer Kälteerzeugungsanlage aus dem Wärmeinhalt des Kaltdampfes mit Hilfe des Gütegrades und des Lieferungsgrades.

Die Beurteilung und Berechnung einer Kälteerzeugungsanlage läßt sich auf einfache Weise durchführen, wenn die schon in Zahlentafel 12 angegebenen drei Größen eingeführt werden[1]):

η_g der Gütegrad des Kompressors,

λ der Lieferungsgrad des Kompressors,

φ der Völligkeitsgrad des Kompressordiagrammes.

Diese drei Größen sind, wie schon vorher besprochen, in folgender Weise definiert:

η_g stellt das Verhältnis des Arbeitsaufwandes zur adiabatischen Kompression von 1 kg SO_2-Dampf zum Arbeitsaufwand zur tatsächlichen Kompression von 1 kg SO_2-Dampf dar.

λ gibt das Verhältnis zwischen dem wirklich geförderten SO_2-Dampfgewicht zu dem dem Hubvolumen entsprechenden an (das Hubvolumen ist auf den Zustand an Meßstelle 4 zu beziehen).

φ ist das Verhältnis zwischen dem Arbeitsaufwand zur adiabatischen Kompression zum wirklichen Aufwand zur Kompression von 1 kg SO_2-Dampf, wenn der Lieferungsgrad gleich 1 wäre, d. h. mit anderen Worten: φ ist das Verhältnis des theoretischen

---

[1]) Eine, zwar nur in einzelnen Punkten, ähnliche Darstellung gibt Prof. Ostertag in seiner Abhandlung »Berechnung der Kältemaschinen auf Grund der Entropiediagramme«, die im Herbst 1913 erschien. Ich bin unabhängig von Prof. Ostertag bei der Beschäftigung mit vorliegender Arbeit bereits Anfang 1913 dazu gekommen, vorliegende Berechnungsmethode anzuwenden.

p—v-Diagramms über derselben Grundlinie, über der das wirkliche Kompressionsdiagramm gezeichnet ist, zu diesem und kann somit als Völligkeitsgrad des Kompressordiagrammes bezeichnet werden.

Der Zusammenhang zwischen diesen drei Größen und ihre Benutzung für die Berechnung ergeben sich in folgender Weise:

Es bezeichne außer den früheren Abkürzungen:

L_{ad} den Arbeitsaufwand zur adiabatischen Kompression von 1 kg SO_2-Dampf,

F_K die Kolbenfläche in cm²,

p_m den mittleren Druck des wirklichen Diagramms in at (kg/cm²),

s den Hub der Maschine in m.

Mit diesen Bezeichnungen ist der stündliche theoretische Arbeitsbedarf:

$$G_a \cdot L_{ad} \text{ mkg/st,}$$

der stündliche wirkliche Arbeitsbedarf

$$F_K \cdot p_m \cdot s \cdot n \cdot 60 \text{ mkg/st,}$$

und der Gütegrad

$$\eta_g = \frac{G_a \cdot L_{ad}}{F_K \cdot p_m \cdot s \cdot n \cdot 60} = \frac{G_a \cdot L_{ad} \cdot \gamma_4}{\left(\frac{F_K}{10\,000} \cdot s \cdot n \cdot 60 \cdot \gamma_4\right) \cdot 10\,000 \cdot p_m}$$

Da $\frac{F_K}{10\,000} \cdot s \cdot n \cdot 60 \cdot \gamma_4$ das stündlich theoretische Hubgewicht in kg/st ist, so ergibt sich, da

$$\frac{G_a}{\frac{F_K}{10\,000} \cdot s \cdot n \cdot 60 \cdot \gamma_4} = \lambda$$

den Lieferungsgrad des Kompressors, bezogen auf die Meßstelle 4, d. h. den Zustand vor Eintritt in den Kompressor, darstellt,

$$\eta_g = \lambda \cdot \frac{L_{ad} \cdot \gamma_4}{10\,000 \, p_m}.$$

$L_{ad} \cdot \gamma_4$ in mkg/m³ ist der Arbeitsbedarf zur adiabatischen Kompression von 1 m³ SO_2-Dampf, $(10000 \cdot p_m)$ in mkg/m³ ist der wirkliche Arbeitsbedarf zur Kompression von 1 m³ Hubvolumen, d. h.

$$\varphi = \frac{L_{ad} \cdot \gamma_4}{10000 \cdot p_m} = \frac{(i_{5ad} - i_4) \cdot \gamma_4}{10000 \cdot p_m \cdot A}$$

ist der Völligkeitsgrad des Kompressordiagrammes.

φ ist ein Maßstab für die Einwirkungen auf die Kompressorleistung, die hervorgerufen werden:

1. durch die Abdrosselung in den Saug- und Druckventilen,
2. durch die Massenwirkungen der Ventile,
3. durch die Wandungseinflüsse während der Kompression,
4. durch die Wandungseinflüsse während der Expansion.

λ ist ein Maßstab für die volumetrischen Verluste im Kompressor, die hervorgerufen werden:

1. durch Rückexpansion aus dem schädlichen Raum,
2. durch Vorwärmen beim Ansaugen.

Die Beziehung zwischen den beiden Wirkungsgraden gibt dann der Gütegrad:

$$\eta_a = \lambda \cdot \varphi.$$

Die Werte λ und φ können auch in folgender Form geschrieben werden:

$$\lambda = \frac{10000}{F_K \cdot s} \cdot v_4 \cdot \frac{G_a}{60\,n} = C_1 \cdot v_4 \cdot \frac{G_a}{60 \cdot n}$$

$$\varphi = \frac{1}{10000 \cdot A} \cdot (i_{5ad} - i_4) \cdot \frac{1}{v_4 \cdot p_m}.$$

Für einen bestimmten Zustand des Dampfes beim Ansaugen hängt bei verschiedenen Umlaufzahlen also λ nur von dem angesaugten Hubgewicht $\dfrac{G_a}{60 \cdot n}$ ab.

7*

φ ist proportional dem reziproken Wert von p_m. Die versuchsmäßige Feststellung der beiden Werte ist nicht schwierig, da es sich nur darum handelt, die umlaufende Dampfmenge zu messen, die Maschine zu indizieren und den Zustand des Dampfes vor Eintritt in den Kompressor zu bestimmen.

Der Einfluß der Werte η_g, λ und φ auf die Größe der Kälteleistung und des Kraftbedarfes einer Kompressionskältemaschinenanlage geht aus nachstehender Darstellung hervor.

Für eine Kompressionskältemaschinenanlage mit einem Kompressor gleichen Hubvolumens wie der ausgeführte Kompressor, bei der der Gütegrad $\eta_g = 1$ ist und ebenso die Werte λ und $\varphi = 1$ sind, bestimmen sich die umlaufenden SO_2-Gewichte, die Kälteleistung, die Kondensatorleistung und die Kompressorleistung bei adiabatischer Kompression in folgender Weise:

1. Die umlaufende theoretische SO_2-Menge in kg/st

$$G_{a_e} = F_K \cdot s \cdot n \cdot 60 \cdot \frac{1}{v_4},$$

2. die theoretische Kälteleistung in WE/st

$$Q_{I_e} = F_K \cdot s \cdot n \cdot 60 \cdot \frac{1}{v_4} \cdot (i_4 - q_8),$$

3. die theoretische Kondensatorleistung in WE/st

$$Q_{II_e} = F_K \cdot s \cdot n \cdot 60 \cdot \frac{1}{v_4} \cdot (i_{5ad} - q_8),$$

4. die theoretische Kompressorleistung in WE/st

$$(Q_{II_e} - Q_{I_e}) = F_K \cdot s \cdot n \cdot 60 \cdot \frac{1}{v_4} \cdot (i_{5ad} - i_4).$$

Demgegenüber ergeben sich für die wirklich ausgeführte Maschine folgende Werte:

1. Die umlaufende SO_2-Menge in kg/st

$$G_a = F_K \cdot s \cdot n \cdot 60 \cdot \frac{1}{v_4} \cdot \lambda,$$

2. die wirkliche Kälteleistung in WE/st

$$Q_I = F_K \cdot s \cdot n \cdot 60 \cdot \frac{1}{v_4} \cdot \lambda \cdot (i_4 - q_8),$$

3. die wirkliche Kompressorleistung in WE/st

$$Q_{III} = F_K \cdot s \cdot n \cdot 60 \cdot \frac{1}{v_4} \cdot \lambda \cdot (i_{5ad} - i_4) \cdot \frac{1}{\eta_g}.$$

Da $\eta_g = \lambda \cdot \varphi$ ist, so wird

$$Q_{III} = F_K \cdot s \cdot n \cdot 60 \cdot \frac{1}{v_4} \cdot \frac{1}{\varphi} \cdot (i_{5ad} - i_4).$$

In PS ausgedrückt, ist die Kompressorleistung:

$$N_i = F_K \cdot s \cdot n \cdot 60 \cdot \frac{1}{v_4} \cdot \frac{1}{\varphi} \cdot (i_{5ad} - i_4) \cdot \frac{1}{632,2},$$

4. die wirkliche Kondensatorleistung in WE/st

$$Q_{II} = Q_I + Q_{III} = F_K \cdot s \cdot n \cdot 60 \cdot \frac{1}{v_4} \cdot \lambda \cdot$$
$$\cdot \left[(i_4 - q_8) + (i_{5ad} - i_4) \cdot \frac{1}{\eta_g} \right]$$
$$= F_K \cdot s \cdot n \cdot 60 \cdot \frac{1}{v_4} \cdot \lambda \cdot$$
$$\cdot \left[i_4 \frac{(\eta_g - 1)}{\eta_g} + \frac{i_{5ad}}{\eta_g} - q_8 \right]$$
$$= F_K \cdot s \cdot n \cdot 60 \cdot \frac{1}{v_4} \cdot \frac{1}{\varphi} \cdot$$
$$\cdot [i_4 (\eta_g - 1) + i_{5ad} - \eta_g \cdot q_8].$$

In der wirklichen Kälteleistung Q_I ist die nutzbare Kälteleistung, die Einstrahlung in den Verdampfer, der Wärmewert der Rührwerksarbeit und die Einstrahlung in die Saugleitung enthalten:

$$Q_I = Q_1 + Q_2 + Q_3.$$

Die wirkliche Kondensatorleistung Q_{II} setzt sich aus der Kühlwasserleistung des Kondensators, der Aus-

strahlung aus der Druckleitung und dem Kompressordeckel zusammen:

$$Q_{II} = (Q_6 + Q_7).$$

Nicht berücksichtigt sind in diesen Gleichungen die
Abfuhr oder Zufuhr von Wärme durch das Kompressorkühlwasser sowie das Restglied, in dem ja hauptsächlich die Zufuhr von Wärme durch die Kolbenreibung
und die Einstrahlung zwischen Meßstelle 4 und Kompressor enthalten ist,

$$Q_{IV} = Q_4 + Q_5.$$

Auf diese Weise ergibt sich die Bilanzgleichung:

$$Q_I + Q_{III} - Q_{II} \pm Q_{IV} = 0.$$

In dieser Gleichung sind Q_I und Q_{III} auf die angegebene Weise mit Hilfe der Werte η_g, λ und φ bestimmbar. Ist $Q_{IV} = 0$, so ist Q_{II} durch die unter 4. angegebene Kondensatorleistung gegeben. Ist $Q_{IV} \gtrless 0$,
so gibt der unter 4. angegebene Wert den Ausdruck

$$Q_{II} \pm Q_{IV}.$$

Durch diese Gleichungen ist eine sehr einfache und
bequeme Berechnungsmethode von Kältemaschinen gegeben. Es ist nur erforderlich, das adiabatische
Wärmegefälle zu kennen bzw. zu bestimmen und durch
Versuche η_g, λ und φ entsprechend den früheren Darlegungen festzulegen.

Da Q_{IV} nur einen geringen Betrag der Kälteleistung
ausmacht, kann es bei der Berechnung neuer Kompressoren vernachlässigt werden.

Die nutzbare Kälteleistung Q_1 in WE/st ergibt
sich dann aus der Differenz

$$Q_1 = Q_I - (Q_2 + Q_3)$$

$(Q_2 + Q_3)$, Wärmemengen, die bei gut isolierten Rohrleitungen nur einen geringen Prozentsatz ausmachen,
können dann ebenfalls nach Erfahrungswerten in Rechnung gestellt werden.

Für die Auswertung von Versuchen bietet die Methode ein einfaches Mittel, Versuche auf gleicher Basis miteinander zu vergleichen, und es sind nach diesem Verfahren die vorliegenden Versuche bearbeitet worden.

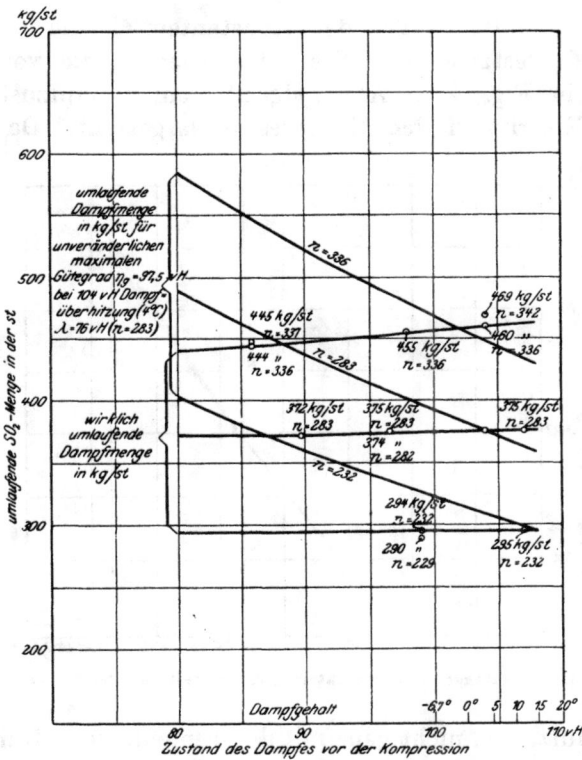

Fig. 14. Umlaufendes SO₂-Gewicht in Abhängigkeit vom Dampfzustand vor Eintritt in den Kompressor.

Die Umdrehungszahlen, auf die die Werte umgerechnet sind, wurden festgelegt zu $n = 336$, $n = 283$, $n = 232$ Uml./min. Als Druckeinheiten sind gewählt, wie bei dem theoretischen Diagramm, Ansaugedruck 1,20 at abs., entsprechend —6,7°C Sättigungstemperatur, Kompressionsenddruck 5,00 at abs., entsprechend 32,3° C Sättigungstemperatur.

Zur Bestimmung von

$$\lambda = C_1 \cdot v_4 \cdot \frac{G_a}{60 \cdot n}$$

ist nur nötig, außer der Konstanten C_1 die Größe von G_a festzustellen. Die gemessenen Werte von G_a sind in Fig. 14 in Abhängigkeit vom Dampfzustand vor Eintritt in den Kompressor dargestellt. Da die

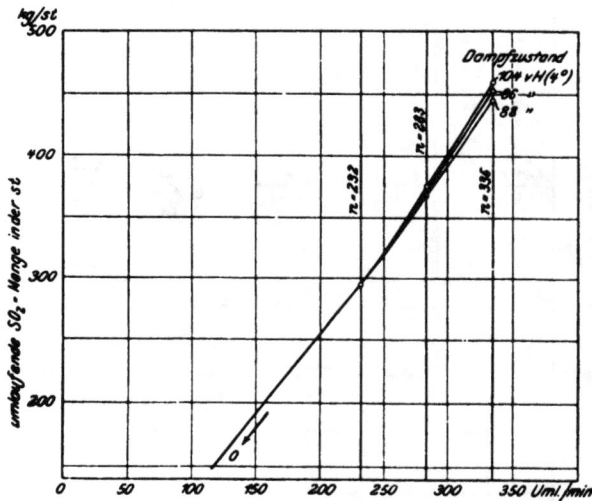

Fig. 15. Umlaufendes SO₂-Gewicht in Abhängigkeit von der Umlaufzahl.

Umlaufzahlen nicht ganz mit den Einheitsumlaufzahlen übereinstimmen, so wurden die Werte G_a auf diese umgerechnet und in den kleinen Umrechnungsgrenzen, um die es sich handelt, geradlinige Proportionalität angenommen. Bei der Darstellung ist zu beachten, daß die Überhitzungen ebenfalls in v. H. angegeben sind, und zwar ist die Überhitzung in v. H. definiert als $\dfrac{\text{abs. Überhitzungstemperatur}}{\text{abs. Sättigungstemperatur}} \cdot 100$, was mit sehr großer Annäherung ungefähr dem Werte

$$\frac{\text{Wärmeinhalt des überhitzten Dampfes}}{\text{Wärmeinhalt des gesättigten Dampfes}} \cdot 100 \text{ entspricht.}$$

Die SO_2-Dampfmengen bleiben in dem Bereich der Versuche für niedrige Umlaufzahlen ziemlich konstant. Für die Umlaufzahl 336 beträgt der Unterschied zwischen 80 v. H. Dampfgehalt und 15° Überhitzungstemperatur, d. h. 21,7° Überhitzung vor Eintritt in den Kompressor, rd. 4,4 v. H.

In Fig. 15 sind für drei Dampfzustände beim Ansaugen, Dampfgehalt 88 v. H., 96 v. H., Dampfüberhitzung 104 v. H. — entsprechend einer Überhitzungstemperatur von 4° C —, die SO_2-Dampfmengen aufgetragen. Man erkennt, daß von etwa 230 Uml./min ab die SO_2-Dampfmengen für die in Frage kommenden Dampfzustände offenbar einander gleich sind und daß erst bei höheren Umlaufzahlen als 230 Uml./min bei überhitztem Dampf vor Eintritt in den Kompressor ein größeres SO_2-Dampfgewicht im Umlauf ist als bei nassem Dampf.

Der aus den Werten von G_a berechnete Lieferungsgrad λ ist in Fig. 16a und 16b in Abhängigkeit vom Dampfzustand vor dem Kompressor aufgetragen. In die Fig. 16a sind auch gleichzeitig die unreduzierten Versuchswerte eingetragen. λ nimmt nach diesen Darstellungen bei sämtlichen Umlaufzahlen mit zunehmender Dampftrocknung vor Eintritt in den Kompressor erst langsamer, dann schneller zu, z. B. beträgt bei $n = 336$ Uml./min:

bei 80 v. H. Dampfgehalt $\lambda = 57,5$ v. H.,
 »   90 » »   » $\lambda = 65,0$ » »
 » 100 » » Dampfüberhitzung $\lambda = 74,0$ » »
 » 110 » »   » $\lambda = 83,75$ » »

Der Anstieg der λ-Kurven erfolgt um so schneller, je höher die Umlaufzahl ist.

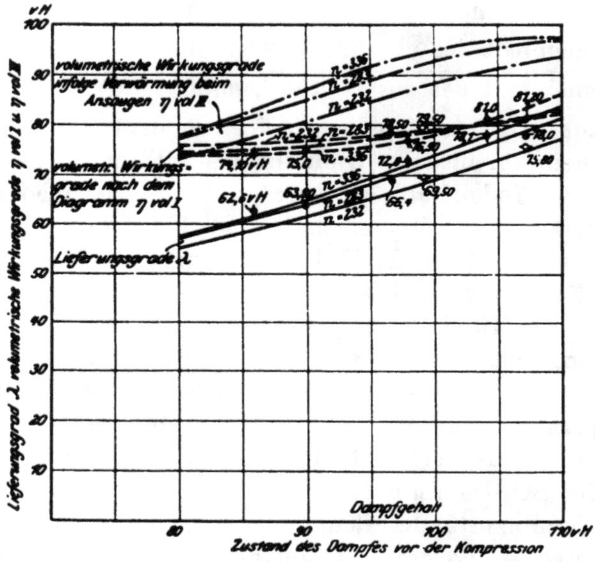

Fig. 16a. λ, $\eta_{vol\,I}$ und $\eta_{vol\,II}$ **bei verschiedenen Ansaugezuständen.**

♦   Hohe Umlaufzahl.
•   Mittlere Umlaufzahl.
⚬   Niedrige Umlaufzahl.

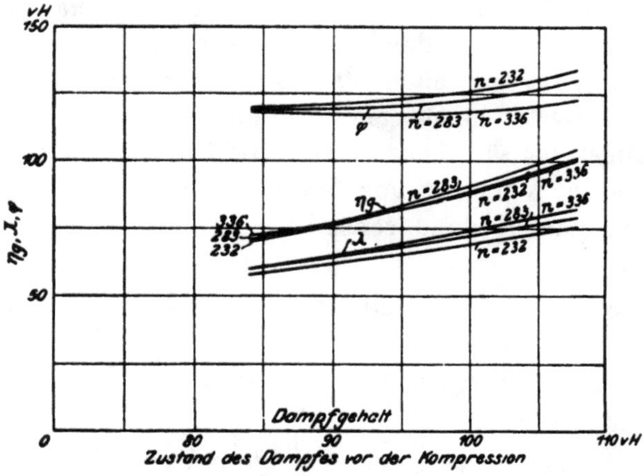

Fig. 16b. λ, φ und η_g **bei verschiedenen Ansaugezuständen.**

Für die angegebenen Dampfzustände vor Eintritt in den Kompressor — 88 v. H. Dampfgehalt, 96 v. H. Dampfgehalt und 104 v. H. Dampfüberhitzung (4° Überhitzungstemperatur) — sind in Fig. 20a und 20b die Werte von λ in Abhängigkeit von den Umlaufzahlen verzeichnet. Nach dieser Darstellung wächst λ mit zunehmender Umlaufzahl, und zwar zuerst schneller, dann langsamer. Bei höherer Umlaufzahl scheinen sich die Kurven einem konstanten Höchstwerte zu nähern.

Die beiden volumetrischen Wirkungsgrade, $\eta_{vol\ I}$, der volumetrische Wirkungsgrad nach dem Diagramm, und $\eta_{vol\ II}$, der volumetrische Wirkungsgrad infolge Vorwärmung beim Ansaugen, sind in Fig. 16a und 20a eingetragen, und zwar so, daß aus der Zahlentafel 12 die unreduzierten Werte für $\eta_{vol\ I}$ entnommen — eine Reduktion auf einheitliche Druckwerte ist nicht möglich — und Kurven durch die Versuchspunkte hindurch gelegt wurden. Aus diesen Kurvenwerten und den von λ wurde dann die Kurve für $\eta_{vol\ II}$ konstruiert. In Abhängigkeit vom Dampfzustand vor der Kompression steigt nach diesen Kurven $\eta_{vol\ I}$ zuerst langsam, dann schneller mit zunehmendem Dampfgehalt. Am schnellsten wächst die Kurve bei hoher Umlaufzahl, so daß die Kurve für 336 Uml./min, die bei geringem Dampfgehalt die niedrigsten Werte anzeigte, bei Überhitzung vor dem Kompressor die höchsten Werte von $\eta_{vol\ I}$ ergibt. $\eta_{vol\ II}$ wächst mit zunehmender Dampftrocknung zuerst schnell, dann langsamer. Bei 80 v. H. Dampfgehalt vor dem Kompressor nähern sich die Kurven einem konstanten Niedrigstwerte, bei hoher Überhitzung für alle Umlaufzahlen einem konstanten Höchstwerte.

Bei Betrachtung der Abhängigkeit der Wirkungsgrade von der Umlaufzahl zeigt sich, daß $\eta_{vol\ I}$ bei geringem Dampfgehalt vor Eintritt in den Kompressor mit zunehmender Umlaufzahl fällt. Bei Ansaugen von trocken gesättigtem Dampf bleibt $\eta_{\text{vol I}}$ beinahe konstant, bei Überhitzungen vor dem Kompressor nimmt $\eta_{\text{vol I}}$ mit der Umlaufzahl zu, $\eta_{\text{vol II}}$ wächst wie λ mit zunehmender Umlaufzahl, und zwar um so schneller, je höher der Dampf überhitzt ist.

Dies ist der durch den Versuch tatsächlich festgestellte Verlauf der Kurven, aus der die Höhe der volumetrischen Verluste ersehen werden kann. Eine eingehende Erörterung über die inneren Vorgänge im Kompressor, die die Höhe dieser Verluste bedingen, soll im folgenden Kapitel angestellt werden.

Zur Bestimmung des Völligkeitsgrades φ nach der Formel

$$\varphi = \frac{(i_{5\,ad} - i_4) \cdot \gamma_4}{10\,000 \cdot p_m \cdot A}$$

ist die Kenntnis von p_m erforderlich. Da die Versuchswerte der Drücke vor und hinter dem Kompressor von den Einheitswerten 1,20 at abs. und 5,00 at abs. abweichen, so mußte eine Umrechnung der mittleren Drücke vorgenommen werden. Zu diesem Zwecke wurde für die bei den Versuchen vorhandenen Druckgrenzen das theoretische Diagramm mit dem Exponenten 1,20 der Kompressionslinie entworfen — dieser Wert entspricht, wie wir später sehen werden, dem Exponenten der wirklichen Kompressionslinie für den größten Teil des Kompressionshubes — und die Arbeitsfläche bestimmt. Das Verhältnis der Arbeitsfläche mit den Druckgrenzen 5,00 at abs. und 1,20 at abs. zu dieser Arbeitsfläche gibt dann annähernd den Reduktionsfaktor zur Umrechnung des wirklichen mittleren Druckes auf den reduzierten mittleren Druck bei 5,00 at abs. Kompressionsenddruck und 1,20 at abs. Ansaugedruck. Die berechneten Werte sind in Zahlentafel 13 zusammengestellt.

In Fig. 17 sind die mittleren Drucke in at, in Fig. 18 die Leistung in PS in Abhängigkeit vom Dampfzustand

Zahlentafel 13. Mittlere Drücke und indizierte Leistungen, reduziert auf gleiche Kompressionsanfangs- und -enddrücke.

Betrieb — Einstellung der Umlaufzahl — Zustand des Dampfes nach der Kompression	Hohe Umlaufzahl			Mittlere Umlaufzahl			Niedrige Umlaufzahl	
	stark überhitzt	mittel überhitzt	schwach überhitzt	stark überhitzt	mittel überhitzt	schwach überhitzt	stark überhitzt	mittel überhitzt
Versuchsnummer	1	2	3	4	5	6	7	8
Mittlerer Druck nach dem Indikatordiagramm . . . . p_m at	1,829	1,742	1,650	1,715	1,660	1,639	1,680	1,670
Absoluter Druck beim Eintritt Kompressor . . . . p_4 »	1,204	1,199	1,192	1,209	1,222	1,216	1,198	1,186
Absoluter Druck beim Austritt Kompressor . . . . p_5 »	5,052	4,920	4,910	4,970	4,990	4,890	4,920	4,970
Reduktionsfaktor zur Umrechnung des mittleren Druckes auf 1,20 at abs. Kompressionsanfangsdruck und 5,00 at abs. -enddruck	0,995	1,010	1,010	1,008	1,010	1,025	1,110	0,999
Mittlerer reduzierter Druck . . . . p_{m_R} at	1,817	1,762	1,669	1,735	1,680	1,680	1,700	1,665
Indizierte Leistung nach den Versuchen Ni PS	11,74	11,04	10,45	9,12	8,80	8,73	7,35	7,19
Wärmewert der indizierten Leistung 632,2 Ni WE/st	+7420	+6990	+6610	+5760	+5560	+5517	+4648	+4540
Indizierte Leistung, reduziert auf 1,20 at abs. Kompressionsanfangsdruck u. 5,00 at abs. -enddruck bei 336, 283 und 232 Uml./min . . . Ni_R PS	11,45	11,12	10,50	9,21	8,94	8,94	7,41	7,25
Wärmewert der reduzierten indizierten Leistung . . . . . . 632,2 Ni_R WE/st	7250	7040	6650	5840	5650	5650	4695	4590

vor Eintritt in den Kompressor aufgetragen. In Fig. 19
sind die aus Fig. 17 und 18 berechneten mittleren

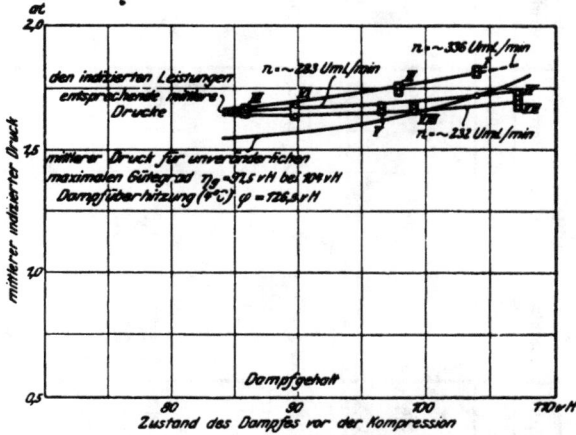

Fig. 17. **Mittlere Drücke bei verschiedenen Ansaugezuständen.**

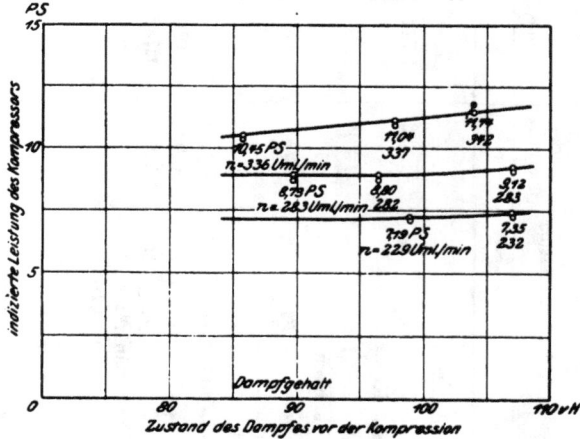

Fig. 18. **Indizierte Leistungen bei verschiedenen Ansaugezuständen.**

Drücke und Leistungen in Abhängigkeit von der Umlaufzahl verzeichnet.

Die indizierten Drücke, beeinflußt durch die Formen der Kompressions- und Expansionskurven und

durch die Größe der Drosselungsverluste und Massenwiderstände in den Ventilen, nehmen mit zunehmendem
Dampfgehalt vor dem Kompressor bei allen Umlaufzahlen zu, und zwar am meisten bei den höheren Umlaufzahlen. Von wesentlichem Einfluß auf die Größe des
Diagramms sind die Formen der Expansionslinie und
der Kompressionslinie. Die Expansionslinie zeigt einen
bedeutend flacheren Verlauf bei größerer Dampfnässe

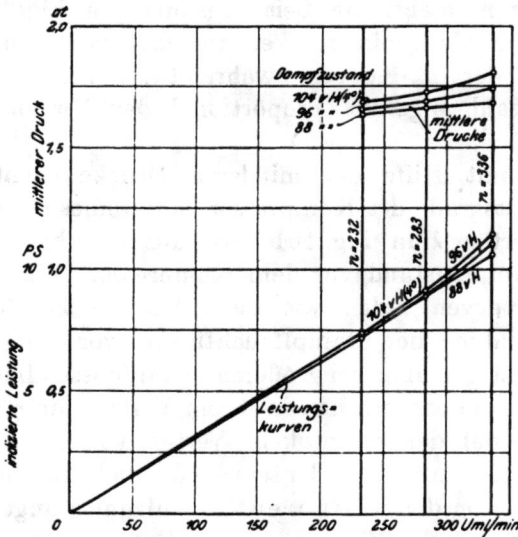

Fig. 19. **Mittlere Drücke und indizierte Leistungen bei verschiedenen
Umlaufzahlen.**

vor dem Kompressor als bei überhitztem Dampf, und
anderseits weicht die Kompressionslinie gegen Ende
der Kompression bei nassen Dämpfen bedeutend von
dem ersten Teil ab, der bei allen Dampfzuständen nur
geringe Abweichungen zeigt. Stärkere Abflachung der
Expansionslinie und größere Abweichung der Kompressionslinie von der Polytrope mit dem Exponenten
1,20, sowie die verringerten Drossel- und Massenwirkungen bedingen bei niedrigen Umlaufzahlen kleinere

mittlere Drücke, wie aus Fig. 19 hervorgeht. Es beträgt z. B. bei 104 v. H. Dampfüberhitzung vor Eintritt in den Kompressor, d. h. bei 4° C Überhitzungstemperatur, der Unterschied der indizierten Drücke bei 232 und 336 Uml./min rd. 8 v. H. Infolge dieses Verlaufes der mittleren Drücke zeigen die Leistungen in Fig. 18 einen Abfall mit abnehmendem Dampfgehalt vor Eintritt in den Kompressor. Mit Erhöhung der Umlaufzahl steigt die Leistungskurve in Fig. 19 von etwa 230 Uml./min stärker an und entspricht dem Verlauf der p_m-Kurven, während sie bis zu dieser Umlaufzahl ungefähr proportional den Umlaufzahlen verläuft.

Die mit Hilfe der mittleren Drücke ermittelten Völligkeitsgrade des Kompressordiagrammes φ sind mit den Werten λ in Fig. 16b ebenfalls in Abhängigkeit vom Dampfzustand vor dem Kompressor aufgetragen. Die φ-Kurven fallen wie die λ-Kurven beträchtlich mit Zunahme der Dampffeuchtigkeit vor dem Kompressor, zeigen aber bei größeren Dampfnässen flacheren Verlauf. Sie entsprechen in ihrem Verlauf, da φ direkt proportional den reziproken Werten von p_m ist, den p_m-Kurven, mit dem Unterschied, daß die höheren Werte von φ den kleineren Umlaufzahlen angehören. Die bei den p_m-Kurven besprochenen Formen der Indikatordiagramme bedingen daher auch den Charakter der φ-Kurven.

In derselben Fig. 16 sind die η_g-Kurven aufgetragen, die aus der Beziehung $\eta_g = \lambda \cdot \varphi$ ermittelt sind. Aus der Form der λ- und φ-Kurven, d. h. infolge der Erscheinung, daß die höheren Werte von λ bei den höheren Umlaufzahlen, die hohen Werte von φ bei den niedrigen Umlaufzahlen liegen, ergibt sich die eigenartige Form der η_g-Kurven. Ein Höchstwert von η_g tritt bei der mittleren Umlaufzahl für die höheren Überhitzungsgrade vor Eintritt in den Kompressor auf.

Bei der hohen und niedrigen Umlaufzahl sind bei diesen Ansaugezuständen die Gütegrade ungefähr gleich. Bei sehr nassem Dampf vor Eintritt in den Kompressor tritt das Maximum des Gütegrades bei hoher Umlaufzahl ein. Die Abhängigkeit der drei Werte η_g, λ und φ von der Umlaufzahl der Maschine zeigt Fig. 20b. Man erkennt, daß φ mit zunehmender Umlaufzahl entgegengesetzt wie λ abnimmt. Der Gütegrad η_g erreicht seinen Höchstwert bei rd. 290 Uml./min. Bei nassem Dampf vor dem Kompressor bleibt der Gütegrad ziemlich konstant. Er nimmt nur wenig mit der Umlaufzahl ab.

Für den maximalen Wert $\eta_{g\ \mathrm{max}}$, bei dem der Lieferungsgrad λ_0 und der Völligkeitsgrad φ_0 vorhanden sind, sind nach den Formeln

$$\lambda_0 = \frac{10000}{F_K \cdot s} \cdot v_4 \cdot \frac{G_a}{60 \cdot n}$$

$$G_a = \frac{60 \cdot F_K \cdot s \cdot \lambda_0}{10000} \cdot \frac{1}{v_4} \cdot n$$

und

$$\varphi_0 = \frac{1}{10000 \cdot A} \cdot (i_{5ad} - i_4) \cdot \frac{1}{v_4 \cdot p_m}$$

$$p_m = \frac{(i_{5ad} - i_4)}{10000 \cdot \varphi_0 \cdot A} \cdot \frac{1}{v_4}$$

in Abhängigkeit von den Dampfzuständen vor der Kompression für die drei Umlaufzahlen 336, 283 und 232 Uml./min die bei konstantem Gütegrad $\eta_{g\ \mathrm{max}}$ erforderlichen umlaufenden Dampfgewichte G_a und der mittlere Druck p_m ermittelt und in Fig. 14 und 17 eingetragen. Es ist zu beachten, daß für sämtliche Umlaufzahlen bei konstantem Dampfzustand p_m konstant ist. G_a ändert sich entsprechend der Umlaufzahl. Die Figuren zeigen in übersichtlicher Weise, welche großen Unterschiede sich infolge des Abweichens des wirklichen Gütegrades von einem konstanten Werte

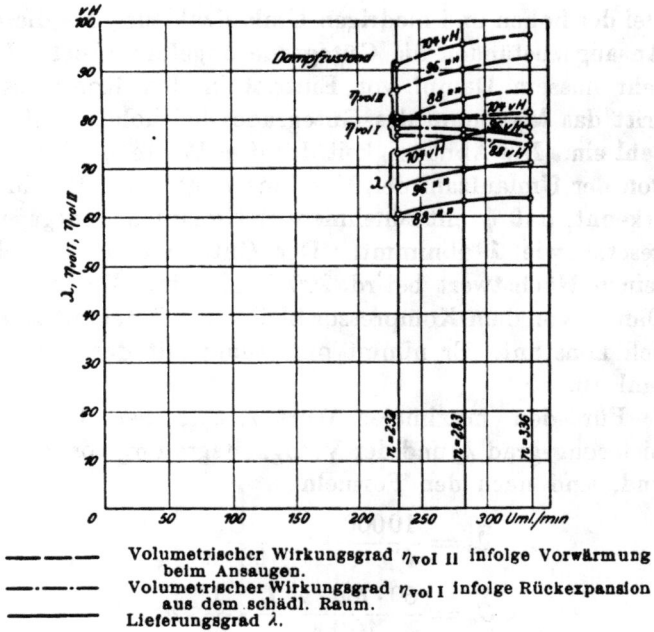

——— ——— Volumetrischer Wirkungsgrad $\eta_{vol\ II}$ infolge Vorwärmung
beim Ansaugen.
——— ·——· Volumetrischer Wirkungsgrad $\eta_{vol\ I}$ infolge Rückexpansion
aus dem schädl. Raum.
——————— Lieferungsgrad λ.

Fig. 20a. λ, $\eta_{vol\ I}$ und $\eta_{vol\ II}$ bei verschiedenen Umlaufzahlen.

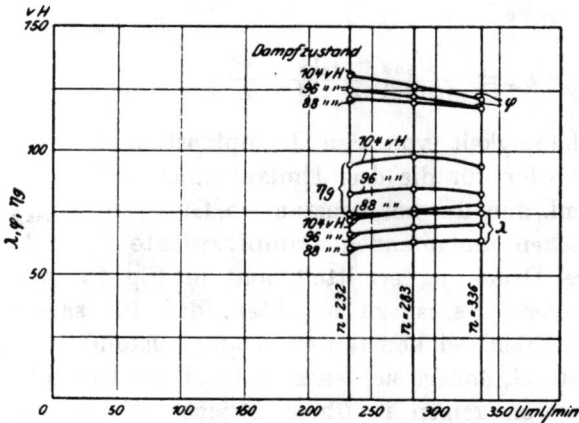

Fig. 20b. λ, φ und η_g bei verschiedenen Umlaufzahlen.

zwischen den diesem Wirkungsgrad entsprechenden und den wirklich vorhandenen Werten für G_a und p_m ergeben.

Fig. 21 zeigt die wirkliche Leistungsziffer in Abhängigkeit von dem Dampfzustand vor Eintritt in den Kompressor. In Fig. 21 ist ferner die Leistungsziffer

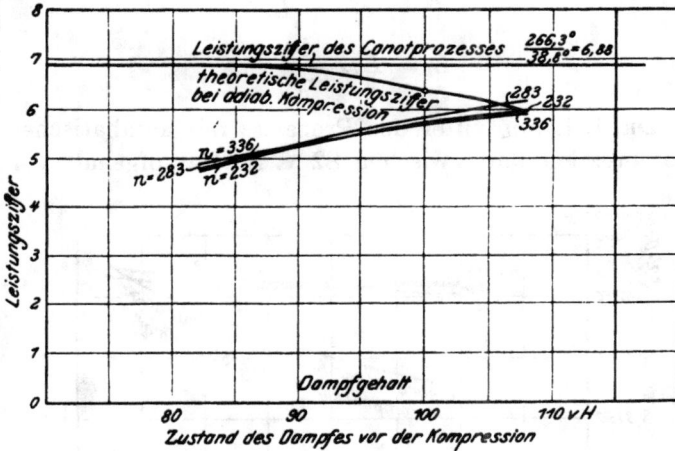

Fig. 21. **Wirkliche Leistungsziffern und Leistungsziffern bei adiabatischer Kompression bei verschiedenen Ansaugezuständen.**

Druck vor der Kompression: $p_4 = 1,20$ at abs., $t_4' = -6,7\,^\circ$C.
Druck nach der Kompression: $p_5 = 5,00$ at abs., $t_5' = +32,3\,^\circ$C.
Unterkühlung vor dem Regulierventil: $t_8 = +10,8\,^\circ$C.

des Prozesses mit adiabatischer Kompression und die des Carnotprozesses eingetragen. Die Leistungsziffer ist gegeben durch

$$\varepsilon = \varepsilon_0 \cdot \eta_\sigma = \frac{(i_4 - q_8)}{(i_{5\,a\,d} - i_4)} \cdot \eta_\sigma.$$

Mit Benutzung von ε_0 und den Werten von η_σ aus Fig. 16 ist ε berechnet und aufgetragen.

Die Form der ε-Kurve entspricht vollkommen der η_σ-Kurve, ist somit aus der Form der λ- und φ-Kurven zu erklären, die in vorstehenden Ausführungen behandelt worden sind. Die ε-Kurven verlaufen entgegengesetzt den ε_0-Kurven für adiabatische Kompression.

Fig. 22 gibt den Arbeitsbedarf zur Kompression von 1 kg SO_2-Dampf in Abhängigkeit vom Dampfansaugezustand an. Die Berechnung geschieht dadurch, daß gesetzt wird:

$$\eta_g = \frac{\varepsilon}{\varepsilon_0} = \frac{L_{ad}}{L_i}$$

$$L_i = L_{ad} \cdot \frac{1}{\eta_g}.$$

Die Leistungsziffer des Prozesses mit adiabatischer Kompression fällt zwischen 82 v. H. Dampfgehalt vor

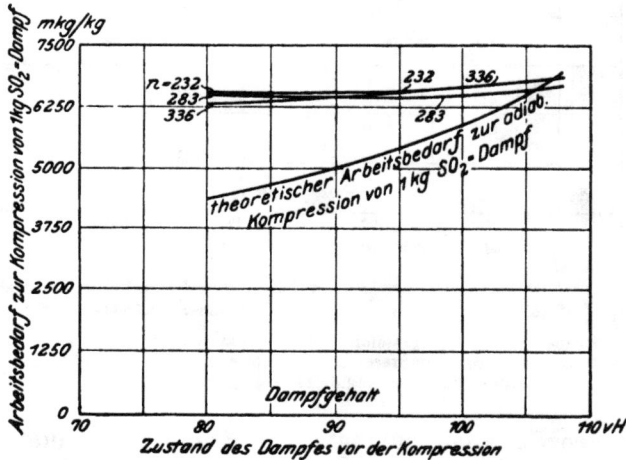

Fig. 22. Wirklicher und Arbeitsbedarf zur adiabatischen Kompression von 1 kg SO_2-Dampf bei verschiedenen Ansaugezuständen.

Druck vor der Kompression: $p_4 = 1{,}20$ at abs., $t_4' = -6{,}7\,^\circ$C.
Druck nach der Kompression: $p_3 = 5{,}00$ at abs., $t_3' = +32{,}3\,^\circ$C.

dem Kompressor und 104 v. H. Dampfüberhitzung (4° Überhitzungstemperatur) von 6,9 auf 6,2, d. h. um rd. 10 v. H.; umgekehrt steigt die wirkliche, Leistungsziffer in demselben Bereich für 336 Uml./min von 4,9 auf 5,9, d. h. um rd. 20 v. H.

In Fig. 22 ist auch der Arbeitsbedarf bei adiabatischer Kompression L_{ad}, dessen Kurve den entgegen-

gesetzten Verlauf wie die Leistungszifferkurve bei
adiabatischer Kompression haben muß, eingetragen.
Aus dieser Kurve ist dann mit Hilfe des Gütegrades
der wirkliche Arbeitsbedarf L_i berechnet. Entsprechend dem Charakter der η_g-Kurve und der Kurve
des Arbeitsbedarfes zur adiabatischen Kompression von
1 kg SO_2-Dampf fallen die L_i-Kurven nur langsam
mit zunehmender Dampffeuchtigkeit vor dem Kompressor. Die Abnahme von L_i zwischen 104 v. H.

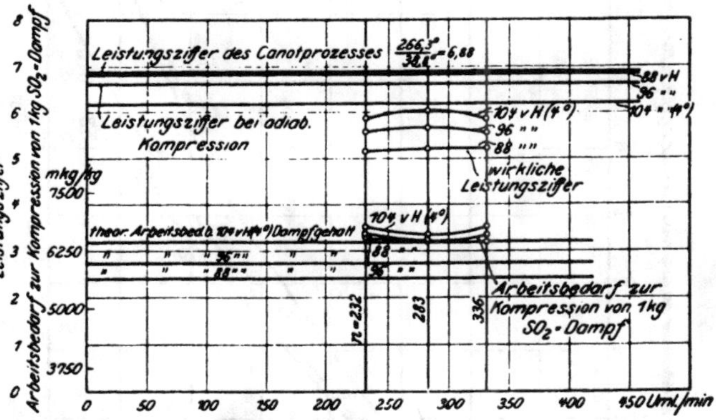

Fig. 23. Leistungsziffern und Arbeitsbedarf zur Kompression von 1 kg
SO_2-Dampf bei verschiedenen Umlaufzahlen.

Druck vor der Kompression: $p_4 = 1,20$ at abs., $t_4' = -6,7$ °C.
Druck nach der Kompression: $p_5 = 5,00$ at abs., $t_5' = +82,3$ °C.

Dampfüberhitzung, entsprechend 4° Überhitzungstemperatur, und 80 v. H. Dampfgehalt beträgt rd. 4 v. H.,
die Abnahme des Arbeitsbedarfes L_{ad} für dieselben
Grenzen rd. 31 v. H.

In Fig. 23 sind sodann Leistungsziffer und Arbeitsbedarf zur wirklichen Kompression von 1 kg SO_2-Dampf
in Abhängigkeit von der Umlaufzahl eingetragen. Entsprechend der η_g-Kurve ergibt sich bei mittleren Umlaufzahlen ein Höchstwert der Leistungsziffer von rd. 6,0
bei 104 v. H. Überhitzung und entsprechend für die-
selbe Überhitzung und Umlaufzahl ein Niedrigst-

wert des Arbeitsbedarfes. Die Abweichung des Höchst-
wertes der Leistungsziffer, z. B. bei 104 v. H. Überhitzung, von dem Niedrigstwerte bei den niedrigen und
hohen Umlaufzahlen ist nur gering und beträgt rd.
2,5 v. H.

Die mit Hilfe von η_s, λ und φ errechneten Werte
sind nun geeignet, die Wärmebilanz für die einzelnen

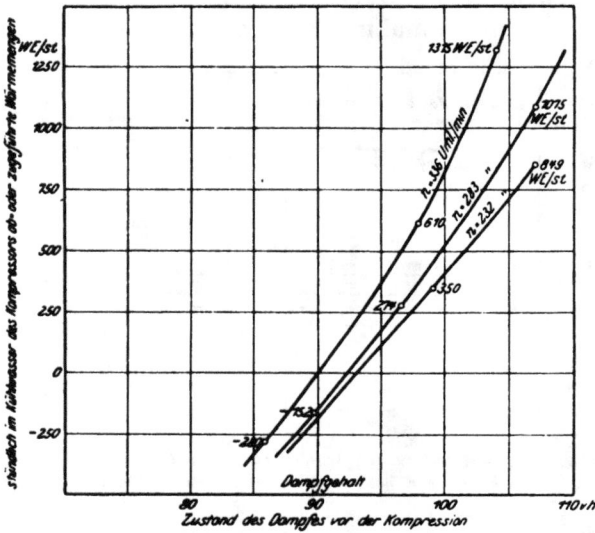

Fig. 24. **Kühlwasserwärmen des Kompressors bei verschiedenen
Ansaugezuständen.**

Versuche auf die gleiche Grundlage zu bringen, so daß
es möglich ist, die Wärmebilanzen unmittelbar miteinander zu vergleichen.

Zu dem Zwecke ist es nur noch erforderlich, die
Wärmemengen, die vom Kühlwasser des Kompressors
zu oder in dieses abgeführt werden, und die Restglieder
für die Wärmebilanzen in Abhängigkeit vom Dampfzustand darzustellen. Wie aus Fig. 24, 25 und 26 hervorgeht, zeigen alle diese Werte eine bestimmte Gesetzmäßigkeit für sämtliche Umlaufzahlen. Von einer be-

stimmten Dampffeuchtigkeit an wird durch das Kühlwasser dem arbeitenden Dampf Wärme zugeführt. Die

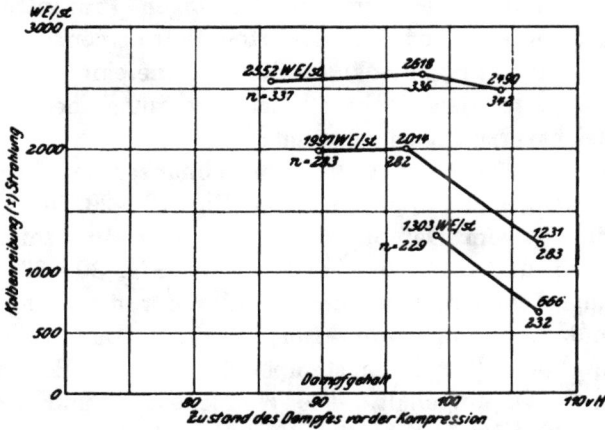

Fig. 25. **Restglieder bei verschiedenen Ansaugezuständen.**

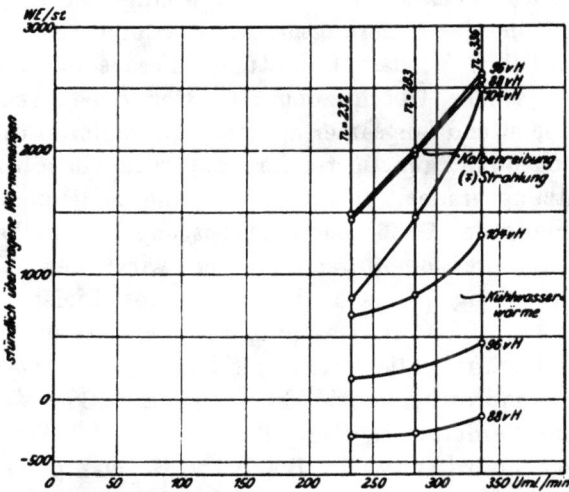

Fig. 26. **Kühlwasserwärmen und Restglieder bei verschiedenen Umlaufzahlen.**

Restglieder zeigen ebenfalls einen gesetzmäßigen Verlauf und nehmen mit der Höhe der Umlaufzahl zu. Sämtliche Restglieder sind positiv und zeigen eine zugeführte Wärmemenge an, aus Gründen, die schon früher dargelegt worden sind. Diese beiden Werte der Wärmebilanz bilden nur einen geringen Prozentsatz der gesamten zu- oder abgeführten Wärmemengen, so daß es zulässig ist, sie ohne weiteres, ohne eine Reduktion, wie bei den übrigen Werten vorzunehmen, für Vergleichsversuche zu verwenden.

In Fig. 27—32 sind die Wärmebilanzen graphisch zusammengestellt, und zwar in Fig. 27—29 in Abhängigkeit vom Dampfzustand für die Umlaufzahlen 336, 283 und 232 Uml./min und in Fig. 30—32 in Abhängigkeit von den Umlaufzahlen für die Dampfzustände vor dem Kompressor, 104 v. H. Dampfüberhitzung (4° Überhitzungstemperatur), 96 v. H. und 88 v. H. Dampfgehalt. Die Kondensator- und Verdampferleistungen bei adiabatischer verlustloser Kompression sind ebenfalls in die Figuren eingetragen.

Die Höhe des Lieferungsgrades λ bedingt die Größe der wirklichen Verdampferleistung; diese steigt stark mit wachsender Überhitzung an. Der Arbeitsbedarf steigt bedeutend langsamer als die Verdampferleistung, entsprechend der günstigeren Leistungsziffer bei höheren Überhitzungsgraden. Interessant ist die zahlenmäßige Feststellung der Größe der Kälteleistung bei adiabatischer Kompression gegenüber der wirklichen Verdampferleistung je nach der Höhe des Lieferungsgrades. Bei 104 v. H. Dampfüberhitzung nimmt z. B. bei 336 Uml./min die Verdampferleistung bei adiabatischer Kompression von 54 400 WE/st auf 42 600 WE/st wirklicher Verdampferleistung ab, d. h. um 12 000 WE/st, entsprechend rd. 22 v. H. Bei 88 v. H. Dampfgehalt beträgt die Verminderung der Kälteleistung (54 400— 34 500) WE/st = rd. 20 000 WE/st, entsprechend rd. 37 v. H.

Der Wert der Kolbenreibung $\pm$ Strahlung nimmt langsam mit der Dampffeuchtigkeit vor dem Kom-

Fig. 27. $n = 336$ Uml./min.

Fig.

Wärmebilanzen be

Druck vor der Kompress
Druck nach der Kompres
Unterkühlung vor dem

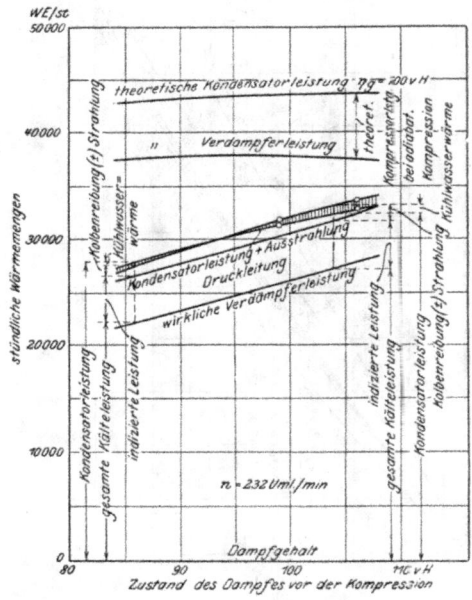

Fig. 29. $n = 232$ Uml./min.

asaugezuständen.

abs., $t_i' = -6,7°$ C.
abs., $t_s' = +32,3°$ C.
$= +10,8°$ C.

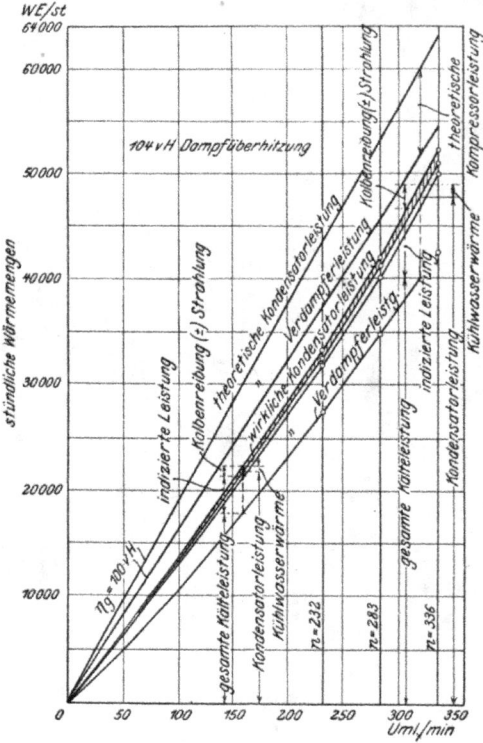

Fig. 30. 104 v. H. Dampfüberhitzung.

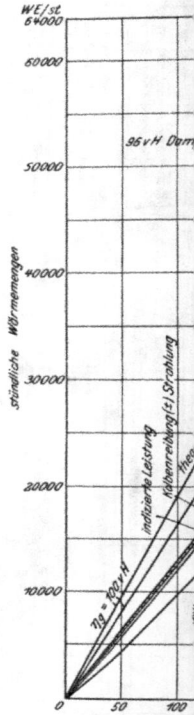

Fig. 31.

Wärmebilanzen b

Druck vor der Kompres
Druck nach der Kompre
Unterkühlung vor dem

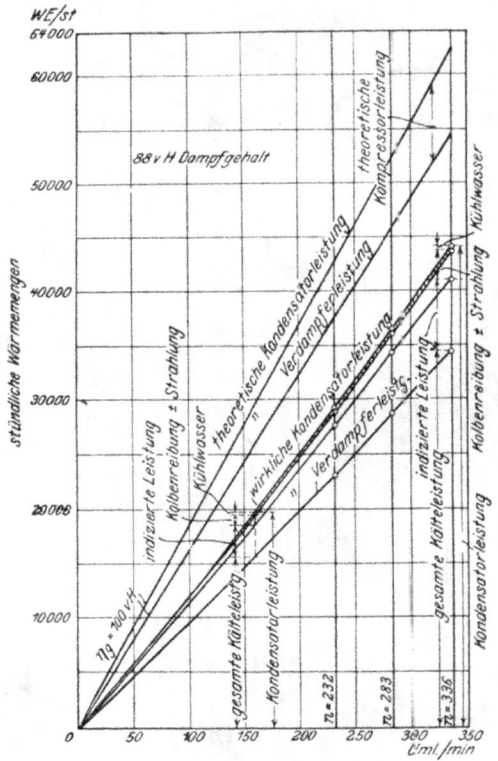

Fig. 32. 88 v. H. Dampfgehalt.

Druck von R. Oldenbourg in München.

pressor zu, weil ja die Einstrahlung zwischen Kompressor und der Meßstelle 4 mit der Abnahme der Überhitzung zunimmt. Zwischen 92 und 94 v. H. Dampfgehalt beginnt bei allen Umlaufzahlen die Einstrahlung von Wärme aus dem Kühlwasser, die jedoch nur geringe Beträge aufweist. Für gleiche Überhitzungen sind natürlich die Kühlwasserwärmen um so größer, je höher die Umlaufzahl ist.

Übersichtlichkeit über die Verhältnisse bei verschiedenen Umlaufzahlen und den drei Dampfzuständen vor Eintritt in den Kompressor 104 v. H. Dampfüberhitzung, 96 v. H. und 88 v. H. Dampfgehalt zeigen die Fig. 30—32. Die Kondensator- und Verdampferleistungen nehmen, entsprechend der konstanten Leistungsziffer für alle Umlaufzahlen bei adiabatischer Kompression und konstantem Dampfzustand vor dem Kompressor, linear mit der Umlaufzahl zu. Die wirkliche Verdampferleistung steigt im Anfang bei allen Dampfzuständen beinahe linear mit der Umlaufzahl, dann aber infolge der wachsenden Lieferungsgrade etwas schneller, am schnellsten bei der hohen Überhitzung infolge des steileren Anstieges von λ, entsprechend den Fig. 20a und b.

Die Kurve der indizierten Leistungen steigt ebenfalls bei kleinen Umlaufzahlen etwa proportional mit diesen an, bei mittleren etwas langsamer, entsprechend dem Höchstwert der Leistungsziffer nach Fig. 23, um dann wieder bei hoher Umlaufzahl schneller anzuwachsen. Am ausgeprägtesten ist dieser Vorgang bei hoher Überhitzung beim Eintritt in den Kompressor. Mit Hilfe der Aufzeichnung der Kühlwasserwärme und des Restgliedes ergibt sich dann die Kondensatorleistung. Bei dem Dampfgehalt von 88 v. H. vor Eintritt in den Kompressor ist zu beachten, daß die Kühlwasserwärme eine zugeführte Wärmemenge darstellt.

Die großen Abweichungen der Werte η_g, λ, φ bei
den verschiedenen Ansaugezuständen und Umlaufzah-
len, die ja vollkommen in ihrer Größe das Verhalten
einer Kältemaschine kennzeichnen, sind zwar ober-
flächlich ohne weiteres zu erklären. Um jedoch eine
tiefere Einsicht darüber zu gewinnen, durch welche
Vorgänge im Kompressor die Größe dieser drei Wirkungsgrade beeinflußt wird, ist eine genauere Betrachtung der Wärmevorgänge im Kompressor nötig. Einen
Versuch und einen Beitrag zur Klärung dieser Vorgänge sollen die nächsten Abschnitte bringen.

---

6. Kapitel.

Untersuchung über die im Kompressor auftretenden Wandungseinflüsse. Wärmebilanz des Kompressors.

Einen Hinweis auf die Vorgänge im Innern des
Kompressors bietet der Verlauf der Kompressions- und
Expansionslinien im Indikatordiagramm. Die Expansionslinie bietet, wie früher schon besprochen, infolge
der unvermeidlichen Mängel bei der Indizierung kein
einwandsfreies Bild des Verlaufes der Expansion. Eine
genauere Untersuchung der Kompressionslinie gestattet
jedoch, interessante Schlüsse durch Bestimmung des
Exponenten der Kompressionslinie zu ziehen. Zu dem
Zwecke wurden die Diagramme auf eine Diagrammlänge
von 240 mm und einen Federmaßstab von 20 mm
umgezeichnet, indem die Länge des aufgenommenen
und die des reduzierten Diagrammes in eine große
Anzahl von Teilen geteilt wurde und in dem aufgenommenen Indikatordiagramm durch Lupenablesung
die Ordinaten bestimmt wurden. Diese Ordinaten wurden dann entsprechend dem Reduktionsverhältnis in
das Reduktionsdiagramm übertragen. Auf diese Weise

Fig. 33—40.

Umgezeichnete Indikatordiagramme mit Exponenten *m* der Kompressionslinie.

Fig. 33—35. Hohe Umlaufzahl: Versuch 1—3.
Fig. 36—38. Mittlere Umlaufzahl: Versuch 4—6.
Fig. 37—40. Niedrige Umlaufzahl: Versuch 7—8.

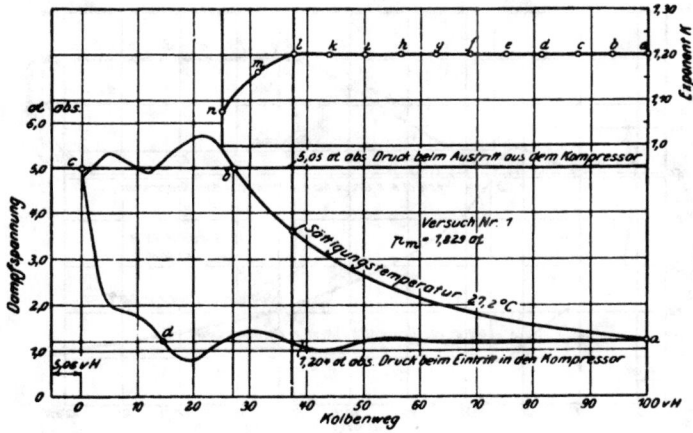

Fig. 33.

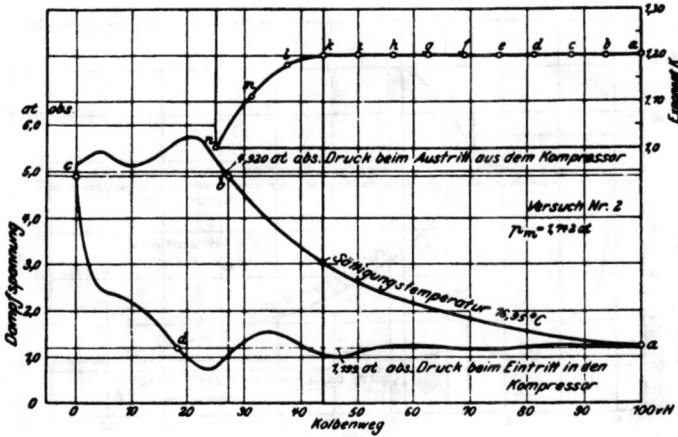

Fig. 34.

sind die Diagramme Fig. 33—40 entstanden. Die Bestimmung der Größe des Exponenten m geschah durch das bekannte logarithmische Verfahren. Die Gleichung der Kompressionslinie ist gegeben durch den Ausdruck

$$P_4 \cdot v_4{}^m = P_5 \cdot v_5{}^m.$$

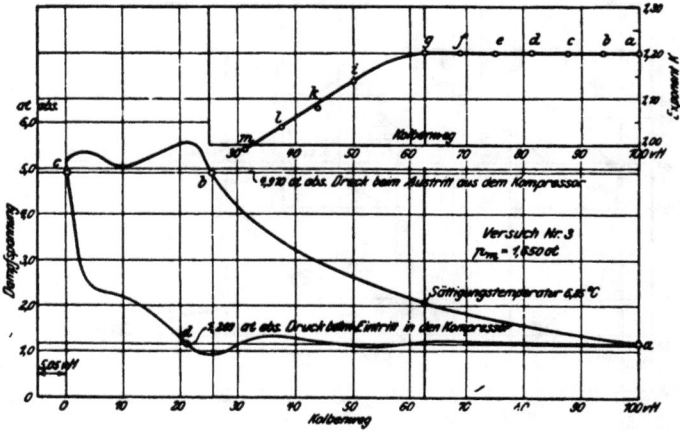

Fig. 35.

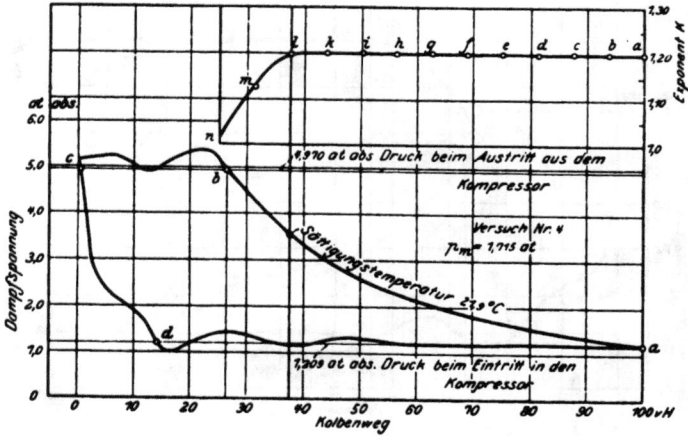

Fig. 36.

Nach Logarithmierung dieser Gleichung ergibt sich

$$\log P_4 + m \cdot \log v_4 = \log P_5 + m \log \cdot v_5$$
$$m \cdot (\log \cdot v_4 - \log v_5) = \log P_5 - \log P_4$$
$$m = \frac{\log P_5 - \log P_4}{\log v_4 - \log v_5}.$$

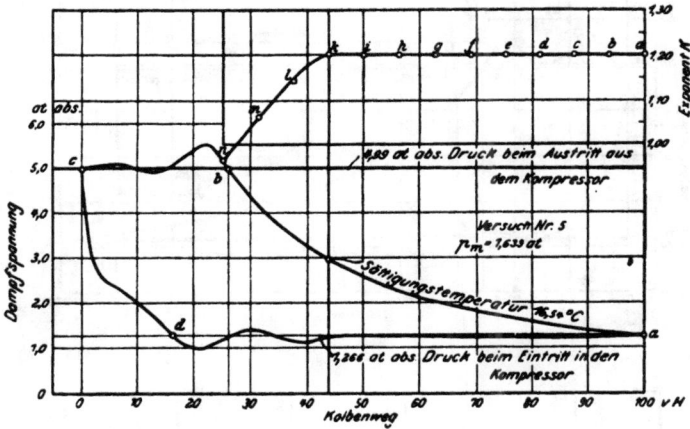

Fig. 37.

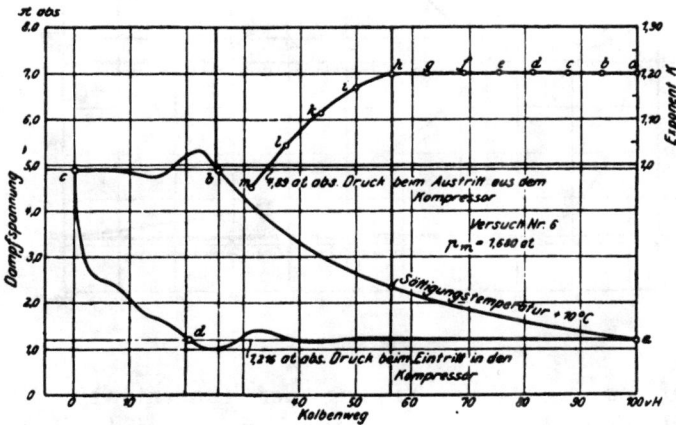

Fig. 38.

Zeichnet man in einem Koordinatensystem die
Logarithmen der Drucke als Ordinaten und die der
zu diesen Drucken gehörigen Volumina als Abszissen

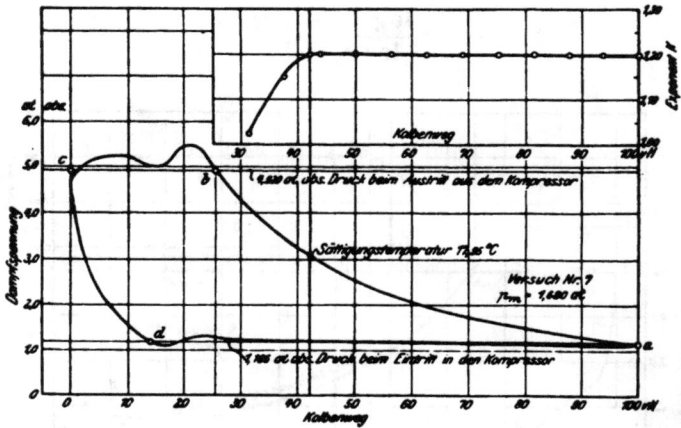

Fig. 39.

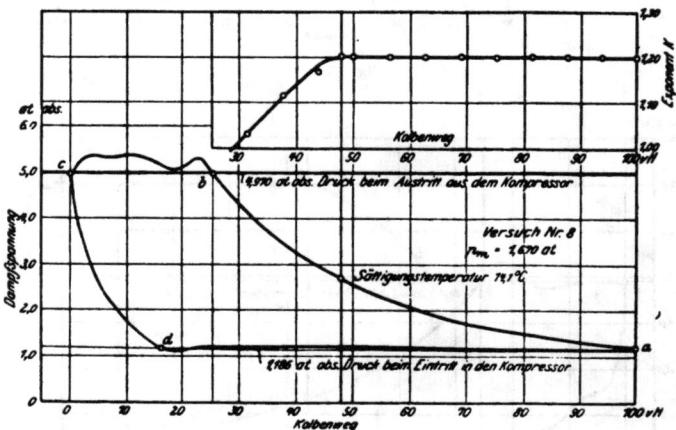

Fig. 40.

auf, so ergibt die Neigung der Tangente an die
auf diese Weise entstehende Kurve für jede Hub-
stellung den Wert des Exponenten *m*. Die Verzeich-

nung der logarithmischen Kurven geschah auf log-
arithmischem Papier. Für die mit hoher Umlaufzahl
durchgeführten Versuche 1—3 sind diese Kurven in
Fig. 41 enthalten. Auf Wiedergabe der Kurven aus

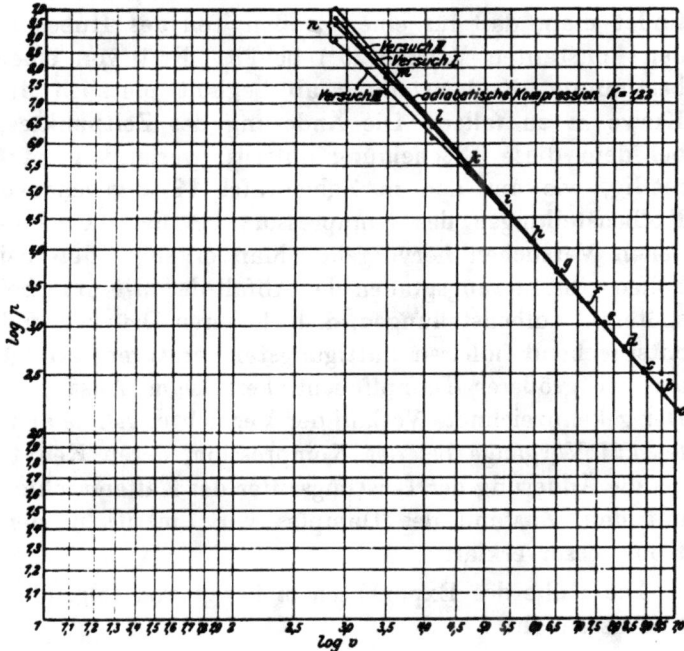

Fig. 41. Logarithmische Kompressionslinie für die Versuche 1—3 und für
adiabatische Zustandsänderung.

den anderen Versuchen wurde verzichtet, um die Figuren nicht unübersichtlich zu machen, da die Kurven
sich teilweise bei allen Versuchen decken. Die aus der
Neigung der logarithmischen Kurven vermittelst des
Tangentenverfahrens ermittelten Werte m sind als Funktion des Kolbenhubes in die Diagramme Fig. 33—40
eingetragen. Das Tangentenverfahren, das durch wie-
derholte, unabhängig voneinander stehende Aufzeichnung der Tangenten durchgeführt wurde, ergibt in

diesem Falle, ohne daß an die Geschicklichkeit des Aufzeichnenden große Anforderungen gestellt zu werden brauchen, sehr genaue Ergebnisse, da die logarithmischen Kurven sehr flach verlaufen.

Bei sämtlichen Diagrammen für den Exponenten m findet man, daß für einen großen Teil des Hubes m den konstanten Wert 1,20[1]) behält. Erst von einer bestimmten Kolbenstellung ab beginnt plötzlich die Kurve m zu fallen. Die Änderung des Zeitpunktes, bei dem diese Erscheinung auftritt, verläuft gesetzmäßig, wie aus den in Zahlentafel 14 angegebenen Kolbenstellungen des Kompressors bei den verschiedenen Versuchen hervorgeht. Man erkennt, daß bei hohen Überhitzungsgraden der Abfall der m-Kurve bei späteren Kolbenstellungen, d. h. höheren Drücken und entsprechend höheren Sättigungstemperaturen, erfolgt als bei größerer Dampffeuchtigkeit beim Ansaugen. Der gekennzeichnete Verlauf der Verdichtungslinie deutet auf Vorgänge bei der Kompression, deren Kenntnis die Änderung der Leistungsziffer der Kältemaschine mit dem Zustand des Dampfes vor Eintritt in den Kompressor erklärt.

Die Höhe des Exponenten m hängt von folgenden Einflüssen ab:

1. Von dem Zustand des Dampfes vor und während der Kompression.

Es sind hierbei folgende Fälle zu unterscheiden:

a) Der Dampf tritt in nassem Zustande in den Zylinder und bleibt während der Kompression naß.

---

[1]) Dr. Hýbl gibt in einer Arbeit »Adiabatische Verdichtung und die Verdichtungskurve der Kompressoren«, Zeitschr. f. d. ges. Kälte-Ind. Heft 4, April 1914, S. 66 u. folgende den mittleren Exponenten der Kompressionskurve für SO_2-Dämpfe bei »trockenem« Kompressorgang zu 1,18 an. Dieser Wert soll aus einer Reihe von Diagrammen ermittelt sein.

    b) Der Dampf tritt in nassem Zustande in den Zylinder und überhitzt sich während der Kompression.

    c) Der Dampf tritt überhitzt in den Zylinder ein.

2. Im Falle 1b und 1c von der Höhe der Überhitzungstemperatur und von der Temperaturdifferenz zwischen Kühlwasser und Dampf.

3. Von der Größe der abkühlenden Oberflächen.

4. Von der Dauer der Berührung zwischen Dampf und abkühlender Oberfläche.

5. Von der Oberflächenbeschaffenheit der Wand.

6. Von der Dichtheit des Kolbens und der Ventile.

Die Frage, ob Kolben und Ventile bei den Versuchen dicht gewesen sind, ist bereits früher behandelt worden. Es soll bei dieser Gelegenheit nur noch einmal zusammengestellt werden, wie sich Undichtheiten der Ventile und des Kolbens im Diagramm bemerkbar machen würden.

Zeichen für undichtes Druckventil sind:

1. Rasches Ansteigen des Druckes bei Beginn der Kompression.

2. Rasches Ansteigen des Druckes während der Kompression.

3. Ansteigen der Sauglinie am Ende des Saughubes.

4. Zu lange Dauer der Expansion.

Ein undichtes Saugventil wird gekennzeichnet durch:

1. Verspäteten Anstieg der Kompressionslinie.

2. Flachen Verlauf der Kompressionslinie.

3. Raschen Druckabfall am Ende des Ausschubhubes.

Die Merkmale 1 und 3 beim Druckventil und die Merkmale 1 und 3 beim Saugventil sind bei keinem

Diagramm zu beobachten gewesen. Die Merkmale 2
und 4 beim Druckventil und 2 beim Saugventil sind
natürlich rein subjektive, und die Beurteilung kann nur
auf Grund von Vergleichen erfolgen. Da aber bei
sämtlichen Versuchen der gleiche Exponent der Kompressionslinie im ersten Teil der Kompression festgestellt worden ist, und die Expansionslinie nach einer
klaren Gesetzmäßigkeit verläuft, so ist, sieht man auch
von den früher angegebenen Gründen, die für Dichtheit der Ventile sprechen, ab, schon aus diesen beiden
Tatsachen anzunehmen, daß innere Undichtheit die
Versuche nur wenig beeinflußt haben kann.

Aus dem Entropiediagramm wurde das p—v-Dia-
gramm mit adiabatischer Kompression verzeichnet und
der mittlere Exponent der Adiabate während des in
Frage kommenden Druckverlaufes zu 1,22[1]) bestimmt.
Die logarithmische adiabatische Kompressionslinie ist
ebenfalls in Fig. 41 eingetragen; man erkennt die
im Anfang geringe Abweichung der wirklichen Kompressionslinie von dieser.

Nach diesen Erörterungen können die gesetzmäßigen
starken Abweichungen von der ursprünglichen Verdichtungslinie am Ende der Kompression nicht auf Einwir-
kung von Undichtheiten der Ventile zurückgeführt
werden.

Trotz der mangelhaften Aufzeichnung der Expansionslinien können diese bei den verschiedenen Versuchen doch miteinander verglichen werden, wie dies
ja auch in Zahlentafel 12 zur Bestimmung des volu-

---

[1]) Der Exponent der Adiabate wird infolge der veränderlichen spezifischen Wärme nicht konstant sein. Die Veränderlichkeit für SO_2-Dämpfe bei den in Frage kommenden Druckgrenzen ist aber so gering, daß sich bei der zeichnerischen
Ermittlung eine Verschiedenheit der Exponenten nicht feststellen ließ. Untersuchungen über die Veränderlichkeit der
Exponenten stellt Dr. Hýbl in seiner S. 128 erwähnten Abhandlung an.

metrischen Wirkungsgrades nach dem Diagramm geschehen ist. Die Gesetzmäßigkeit in der Höhe des volumetrischen Wirkungsgrades ist ein Zeichen, daß der Festlegung des Punktes, bei dem das Ansaugen beginnt, eine genügende Genauigkeit beizumessen ist.

Ist man berechtigt, anzunehmen, daß die Ventile praktisch dicht waren, so ergibt sich von selbst die Frage, welche Vorgänge im Zylinder rufen die plötzliche gesetzmäßige Unstetigkeit in der Kompressionslinie hervor, und welche Ursachen kann der verschiedene Verlauf der Expansionslinie haben.

Festzuhalten ist vor allem, daß bei Beginn der Kompression in allen Fällen, da der Exponent m stets der gleiche ist und annähernd mit dem der Adiabate für überhitzten SO_2-Dampf übereinstimmt, überhitzter Dampf vor Eintritt in den Zylinder vorhanden sein muß. Die Kühlwirkung der Wandung kann somit bei Beginn der Kompression nur einen geringen und daher nicht bestimmbaren Einfluß auf die Höhe des Exponenten haben. Die Kühlwirkung der Wände kann weiterhin auch nicht einen derartig plötzlich einsetzenden Abfall der m-Linie hervorrufen. Solche starken plötzlichen Veränderungen des Exponenten m können nur durch eine teilweise Veränderung des Aggregatzustandes des Mediums hervorgerufen werden.

Die plötzlich eintretende Verminderung des Exponenten m weist ganz offenbar auf eine Kondensationserscheinung im Kompressor hin.

Diese Erscheinung führt unmittelbar zur Erörterung der Frage, unter welchen Umständen kann eine Abscheidung von Flüssigkeit in einem überhitzten Dampfstrom vor sich gehen und unter welchen Umständen kann Flüssigkeit sich weiterhin im überhitzten Dampf halten. Bei Erörterung dieser Frage ist vor allem festzulegen, daß Flüssigkeitsteilchen im Dampfe selbst

9*

nicht mitgeführt werden können, sie würden sofort auf Kosten der Überhitzungswärme des Dampfes verdampfen. Es kann nur ein Niederschlag von Flüssigkeit an den Wandungen des den Dampfstrom führenden Zylinders eintreten. Dieser Niederschlag an den Wandungen tritt dann ein, wenn die Temperatur der Wandungen niedriger ist als die zu dem Druck des überhitzten Dampfes gehörige Sättigungstemperatur.

Läßt sich bei den angestellten Versuchen nachweisen, daß die Wandungstemperaturen gleich oder etwas niedriger sind als die aus den Diagrammen ermittelten Sättigungstemperaturen in dem Zeitpunkt der Kompression, der durch den Abfall des Exponenten m der Verdichtungslinie gekennzeichnet wird, so ist die Richtigkeit der vorstehend gegebenen Theorie meines Erachtens gegeben.

Experimentell hat Dr.-Ing. Gensecke nachgewiesen[1]), daß eine Kondensation aus überhitztem Wasserdampf stattfinden kann. Bei der Bestimmung von Sperrdampfmengen von Dampfturbinen durch Messung der Erwärmung von Kühlwasser, das den Mantel eines Dampfrohres durchfloß und in welches der Dampf nach Messung überhitzt eintrat und das er überhitzt auch verließ, konnte Gensecke feststellen, daß die Berechnung der Dampfmengen bei niedrigen Überhitzungstemperaturen offenbar falsche Ergebnisse lieferte.

Dieser Vorgang erklärt sich daraus, daß die Gleichung

Dampfmenge × Temperaturerniedrigung des Dampfes × spezifischer Wärme = Kühlwassermenge × Temperaturerhöhung des Kühlwassers

für diesen Fall nicht mehr gültig ist, weil die Wandungstemperatur niedriger ist als die Sättigungstem-

---

[1]) Zeitschr. f. d. ges. Turbinenwesen, Jahrg. 1910, S. 119.

peratur des Dampfes und Kondensation des Dampfes eintreten muß. Diese Wandungstemperatur ermittelte Gensecke annähernd und stellte fest, daß sie wirklich im Rahmen der Genauigkeit der Rechnung gleich der Sättigungstemperatur war. Durch Befühlen der Wandungen des Dampfrohres hinter dem Kalorimetermantel konnte festgestellt werden, daß das Rohr bei den Versuchen, bei welchen nach dem Ergebnis der Messsungen offenbar Dampf kondensierte, an der unteren Seite bedeutend kühler als an der oberen war, da sich unten das Kondensat ansammelte. Bei höheren Überhitzungstemperaturen war das Rohr gleichmäßig an allen Stellen des Umfanges warm.

Ähnlich wie bei den soeben besprochenen Versuchen liegen die Verhältnisse bei dem untersuchten Kompressor. Der Kompressor stellt ein Rohr dar, dessen Mantel von Kühlwasser durchflossen ist, und es muß deshalb in dem Augenblick, in dem der Druck erreicht wird, bei dem die zugehörige Sättigungstemperatur = der Wandungstemperatur ist, teilweise Kondensation des Dampfes eintreten. Das Kondensat wird sich offenbar auf dem Kolben des Kompressors ansammeln, dessen Oberfläche sicher, da auf der Gegenseite des Kolbens Ansaugetemperatur vorhanden ist, noch etwas niedrigere Temperatur als die Wandung haben wird. Beim Ausschub des Dampfes wird das Kondensat auf dem Kolben flüssig verbleiben, und es werden sich bei Beginn der Rückexpansion aus dem schädlichen Raum überhitzter Dampf und Flüssigkeit im Zylinder befinden. Diese Flüssigkeit wird erst dann wieder verdampfen, wenn der Druck erreicht ist, bei dem die Sättigungstemperatur gleich der Wandungstemperatur wird.

Daß wirklich die Wandungstemperaturen mit den Sättigungstemperaturen übereinstimmen, die zu den bei Beginn der Kondensation im Zylinder vorhandenen

Zahlentafel 14. Ermittlung der Wandungstemperaturen.

Betrieb — Einstellung der Umlaufzahl	Hohe Umlaufzahl			Mittlere Umlaufzahl			Niedrige Umlaufzahl	
Zustand des Dampfes nach der Kompression	stark überhitzt	mittel überhitzt	schwach überhitzt	stark überhitzt	mittel überhitzt	schwach überhitzt	stark überhitzt	schwach überhitzt
Versuchsnummer	1	2	3	4	5	6	7	8
Kühlwasserwärme des Kompressors . . Q_4 WE/st	−1315	−610	+280	−1075	−274	+152	−849	−350
Eintrittstemperatur des Kühlwassers . t_{k1}' °C	+11,10	+10,85	+12,00	+11,00	+12,20	+12,10	+11,00	+11,05
Austrittstemperatur des Kühlwassers . t_{k2}' »	+14,00	+13,15	+8,00	+15,48	+15,91	+10,30	+16,20	+13,45
Mittlere Kühlwassertemperatur $t_k = \dfrac{t_{k1}' + t_{k2}'}{2}$ »	+12,55	+12,00	+10,00	+13,24	+14,05	+11,20	+13,60	+12,25
Temperaturdifferenz zwischen innerer Wandungstemperatur und mittler. Kühlwassertemperatur $[t_k - t_{w2}] = \dfrac{Q_4}{78,0}$ °C	+16,90	+7,80	−3,60	+13,80	+3,52	−1,95	+10,87	+4,50
Innere Wandungstemperatur . . . . . t_{w2} »	+29,45	+19,80	+6,40	+27,00	+17,57	+9,25	+24,47	+16,75
Kolbenstellung beim Abfall der m-Kurve . v. H.	62,50	56,20	37,50	62,50	56,20	43,60	58,00	52,00
Sättigungstemperatur bei Beginn des Abfalles der m-Kurve . . . . °C	+27,20	+16,95	+6,85	+21,90	+16,54	+10,00	+17,95	+14,10

Drücken gehören, zeigt die Zahlentafel 14, in der ich versucht habe, die Wandungstemperaturen aus den Kühlwassertemperaturen zu bestimmen. Es bezeichne

t_k die mittlere Kühlwassertemperatur in ^{0}C,

t_{w1} » Wandungstemperatur der Kühlwasserseite in ^{0}C,

t_{w2} die Wandungstemperatur der Dampfseite in ^{0} C,

t_d » Temperatur des Dampfes in ^{0} C,

a_1 den Wärmeübergangskoeffizienten von Dampf an Wandung in WE/m$^2 \cdot {}^0$C$\cdot$st,

λ_w den Wärmeübergangskoeffizienten der Wandung in WE/m$^2 \cdot {}^0$C$\cdot$st,

a_2 den Wärmeübergangskoeffizienten von Wandung an Kühlwasser in WE/m$^2 \cdot {}^0$C$\cdot$st,

F_0 die Wandungsoberfläche in m^2,

δ » Wandungsdicke in m,

Q_4 » Kühlwasserwärme des Kompressors in WE/st.

Es gelten dann die Beziehungen[1]):

$$Q_4 = a_1 \cdot F_0 \cdot (t_{w_1} - t_d)$$
$$= \frac{\lambda_w}{\delta} \cdot (t_{w_1} - t_{w_2})$$
$$= a_2 \cdot F_0 \cdot (t_k - t_{w_1}).$$

Ein schematisches Bild über die Änderung der Temperatur beim Wärmeübergang von Dampf an Kühlwasser zeigt Fig. 42.

Der Wert a_2 ist nach Ser gegeben durch

$$a_2 = 4500 \cdot \sqrt{v}.$$

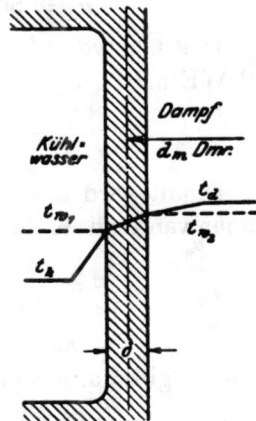

Fig. 42. Schema der Wärmeübertragung von Dampf an Kühlwasser.

v ist die Geschwindigkeit des Kühlwassers in m/sec. Sichere Werte für den Wert a_2 nach dieser Formel

[1]) Die fortgeführten Wärmemengen sollen negativ bezeichnet werden.

ergeben sich nur bei Geschwindigkeiten über 0,2 m/sec.
Nach Joule ist: $a_2 = 300 + 1800 \sqrt{v}$.

Für ruhendes Kühlwasser gilt nach der »Hütte«

$$a_2 = 500 \text{ WE/m}^2 \cdot {}^0\text{C} \cdot \text{st}.$$

Die Geschwindigkeit des Kühlwassers im Kühlwasser-
mantel ist nun sehr klein, sie beträgt bei höchstens
500 kg/st Kühlwasser bei 0,043 m² Querschnitt des
Kühlmantels $v = 0,003$ m/sec.

Der Wärmeübergangskoeffizient würde nach diesen
Formeln folgende Werte annehmen:

Nach Ser: $a_2 = 250 \text{ WE/m}^2 \cdot {}^0\text{C} \cdot \text{st}.$
»   Joule: $a_2 = 402,5 \text{ WE/m}^2 \cdot {}^0\text{C} \cdot \text{st}.$

Bei der Unsicherheit der Formeln für die niedrigen
Geschwindigkeiten ist in den folgenden Berechnungen
gesetzt worden:

$$a_2 = 500 \text{ WE/m}^2 \cdot {}^0\text{C} \cdot \text{st}.$$

Der Übergangskoeffizient für Gußeisen beträgt rd.
40 WE/m³·⁰C·st. Bei $\delta = 18$ mm ergibt sich

$$\frac{\lambda_w}{\delta} = 2220 \text{ WE/m}^2 \cdot {}^0\text{C} \cdot \text{st}.$$

Damit wird der Wärmeübergangskoeffizient k_w von
Innenwand an Kühlwasser

$$\frac{1}{k_w} = \frac{1}{a_2} + \frac{\delta}{\lambda_w} = \frac{1}{600} + \frac{1}{2220}$$

$$k_w \cong 400 \text{ WE/m}^2 \cdot {}^0\text{C} \cdot \text{st},$$

und es gilt dann weiter

$$Q_4 = F_0 \cdot k_w \cdot (t_k - t_{w2}) \cdot \text{WE/st}.$$

F_0, die wasserberührte Kühlfläche, ist

$$0,193 \cdot 0,322 \cdot \pi = 0,195 \text{ m}^2,$$

$$Q_4 = 0,195 \cdot 400 \cdot (t_k - t_{w2}) = 78,00 \cdot (t_k - t_{w2}) \text{ WE/st}.$$

Diese Temperatur t_{w2} wird nun während eines Dop-
pelhubes nicht an jeder Stellung der Wandung konstant denselben Wert haben, sondern mit den verschie-

denen Temperaturen, die der Schwefligsäuredampf während eines Arbeitsspieles annimmt, schwanken[1]). Diese Schwankungen können aber nur gering sein, da die Masse des Eisens gegenüber der Masse der SO_2 sehr groß ist und somit das Wärmefassungsvermögen der Wandung bedeutend größer ist als der Wärmeinhalt des SO_2-Dampfes. Außerdem spielt auch die Höhe der Umlaufzahl für die Konstanz der Wärmetemperatur eine Rolle; für die Zwecke der Untersuchung kann somit die innere Wandungstemperatur konstant $= t_{w2}$ gesetzt werden.

Für die verschiedenen Versuche ist t_{w2} in Zahlentafel 14 berechnet.

Bei der Betrachtung der Größe der Kühlwasserwärmen ist zu beachten, daß nicht nur vom Dampf aus Wärme in das Kühlwasser abgeführt wird, sondern daß auch ein Teil der Kolbenreibungswärme auf das Kühlwasser unmittelbar übertragen wird. Die Kühlwasserwärme stellt die Differenz zwischen der an das Kühlwasser während der Kompression und dem Ausschube übertragenen, vom Kühlwasser während der Expansion und dem Ansaugen abgegebenen und der durch Kolbenreibung zugeführten Wärmemenge dar. Bei den Versuchen mit überhitztem Dampf überwiegt die Wärmezufuhr durch den Dampf und die Kolbenreibung bedeutend die vom Kühlwasser abgegebene Wärmemenge. Umgekehrt überwiegt bei den Versuchen mit nassem Dampf, d. h. bei den Versuchen 3 und 6, die Zufuhr der Wärme vom Kühlwasser während der Expansion und dem Ansaugen die Wärmeabfuhr, so daß eine Temperaturerniedrigung des Kühl-

---

[1]) Über den Verlauf solcher Schwankungen hat Dr.-Ing. Hanszel in »Mitteilungen über Forschungsarbeiten«, herausgegeben vom Verein deutscher Ingenieure, Berlin 1911, Heft 101, »Versuche an einer Dreifach-Expansionsdampfmaschine« S. 66—68 und S. 78—82, Untersuchungen angestellt.

wassers stattfindet und Wärme vom Kühlwasser, wie früher besprochen, an die Wandung übergeht.

Der Vergleich der Sättigungstemperaturen, bei denen Kondensation während der Kompression auftritt, mit den auf diese Weise ermittelten Wandungstemperaturen zeigt bei den Versuchen eine in den Grenzen der Genauigkeit liegende Übereinstimmung dieser mit den Sättigungstemperaturen. Unter Berücksichtigung der Annahmen, die zur Bestimmung der Wandungstemperaturen führten, und der Fehlerquellen, die bei der Benutzung des Indikatordiagrammes auftreten können, ist bei der gleichen Gesetzmäßigkeit in der Größe der beiden Temperaturen ein Beweis für die Richtigkeit der vorher gebrachten Theorie gegeben.

Die Werte t_{w2} der Wandungstemperatur sind weiter dazu benutzt worden, unter Berücksichtigung der oben entwickelten Theorie des Kompressorganges den Zustand des Dampfes in den einzelnen Diagrammpunkten zu ermitteln und daraus dann die an die Wandungen übergegangenen und von den Wandungen abgegebenen Wärmemengen annähernd zu bestimmen.

Die Diagrammpunkte, für die die Wärmeinhalte berechnet werden sollen, werden bezeichnet (Fig. 33—40):

a Beginn der Kompression, Schnittpunkt der Ansaugelinie p_1 mit der Kompressionslinie,

b Ende der Kompression, Schnittpunkt der Drucklinie p_2 mit der Kompressionslinie,

c Beginn der Expansion, Schnittpunkt der Drucklinie p_2 mit der Expansionslinie,

d Ende der Expansion, Schnittpunkt der Ansaugelinie p_1 mit der Expansionslinie.

Es werde ferner bezeichnet mit

G in kg/st das gesamte, im Kompressor arbeitende SO_2-Dampfgewicht,

G_a in kg/st, wie früher, das umlaufende SO_2-Dampfgewicht,

G_0' in kg/st das im schädlichen Raum zurückgebliebene SO_2-Dampfgewicht,

G_0'' in kg/st das während der Kompression kondensierte SO_2-Dampfgewicht,

$G_0 = G_0' + G_0''$ in kg/st das Dampfgewicht + dem Flüssigkeitsgewicht im schädlichen Raum,

V_H in m³ das Hubvolumen,

V_0 in m³ der schädliche Raum.

Für die Temperatur des SO_2-Dampfes im Diagrammpunkt a werde $t_a = t_{w2}$ angenommen. In der Wahl dieser Temperatur scheint eine gewisse Willkür zu liegen. Die Wahl rechtfertigt sich jedoch, wenn man eine Überlegung über die mögliche Höhe der Wandungstemperatur anstellt und zu dem Zweck die Wandungsfläche des Zylinders bestimmt, die der SO_2-Dampf beim Ansaugen berührt.

In Fig. 43 und 44 sind für die einzelnen Kurbelstellungen die in jeder Stellung vorhandenen Wandungsoberflächen auf Kurbel- und Deckelseite dargestellt. Die Kurbelseite kommt, da der Kompressor durch den Kolben ansaugt, mit für die Vorgänge beim Ansaugen in Frage.

Im oberen Totpunkt der Kurbel setzt sich die Gesamtwandungsfläche auf der Kurbelseite aus der vom Kühlwasser berührten Wandung, der Oberfläche des Kolbens und dem unteren Zylinderabschluß zusammen und beträgt insgesamt 0,357 m². Die Mitteltemperatur ergibt sich aus dem Mittel der Temperaturen dieser drei Wandungsoberflächen. Es werde angenommen, daß die Temperatur des Kolbens, der einerseits der Temperatur des durch Kompression überhitzten Dampfes, anderseits der niedrigen Ansaugetemperatur und der Temperatur der vom Kühlwasser berührten Wandung ausgesetzt ist, im Mittel gleich der letzteren Temperatur sei, während der untere, nicht gekühlte Zylinderabschluß, dessen Größe rd.

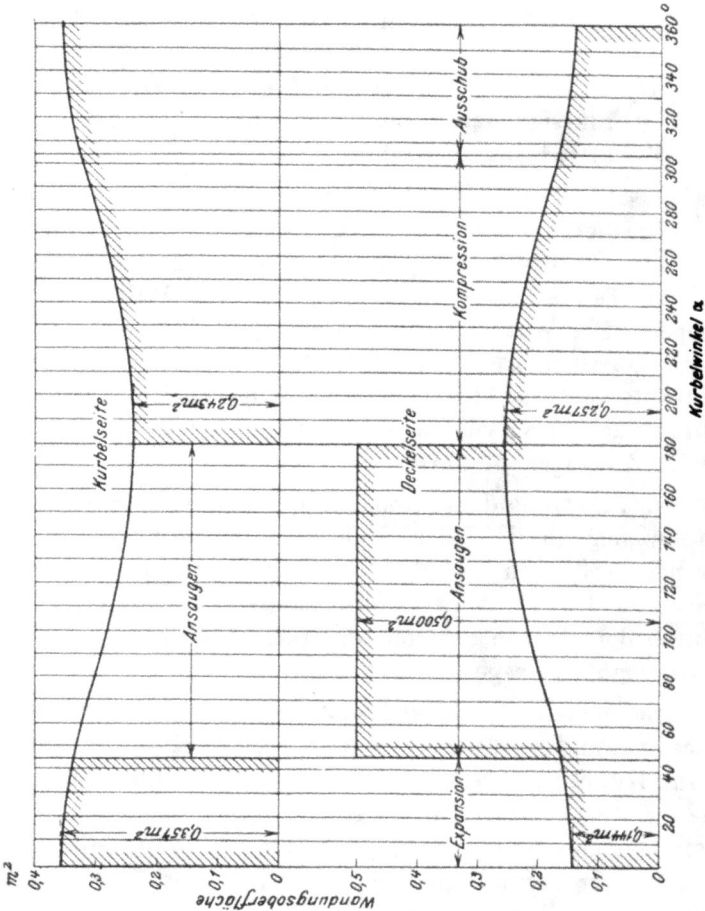

Fig. 43—44. Wandungsoberflächen bei verschiedenen Kurbelstellungen.

$\dfrac{0,243}{2}$ m² ist, infolge des schlechten Wärmeübergangskoeffizienten der Luft wahrscheinlich niedrigere Werte als die Kühlwasserwandungstemperatur haben wird.

Das Gesamtmittel der Wandungstemperaturen wird
infolgedessen etwas unterhalb der Kühlwasserwandungstemperatur liegen, wenn auch im oberen Totpunkt
nur wenig, entsprechend dem Verhältnis der Oberfläche
der unteren Zylinderseite zur Gesamtwandungsfläche.
Bei der Bewegung des Kolbens nach dem unteren
Totpunkt hin wird die Mitteltemperatur von der Kühlwasserwandungstemperatur größere Abweichungen auf-
weisen, da dann die Oberfläche des unteren Zylinderabschlusses einen größeren Teil der Gesamtwandungsfläche darstellt.

Auf der Deckelseite ergibt sich die Mitteltemperatur
der Wandungsflächen im oberen Totpunkt $= 0,144$ m²
aus dem Mittel der Temperaturen Kühlwasserwandung,
Kolbenwandung und der Temperatur des Deckels. Diese
Deckeltemperatur wird eine hohe sein infolge des
schlechten Wärmeüberganges des SO_2-Dampfes und
kann in Annäherung gleich der gemessenen Überhitzungstemperatur t_5 gesetzt werden. Das Mittel der
Wandungstemperaturen auf der Deckelseite wird auf
jeden Fall bei Beginn des Ansaugens hoch sein, da die
Wandungsoberfläche im oberen Totpunkt fast nur aus
Deckel- und Kolbenfläche besteht, und wird auf dem
Wege nach dem unteren Totpunkt zu selbstverständlich abnehmen, da der Einfluß der vom Kühlwasser
berührten Fläche auf die Mitteltemperatur der gesamten
Wandungsoberfläche, die im unteren Totpunkt beinahe
das Doppelte der oberen, nämlich $0,257$ m², beträgt,
größer wird. Da bei der Bewegung des Kolbens nach
seinem unteren Totpunkt, d. h. also beim Ansaugen,
auf der Kurbelseite der Betrag, um den die Temperatur
der wasserberührten Wandungen größer als das Gesamtmittel der Wandungstemperatur ist, wächst, während
anderseits auf der Deckelseite die Differenz zwischen
der mittleren Gesamtwandungstemperatur und der vom
Kühlwasser bespülten Wandungen abnimmt, so kann

man mit Berechtigung in erster Annäherung annehmen, daß bei Beginn der Kompression, d. h. bei Erreichen des Punktes *a*, die Dampftemperatur in der Nähe der Kühlwasserwandungstemperatur liegt.

An sich wird natürlich bei dem bedeutend höheren Wärmeübergangskoeffizienten von Wandung an gesättigten Dampf als von Wandung an überhitzten Dampf der Unterschied von Dampf- und Wandungstemperatur bei Ansaugen gesättigten Dampfes weniger groß sein als bei Ansaugen überhitzten Dampfes. Doch läßt sich dieser Einfluß bei der Bestimmung der Anfangstemperatur der Kompression nicht zahlenmäßig ausdrükken, und es ist daher angebracht, für alle Fälle die Annahme, daß die Temperatur des SO_2-Dampfes bei Kompressionsbeginn annähernd gleich der Temperatur der vom Kühlwasser berührten Wandungen sei, eine Voraussetzung, die nach obigen Darlegungen die Wahrscheinlichkeit für sich hat, beizubehalten.

Unter dieser Annahme berechnen sich die Werte in den Diagrammpunkten *a*, *b*, *c* und *d* wie folgt:

Diagrammpunkt *a*.

Druck des Dampfes p_4 at abs.,
Temperatur des Dampfes $t_a = t_{w2}$ ° C,
Sättigungstemperatur des Dampfes $t_a' = t_4'$ ° C,
Wärmeinhalt des Dampfes i_a WE/kg,
spezifisches Volumen des Dampfes v_a m³/kg,
Dampfgewicht bei Beginn des Ansaugens

$$G = G_0 + G_a = \frac{V_H + V_0}{v_a} \text{ kg/st}$$
$$G_0 = G - G_a \text{ kg/st.}$$

Diagrammpunkt *b*.

Druck des Dampfes p_5 at abs.,
Volumen des Dampfes nach Diagrammabmessung V_b m³/st,

Gewicht des im schädlichen Raum zurückgebliebenen Dampfgewichtes $G_o' = \dfrac{V_0}{v_2}$ kg/st,

spezifisches Volumen des Dampfes $v_d = \dfrac{G_a + G_0'}{V_b}$ m³/kg,

Temperatur des Dampfes nach Dampftafel t_b ⁰ C,
Sättigungstemperatur $t_b' = t_5'$ ⁰ C,
Wärmeinhalt des Dampfes i_b WE/kg,
kondensiertes Dampfgewicht $G_o'' = G_o - G_o'$ kg/st.

Diagrammpunkt c.

Druck des Dampfes p_5 at abs.,
Temperatur des Dampfes t_5 ⁰ C,
Sättigungstemperatur t_5' ⁰ C,
Wärmeinhalt i_5 WE/kg,
spezifisches Volumen v_5 m³/kg,

Diagrammpunkt d.

Druck des Dampfes p_4 at abs.,
Volumen des Dampfes V_d m³/st nach Diagrammabmessung,
Dampfgewicht $G_o = G_o' + G_o''$ kg/st,
spezifisches Volumen des Dampfes $v_d = \dfrac{V_d}{G_o' + G_o''}$ m³/kg.

Diagrammpunkt d'.

Nach Mischung des Restdampfgewichtes mit dem Frischdampfgewicht ergibt sich folgender Zustand für den entsprechenden Diagrammpunkt d', bei dem die Mischung voll eingetreten ist:
Druck des Dampfes p_4 at abs.,
Gewicht des Mischdampfes $G = G_o' + G_o'' + G_a = G_o + G_a$ kg/st,
Wärmeinhalt des Mischdampfes $i_{d'}$ WE/kg,
Temperatur des Mischdampfes $t_{d'}$ ⁰ C oder
Dampfgehalt $x_{d'}$ v. H.,
spezifisches Volumen nach Dampftafel $v_{d'}$ m³/kg.

Zahlentafel 15. Zustandsänderung des SO_2-Dampfes im Kompressor.

Betrieb	Einstellung der Umlaufzahl	Hohe Umlaufzahl			Mittlere Umlaufzahl			Niedrige Umlaufzahl	
	Zustand des Dampfes nach der Kompression	stark überhitzt	mittel überhitzt	schwach überhitzt	stark überhitzt	mittel überhitzt	schwach überhitzt	stark überhitzt	mittel überhitzt
	Versuchsnummer	1	2	3	4	5	6	7	8
Beim Eintritt Kompressor:									
	Absoluter Druck . . . p_4 at abs.	1,204	1,199	1,192	1,209	1,222	1,216	1,198	1,186
	Temperatur . . . t_4 °C	+ 4,26	— 6,77	— 6,90	+11,80	— 6,30	— 6,41	+12,28	— 7,02
	Sättigungstemperatur . t_4' »	— 6,66	— 6,77	— 6,90	— 6,56	— 6,30	— 6,41	— 6,78	— 7,02
	Wärmeinhalt. . . i_4 WE/kg	96,11	90,18	78,87	98,66	88,92	82,66	98,92	91,43
	Dampfzustand . x_4 v. H. Dampfgehalt	überhitzt	überhitzt	85,80	überhitzt	96,50	89,75	überhitzt	99,00
	Entropie	0,3605	0,3385	0,3025	0,3688	0,3343	0,3105	0,3700	0,3435
Beim Beginn der Kompression. Diagrammpunkt a									
	Absoluter Druck . . . p_4 at abs.	1,204	1,199	1,192	1,209	1,222	1,216	1,198	1,186
	Temperatur . . . t_a °C	+29,45	+19,80	+ 6,40	+27,00	+17,57	+ 9,25	+24,47	+16,75
	Sättigungstemperatur . t_4' »	— 6,66	— 6,77	— 6,90	— 6,56	— 6,30	— 6,41	— 6,78	— 7,02
	Wärmeinhalt. . . i_a WE/kg	104,61	101,42	96,97	103,70	100,47	97,77	102,97	100,49
	Dampfzustand . x_a v. H. Dampfgehalt	überhitzt	überhitzt	überhitzt	überhitzt	überhitzt	überhitzt	überhitzt	überhitzt
	Entropie	0,3895	0,3790	0,3640	0,3865	0,3755	0,3655	0,3840	0,3765
Nach der Kompression. Diagrammpunkt b									
	Absoluter Druck . . . p_5 at abs.	5,052	4,920	4,910	4,970	4,990	4,890	4,920	4,970
	Temperatur . . . t_b °C	+112,50	+109,50	+91,00	+115,00	+112,00	+96,00	+115,00	+113,00
	Sättigungstemperatur . t_5' »	+ 32,62	+ 31,79	+31,72	+ 32,10	+ 32,23	+31,60	+ 31,79	+ 32,10
	Wärmeinhalt. . . i_b WE/kg	117,60	116,70	110,99	118,47	117,56	112,59	118,88	117,97

Beim Austritt Kompressor. Vor Beginn der Expansion. Diagrammpunkt c

Absoluter Druck . . . p_5 at abs.	5,052	4,920	4,910	4,970	4,990	4,890	4,920	4,970
Temperatur . . . . . $t_c = t_5$ °C	+102,00	+88,00	+59,10	+101,90	+84,02	+67,60	+101,00	+89,86
Sättigungstemperatur . . t_5' °	+32,62	+31,79	+31,72	+32,10	+32,23	+31,60	+31,79	+32,10
Wärmeinhalt. . . . . $i_c = i_5$ WE/kg	114,25	109,97	100,24	114,37	108,46	103,19	114,18	110,47
Dampfzustand . . x_5 v. H. Dampfgehalt	überhitzt	überhitzt	überhitzt	überhitzt	überhitzt	überhitzt	überhitzt	überhitzt
Entropie	0,3690	0,3570	0,3295	0,3685	0,3525	0,3380	0,3680	0,3583

Nach der Expansion. Diagrammpunkt d

Absoluter Druck . . . . p_4 at abs.	1,204	1,199	1,192	1,209	1,220	1,216	1,198	1,186
Temperatur . . . . . . t_d °C	+41,00	+36,00	− 6,90	− 6,56	− 6,39	− 6,41	− 6,78	− 7,02
Sättigungstemperatur . . t_4' °	− 6,66	− 6,77	− 6,90	− 6,56	− 6,39	− 6,41	− 6,78	− 7,02
Wärmeinhalt. . . . . . i_d WE/kg	108,36	106,72	92,32	91,03	87,36	84,58	80,06	74,18
Dampfzustand . . x_d v. H. Dampfgehalt	überhitzt	überhitzt	100,00	98,75	94,85	91,90	87,10	80,65
Entropie	0,4010	0,3965	0,3470	0,3425	0,3280	0,3175	0,3010	0,2790

Nach Mischung des Restdampfes mit dem Frischdampf. Diagrammpunkt d'

Absoluter Druck . . . . p_4 at abs.	1,204	1,199	1,192	1,209	1,220	1,216	1,198	1,186
Temperatur . . . . . . $t_{d'}$ °C	+10,50	− 2,50	− 6,90	+ 7,04	− 6,39	− 6,41	− 0,80	− 7,02
Sättigungstemperatur . . t_4' °	− 6,66	− 6,77	− 6,90	− 6,56	− 6,39	− 6,41	− 6,78	− 7,02
Wärmeinhalt. . . . . . $i_{d'}$ WE/kg	98,25	93,63	82,46	97,05	88,55	83,20	94,40	86,85
Dampfzustand . . x_d v. H. Dampfgehalt	überhitzt	überhitzt	90,00	überhitzt	90,20	90,30	überhitzt	93,40
Entropie	0,3680	0,3525	0,3100	0,3638	0,3325	0,3125	0,3560	0,3265

Die sich auf diese Weise ergebenden Werte sind mit den zugehörigen Entropiewerten in Zahlentafel 15 eingetragen. Auf Grund dieser Werte sind dann in Zahlentafel 16 die von den Wandungen während der einzelnen Arbeitsperioden, der Expansion, des Ansaugens, der Kompression und des Ausschubes abgegebenen oder auf die Wandungen übergegangenen Wärmemengen, sowie die Wärmewerte der geleisteten Arbeiten bei Kompression und Expansion und die Verlustarbeiten beim Ansaugen und dem Ausschub zusammengestellt. In die gleichen Zahlentafeln sind weiterhin die nach vorstehendem berechneten Dampf- und Flüssigkeitsgewichte aufgenommen.

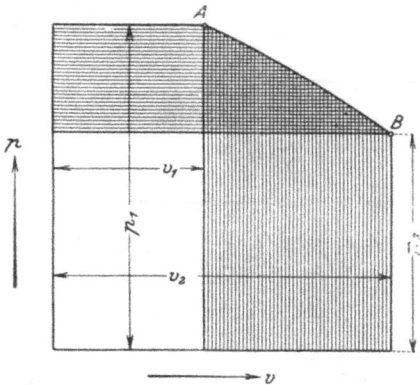

Fig. 45. Zustandsänderung im p-v-Diagramm.

Die Berechnung der von dem Dampf an die Wandungen abgegebenen oder von ihnen aufgenommenen Wärmemengen und der während der einzelnen Arbeitsperioden aufgenommenen oder abgegebenen Arbeiten geschieht auf folgende Weise:

Nach dem ersten Hauptsatz der Wärmemechanik gilt

$$Q = U_2 - U_1 + A \cdot L,$$
$$dQ = dU + A \cdot P \cdot dv.$$

In diesen Gleichungen bezeichnet

$U =$ die Körperenergie,

$A \cdot L$ die Arbeit, die bei der Zustandsänderung von A nach B gewonnen wird (Fig. 45).

Setzt man

$$L = L' + P_2 \cdot v_2 - P_1 \cdot v_1$$

— L' bedeutet die wagerecht schraffierte Arbeitsfläche; der Wärmewert von L' ist durch den Ausdruck

$$A \cdot L' = - A \cdot \int_{P_1}^{P_2} v \cdot dP$$

gegeben — und ist weiterhin

$$J = U + A \cdot P \cdot v,$$

so läßt sich die obige Gleichung auch schreiben

$$Q = J_2 - J_1 - A \cdot \int_{P_1}^{P_2} v \cdot dP$$
$$dQ = dJ - A \cdot v \cdot dP.$$

Für die vorliegenden Zwecke läßt sich der Wert für Q einfacher in folgender Weise ausdrücken:

$$Q = J_2 - A \cdot P_2 \cdot v_2 - J_1 + A \cdot P_1 \cdot v_1 + A \cdot L$$
$$Q = J_2 - J_1 + A \cdot (L + P_1 \cdot v_1 - P_2 \cdot v_2).$$

J, der Wärmeinhalt des Dampfes für konstanten Druck, ist

$$J \cong i.$$

Damit ergibt sich

$$Q = i_2 - i_1 + A \cdot (L + P_1 \cdot v_1 - P_2 \cdot v_2).$$

Es bezeichne nun:

Q_4 die im Kühlwasser des Kompressors zugeführte oder fortgeführte Wärmemenge,

Q_{5s} die durch Strahlung fort- oder zugeführte Wärmemenge,

Q_{5k} die durch Kolbenreibung zugeführte Wärmemenge,

$Q_{(d-a)}$ die während des Ansaugens aufgenommene Wärmemenge,

$Q_{(a-b)}$ die während der Kompression aufgenommene Wärmemenge,

$Q_{(b-c)}$ die während des Ausschubes aufgenommene Wärmemenge,

$Q_{(c-d)}$ die während der Expansion aufgenommene Wärmemenge

in WE/st.

Gelten für die übrigen Werte und die Indizes die früheren Bezeichnungen, so ist weiterhin

$A \cdot L_i$ der Wärmewert der dem mittleren Druck p_m entsprechenden Kompressorarbeit für 1 kg umlaufendes SO_2-Dampfgewicht,

$A \cdot L_{i(d-a)}$ der der Arbeitsfläche unterhalb des Linienzuges $d—a$ entsprechende Wärmewert mit dem mittleren Druck $p_{m(d-a)}$,

$$G_a \cdot A \cdot L_{i(d-a)} = \frac{p_{m(d-a)}}{p_m} \cdot G_a \cdot A \cdot L_i = \frac{p_{m(d-a)}}{p_m} \cdot N_i \cdot 632,2.$$

$A \cdot L_{i(a-b)}$ der der Arbeitsfläche unterhalb des Linienzuges $a—b$ entsprechende Wärmewert mit dem mittleren Druck $p_{m(a-b)}$,

$$G_a \cdot A \cdot L_{i(a-b)} = \frac{p_{m(a-b)}}{p_m} \cdot G_a \cdot A \cdot L_i = \frac{p_{m(a-b)}}{p_m} \cdot N_i \cdot 632,2.$$

$A \cdot L_{i(b-c)}$ der der Arbeitsfläche unterhalb des Linienzuges $b—c$ entsprechende Wärmewert mit dem mittleren Druck $p_{m(b-c)}$,

$$G_a \cdot A \cdot L_{i(b-c)} = \frac{p_{m(b-c)}}{p_m} \cdot G_a \cdot A \cdot L_i = \frac{p_{m(b-c)}}{p_m} \cdot N_i \cdot 632,2.$$

$A \cdot L_{i(c-d)}$ der der Arbeitsfläche unterhalb des Linienzuges $c—d$ entsprechende Wärmewert mit dem mittleren Druck $p_{m(c-d)}$,

$$G_a \cdot A \cdot L_{i(c-d)} = \frac{p_{m(c-d)}}{p_m} \cdot G_a \cdot A \cdot L_i = \frac{p_{m(c-d)}}{p_m} \cdot N_i \cdot 632,2.$$

Sämtliche Werte sind in WE/st gerechnet. Die mittleren Drücke sind auf die ganzen Diagrammlängen bezogen.

Es gelten dann folgende Beziehungen:

$$Q_{IV} = Q_4 + Q_{5k} + Q_{5s} = G_a \cdot (i_5 - i_4) -$$
$$- G_a \cdot A \cdot L_i$$
$$= Q_{(d-a)} - Q_{(a-b)} - Q_{(b-c)} + Q_{(c-d)} =$$
$$= G_a \cdot (i_5 - i_4) - G_a \cdot A \cdot L_{i(a-b)} -$$
$$- G_a \cdot A \cdot L_{i(b-c)} + G_a \cdot A \cdot L_{i(c-d)} +$$
$$+ G_a \cdot A \cdot L_{i(d-a)}$$
$$G_a \cdot (i_5 - i_4) = Q_{(d-a)} - G_a \cdot A \cdot L_{i(d-a)} - Q_{(a-b)} +$$
$$+ G_a \cdot A \cdot L_{i(a-b)} - Q_{(b-c)} +$$
$$+ G_a \cdot A \cdot L_{i(b-c)} + Q_{(c-d)} - G_a \cdot A \cdot L_{i(c-d)}.$$

Unter Berücksichtigung, daß die zugeführten Wärmemengen positiv, die fortgeführten negativ zu setzen
sind, ergeben sich die in den einzelnen Perioden übergehenden Wärmemengen folgendermaßen:

1. Während des Ansaugens:

$$Q_{(d-a)} = G_a(i_a - i_4) + (G_0' + G_0'') \cdot (i_a - i_d) +$$
$$+ \frac{p_{m(d-a)}}{p_m} \cdot N_i \cdot 632,2 - G_a \cdot A \cdot P_4 \cdot v_4.$$

2. Während der Kompression:

$$Q_{(a-b)} = (G_a + G_0') i_b - (G_a + G_0' + G_0'') i_a + G_0'' q_5 -$$
$$- \frac{p_{m(a-b)}}{p_m} \cdot N_i \cdot 632,2 - (G_a + G_0') \cdot A \cdot P_5 \cdot v_5 +$$
$$+ (G_a + G_0' + G_0'') \cdot A \cdot P_4 \cdot v_4.$$

3. Während des Ausschubes:

$$Q_{(b-c)} = (G_a + G_0') \cdot (i_5 - i_b) + G_0'' \cdot q_5 - G_0'' \cdot q_5 -$$
$$- \frac{p_{m(b-c)}}{p_m} \cdot N_i \cdot 632,2 + G_a \cdot A \cdot P_5 \cdot v_5.$$

4. Während der Expansion:

$$Q_{(c-d)} = (G_0' + G_0'') \cdot i_d - G_0'' \cdot q_5 - G_0' \cdot i_5 + \frac{p_{m(c-d)}}{p_m} \cdot$$
$$\cdot N_i \cdot 632,2 + G_0' \cdot A \cdot P_5 \cdot v_5 - (G_0' + G_0'') \cdot A \cdot P_4 \cdot v_4.$$

Zahlentafel 16. Wärmebewegung im Kompressor.

Betrieb — Einstellung der Umlaufzahl Zustand des Dampfes nach der Kompression	Hohe Umlaufzahl			Mittlere Umlaufzahl			Niedrige Umlaufzahl	
Versuchsnummer	stark überhitzt	mittel überhitzt	schwach überhitzt	stark überhitzt	mittel überhitzt	schwach überhitzt	stark überhitzt	mittel überhitzt
	1	2	3	4	5	6	7	8
Umlaufendes Dampfgewicht . . . . G_a kg/st	469,00	455,00	445,00	375,00	374,00	372,00	295,00	290,00
Im schädlichen Raum gebliebenes Dampfgewicht . . . . G_0' »	92,75	93,10	104,40	75,30	80,25	84,00	61,80	63,70
Während der Kompression kondensiertes Dampfgewicht . . . . G_0'' »	6,25	26,90	58,10	24,70	35,75	59,00	31,20	41,30
Während der Ansaugeperiode und der Kompression arbeitendes Dampfgewicht . . . $G = [G_a + G_0' + G_0'']$ kg/st	568,00	575,00	607,50	475,00	490,00	515,00	388,00	395,00
Der Zunahme des Wärmeinhaltes im Kompressor entsprechende Wärmemenge . . . . $G_a \cdot [i_5 - i_4]$ WE/st	+8595	+8998	+9442	−5916	+7300	+7666	+4465	+5493
Wärmewert der indizierten Leistung . Q_{III} »	+7420	+6990	+6610	+5760	+5560	+5517	+4648	+4540
Kühlwasserwärme des Kompressors . Q_4 »	−1315	− 610	+ 280	−1075	− 274	+ 152	− 849	− 350
Kolbenreibung + Einstrahlung zwischen Meßstelle 4 und Kompressor . Q_5 »	+2490	+2618	+2552	+1231	+2014	+1997	+ 666	+1303
Verhältnis des mittleren Druckes während der Ansaugeperiode zum gesamten mittleren Druck . . . . $\dfrac{p_m(d-a)}{p_m}$	0,554	0,568	0,585	0,653	0,616	0,591	0,607	0,594

Desgleichen während der Kompression . $\dfrac{p_m(a-b)}{p_m}$	1,018	1,022	1,079	1,038	1,049	1,059	0,975	0,947
Desgleichen während des Ausschubes . . $\dfrac{p_m(b-c)}{p_m}$	0,775	0,793	0,770	0,836	0,843	0,819	0,843	0,771
Desgleichen während der Expansion . . $\dfrac{p_m(c-d)}{p_m}$	0,199	0,208	0,258	0,258	0,239	0,293	0,250	0,164
Entsprechende Wärmemenge während der Ansaugeperiode $\dfrac{p_m(d-a)}{p_m} \cdot Ni \cdot 632{,}2$ WE/st	2690	2820	3270	3420	3760	3850	3965	4115
Desgleichen während der Kompression . $\dfrac{p_m(a-b)}{p_m} \cdot Ni \cdot 632{,}2$ »	4624	4753	5960	5760	6050	6990	6810	7040
Desgleichen während des Ausschubes . . $\dfrac{p_m(b-c)}{p_m} \cdot Ni \cdot 632{,}2$ »	3510	3680	4252	4650	4850	5405	5890	5730
Desgleichen während der Expansion . . $\dfrac{p_m(c-d)}{p_m} \cdot Ni \cdot 632{,}2$ »	904	965	1425	1430	1380	1935	1745	1220
Wärmewert der Ansaugeverlustarbeit $A_{i(d-a)}$ »	[—450]	[—300]	[—660]	[—740]	[—598]	[—855]	[—485]	[—275]
» » Kompressionsarbeit $A_{i(a-b)}$ »	+5371	+5408	+6854	+7034	+7088	+8139	+8260	+8675
» » Ausschubverlustarbeit $A_{i(b-c)}$ »	+395	+400	+572	+710	+650	+1165	+1040	+470
» » Expansionsarbeit $A_{i(c-d)}$ »	—776	—860	—1249	—1444	—1380	—1839	—1825	—1450

Zahlentafel 16 (Fortsetzung).

Betrieb		Hohe Umlaufzahl			Mittlere Umlaufzahl			Niedrige Umlaufzahl	
Einstellung der Umlaufzahl		stark überhitzt	mittel überhitzt	schwach überhitzt	stark überhitzt	mittel überhitzt	schwach überhitzt	stark überhitzt	mittel überhitzt
Zustand des Dampfes nach der Kompression									
Versuchsnummer		1	2	3	4	5	6	7	8
Während des Ansaugens ausgetauschte Wärmemenge $Q_{(d-a)}$ WE/st		$+3884$	$+4960$	$+9660$	$+3750$	$+6660$	$+8170$	$+3625$	$+5850$
Während des Ansaugens ausgetauschte Wärmemenge $Q'_{(d-a)}$ WE/10000 Umdr.		$+1892$	$+2460$	$+4790$	$+2200$	$+3900$	$+4825$	$+2600$	$+4260$
Während der Kompression ausgetauschte Wärmemenge $Q_{(a-b)}$ WE/st		-1856	-2360	-5494	-2699	-2449	-5214	-2649	-2987
Während der Kompression ausgetauschte Wärmemenge $Q'_{(a-b)}$ WE/10000 Umdr.		-904	-1170	-2720	-1530	-1450	-3070	-1890	-2140
Während des Ausschubes ausgetauschte Wärmemenge $Q_{(b-c)}$ WE/st		-2350	-4720	-7065	-2498	-4835	-4852	-2078	-3045
Während des Ausschubes ausgetauschte Wärmemenge $Q'_{(b-c)}$ WE/10000 Umdr.		-1140	-2340	-3500	-1475	-2860	-2860	-1490	-2220
Während der Expansion ausgetauschte Wärmemenge $Q_{(c-d)}$ WE/st		$+1497$	$+4128$	$+5731$	$+1603$	$+2444$	$+4045$	$+919$	$+1085$
Während der Expansion ausgetauschte Wärmemenge $Q'_{(c-d)}$ WE/10000 Umdr.		$+735$	$+2060$	$+2834$	$+946$	$+1450$	$+2373$	$+663$	$+791$
Im Restdampf vor der Expansion enthaltene Wärmemenge $[G_0' \cdot q_s + G_0'' \cdot i_s]$ WE/st		$10\,669$	$10\,500$	$11\,115$	$8\,879$	$9\,101$	$8\,300$	$7\,395$	$7\,489$
Vom Restdampf beim Ansaugen zugeführte Wärmemenge $[G_0' + G_0''] \cdot i_d$ WE/st		$10\,716$	$12\,803$	$15\,007$	$9\,103$	$10\,101$	$12\,086$	$7\,454$	$7\,798$

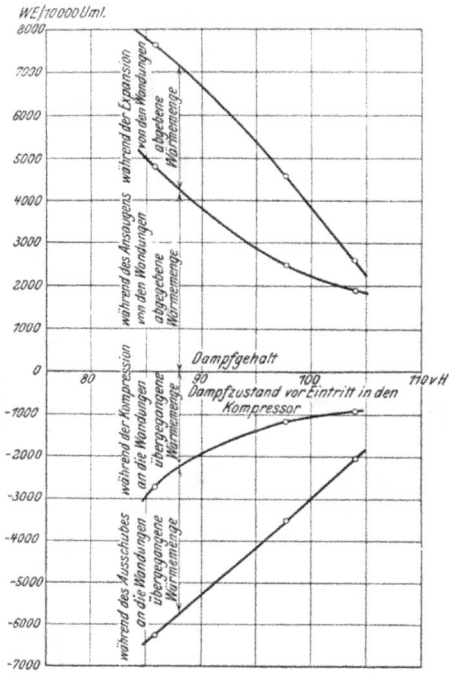

Fig. 46. $n = 336$ Uml./min.

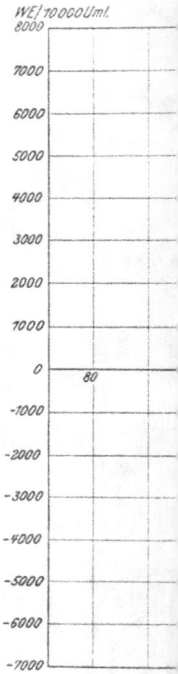

Fig. 47

Mit den Wandungen des K
in WE/10 000 Uml. b

WE/10000 Uml.

Dampfgehalt

Dampfzustand vor Eintritt
in den Kompressor

während des Ansaugens von den Wandungen abgegebene Wärmemenge

während der Expansion von den Wandungen abgegebene Wärmemenge

während der Kompression an die Wandungen übergegangene Wärmemenge

während des Ausschubes an die Wandungen übergegangene Wärmemenge

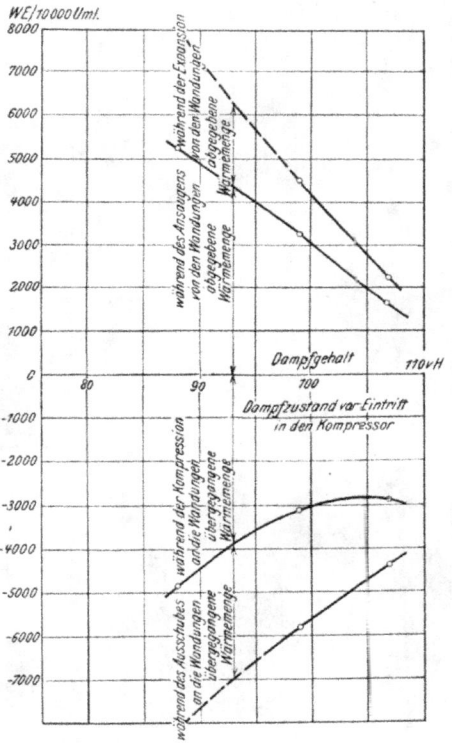

Fig. 48. $n = 232$ Uml./min.

uschte Wärmemengen
nsaugezuständen.

ofgehalt

and vor Eintritt
mpressor

Druck von R. Oldenbourg in Münc

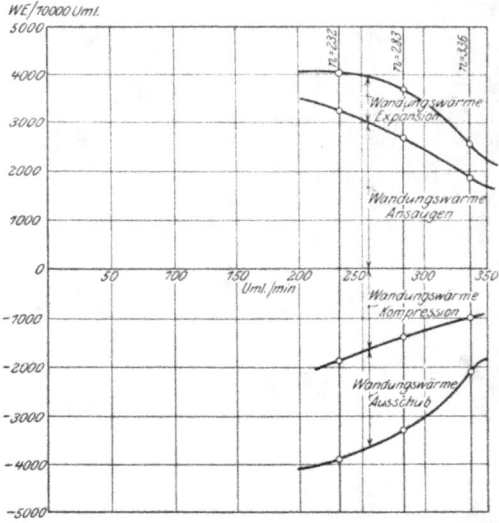

Fig. 49. 104 v. H. Dampfüberhitzung.

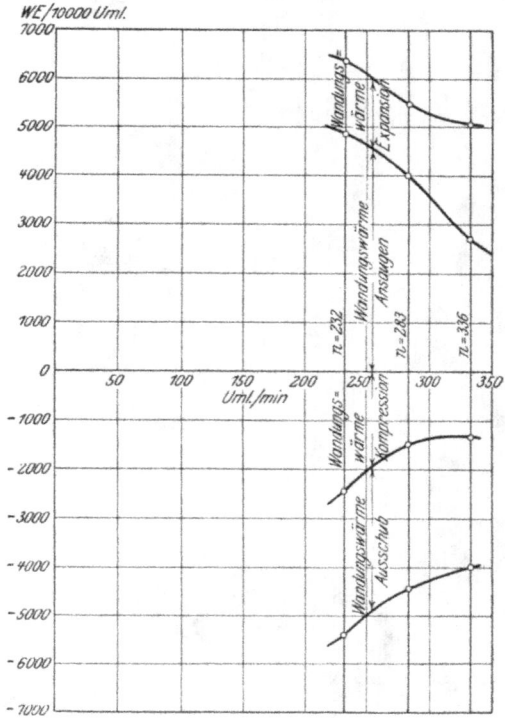

Fig. 50. 96 v. H. Dampfgehalt.

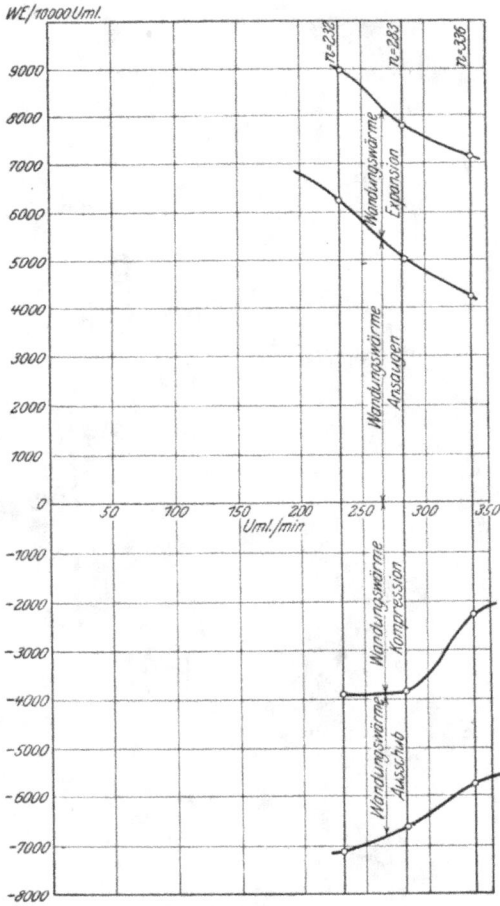

Fig. 51.   88 **v. H.** Dampfgehalt.

Fig. 49—51.

**Mit den Wandungen des Kompressors ausgetauschte Wärmemengen
in WE/10 000 Uml. bei verschiedenen Umlaufzahlen.**

Druck von R. Oldenbourg in München

In diesen Gleichungen bedeutet fernerhin

$$A_{i(d-a)} = \frac{p_{m(d-a)}}{p_m} \cdot N_i \cdot 632{,}2 - G_a \cdot A \cdot P_4 \cdot v_4$$

den Verlust durch Massenwirkung und Drosselung während des Ansaugens,

$$A_{i(b-c)} = \frac{p_{m(b-c)}}{p_m} \cdot N_i \cdot 632{,}2 - G_a \cdot A \cdot P_5 \cdot v_5$$

den Verlust durch Massenwirkung und Drosselung während des Ausschubes,

$$A_{i(a-b)} = \frac{p_{m(a-b)}}{p_m} \cdot N_i \cdot 632{,}2 + (G_a + G_0') \cdot A \cdot P_5 \cdot v_5 - \\ - (G_a + G_0' + G_0'') \cdot A \cdot P_4 \cdot v_4$$

die wirkliche Kompressionsarbeit,

$$A_{i(c-d)} = \frac{p_{m(c-d)}}{p_m} \cdot N_i \cdot 632{,}2 + G_0' \cdot A \cdot P_5 \cdot v_5 - \\ - (G_0' + G_0'') \cdot A \cdot P_4 \cdot v_4$$

die wirkliche Expansionsarbeit.

Die auf diese Weise in Zahlentafel 16 errechneten, mit den Wandungen ausgetauschten Wärmemengen sind in WE/10000 Uml. in den Fig. 46—48 in Abhängigkeit vom Dampfzustand vor der Kompression für die Hauptumlaufzahlen 336, 283 und 232 Uml./min, in den Fig. 49—51 in Abhängigkeit von den Umlaufzahlen für die drei Dampfzustände 104 v. H. Dampfüberhitzung (4° Überhitzungstemperatur), 96 v. H. Dampfgehalt und 88 v. H. Dampfgehalt aufgetragen. Es sei bemerkt, daß die eingetragenen die rein errechneten Werte sind ohne eine Reduktion auf gleiche Kompressionsdrücke und Ansaugedrücke und vollkommen gleiche Umlaufzahlen. Diese Reduktion, die bei der Ermittlung der Werte λ, φ und η_g und den damit im Zusammenhang stehenden Größen leicht angängig war, war bei der Ermittlung der mit den Wandungen ausgetauschten Wärmemengen nicht möglich. Die Fehler, die hierdurch in die ohnedies nur angenäherte Rechnung gebracht werden, sind so gering, daß sie durchaus vernachlässigt werden können.

Die Werte für die Ansaugearbeit ergeben sich bei der Berechnung als negativ, zeigen also eine fortgeführte Wärmemenge an, während sie doch offenbar positiv sein müßten, d. h. eine zugeführte Wärmemenge ergeben sollten. Der Grund liegt offenbar darin, daß der Berechnung die Werte für die Meßstelle 4, d. h. vor dem Absperrventil, zugrunde liegen, während offenbar der Dampfzustand vor Eintritt in den Kompressor ein anderer ist, da zwischen der Meßstelle 4 und dem wirklichen Eintritt in den Kompressor noch Wärme zugeführt wird. Eine Einzeichnung des gemessenen Manometerdruckes vor Eintritt in den Kompressor in das Diagramm, der so gut wie identisch mit der Ansaugelinie des Diagrammes ist, zeigt, daß der Ansaugeverlust, d. h. der Verlust durch Abdrosselung in den im Kolben sitzenden Saugventilen, verschwindend klein sein muß und unbedenklich $= 0$ gesetzt werden kann. Es sind offenbar die beim Ansaugen und der Expansion von den Wandungen abgegebenen und die während der Kompression auf diese übertragenen Wärmemengen etwas zu klein berechnet worden. Der Charakter der Kurven erleidet dadurch keine Veränderung.

Der Verlauf der Kurven für die Wandungswärmen gibt über die Ursachen der im Kapitel 5 dargestellten Änderung der verschiedenen Wirkungsgrade mit dem Dampfzustande vor dem Kompressor und mit den Umlaufzahlen Aufschluß. Auf die Größe des volumetrischen Wirkungsgrades infolge Rückexpansion aus dem schädlichen Raum $\eta_{vol\,I}$ und durch Vorwärmung beim Ansaugen $\eta_{vol\,II}$ und dadurch auf den Lieferungsgrad λ, der die Einflüsse beider Wirkungsgrade in sich schließt, sind nur die Vorgänge bei der Expansion und während des Ansaugens, d. h. die Größe der während dieser Arbeitsperioden übergehenden Wärmemengen von Einfluß.

Auf die Größe des Völligkeitsgrades des Kompressordiagrammes φ hat der mittlere Druck p_m, d. h. die Form der Indikatorkurve, Einfluß. Abgesehen von den Drossel- und Massenwirkungen beim Ansaugen und beim Ausschub hängt die Größe von φ von der Form der Kompressions- und Expansionslinien ab. Da diese wieder durch die Größe des schädlichen Raumes und durch die Wandungswärmen während der Kompression und während der Expansion beeinflußt werden, so hängt somit auch φ von diesen beiden Wärmemengen ab.

Betrachtet man zuerst den Einfluß des Dampfzustandes vor Eintritt in den Kompressor auf die Größe der Wandungswärmen, so ergibt sich, daß bei sämtlichen Umlaufzahlen die Wandungswärmen für Expansion, Ansaugen und Kompression mit Zunahme des Dampfgehaltes vor dem Kompressor stark abnehmen, und zwar erfolgt bei hoher Umlaufzahl die Abnahme der Wandungswärmen während der Expansion sehr schnell mit der Zunahme des Dampfgehaltes, weniger schnell bei niedriger Umlaufzahl; z. B. beträgt die Abnahme der Wandungswärme zwischen 88 v. H. Dampfgehalt und 104 v. H. Dampfüberhitzung (4° Überhitzungstemperatur) bei hoher Umlaufzahl rd. 76 v. H., bei einer Umlaufzahl von 283 Uml./min rd. 64 v. H.

Die Wandungswärme beim Ansaugen nimmt bei hoher Umlaufzahl langsamer mit zunehmendem Dampfgehalt vor dem Kompressor ab als bei niedriger Umlaufzahl, bei geringem Dampfgehalt und Überhitzung vor dem Kompressor scheinen sich die Wandungswärmen beim Ansaugen einem konstanten Werte zu nähern.

Die Wandungswärmen bei der Kompression nehmen ebenfalls mit zunehmendem Dampfgehalt ab, und zwar zuerst schneller, dann langsamer; sie nähern sich offenbar einem Minimum.

Bedingt wird der Charakter der Kurven während Expansion und Kompression dadurch, daß bei Ansaugen nassen Dampfes die Wandungstemperatur, weil Wärme vom Kühlwasser an die Wandung übergeht, tiefer als die Eintrittstemperatur des Kühlwassers liegt. Dies bedingt eine stärkere Kondensation des Dampfes während der Kompression bei Ansaugen nassen Dampfes. Dadurch erfolgt eine starke Wärmeabgabe an die Wandung, die ihrerseits wieder Wärme während der Expansion teilweise abgibt und dadurch die kondensierte Flüssigkeitsmenge wieder zum Verdampfen bringt. Diese Verdampfung der größeren Flüssigkeitsmenge bewirkt, daß für gleiche Kolbenstellungen die Drücke bei »nassem« Kompressorgang höher sind als bei »trockenem«. Dementsprechend ist die Form der Expansionslinie. Der Dampf ist am Ende der Expansion nasser bei nassem Dampf als bei überhitztem Dampf vor dem Kompressor. Diese Vorgänge bedingen die früher festgestellte Zunahme des volumetrischen Wirkungsgrades infolge Rückexpansion aus dem schädlichen Raum mit Zunahme des Dampfgehaltes vor dem Kompressor. Daß dies Anwachsen der $\eta_{\text{vol 1}}$-Kurven mit Zunahme des Dampfgehaltes vor Eintritt in den Kompressor sehr beträchtlich sein muß, ergibt sich aus der in Fig. 46—48 ersichtlichen Größe der Abnahme der Wandungswärme während der Expansion. Diese starke Abnahme rührt offenbar davon her, daß die Wandungstemperatur sehr schnell mit zunehmendem Dampfgehalt vor Eintritt in den Kompressor wächst, so daß die Verminderung der Dampfkondensation auch sehr schnell erfolgt und infolgedessen auch die der Wandungswärme bei Kondensation und Expansion.

Der Verlauf der Wandungswärmen während des Ansaugens bedingt die Veränderlichkeit des volumetrischen Wirkungsgrades $\eta_{\text{vol II}}$. Dieser nimmt in derselben Weise zu, wie die Kurve der Wandungswärme während des Ansaugens mit zunehmender Dampftrocknung vor der Kompression abnimmt, zuerst schneller, dann langsamer. Auch $\eta_{\text{vol II}}$ nähert sich einem Mindestwert bei geringem Dampfgehalt vor dem Kompressor, einem Höchstwert bei Dampfüberhitzung vor dem Kompressor, entsprechend der Wandungswärme beim Ansaugen, die bei geringem Dampfgehalt offenbar einen Höchstwert, bei Dampfüberhitzung einen Mindestwert besitzt. Der Grund liegt darin, daß die Wärmeübertragungskoeffizienten einerseits im Naßdampfgebiet, anderseits im Überhitzungsgebiet konstante Werte annehmen, die ebenfalls die Konstanz der Wandungswärme bedingen.

In Abhängigkeit von der Umlaufzahl ergibt sich aus Fig. 49—51, daß die von den Wandungen abgegebenen Wärmemengen während der Expansion bei Dampfüberhitzungen vor Eintritt in den Kompressor mit Zunahme der Umlaufzahl abnehmen, bei niedrigem Dampfgehalt etwas zunehmen. Den entsprechenden Charakter zeigen die $\eta_{\text{vol I}}$-Kurven. Bei niedrigem Dampfgehalt vor dem Kompressor (s. Fig. 20a) fällt $\eta_{\text{vol I}}$ mit zunehmender Umlaufzahl, bei Dampfüberhitzung vor dem Kompressor steigt $\eta_{\text{vol I}}$ mit der Umlaufzahl, entsprechend der Größe der von den Wandungen übertragenen Wärmemenge. Zur Beurteilung dieser Sachlage dienen die folgenden Überlegungen.

Eine an die Wandungen übergegangene Wärmemenge ist allgemein gegeben durch:

$$q_x = F_x \cdot a \cdot (t_{w_s} - t_d)\ \text{WE/st}$$

entsprechend den früheren Darlegungen.

Für die Zeit z in Stunden ist die übertragene Wärmemenge

$$q_{x\,(Z)} = F_x \cdot a \cdot (t_{w_s} - t_d) \cdot z\ \text{WE/st}.$$

Bezeichnet man den Kolbenweg für Ansaugen, Kompression, Ausschub und Expansion mit

$$s_{(d-a)} \quad s_{(a-b)} \quad s_{(b-c)} \quad s_{(c-d)}$$

und im Verhältnis zum Hube s mit

$$\frac{s_{(d-a)}}{s} \quad \frac{s_{(a-b)}}{s} \quad \frac{s_{(b-c)}}{s} \quad \frac{s_{(c-d)}}{s},$$

so ist die Berührungszeit z für eine Umdrehung z. B. während der Expansion

$$z = \frac{s_{(c-d)}}{s} \cdot \frac{1}{2 \cdot 60 \cdot n} \text{ st}$$

und die während einer Umdrehung übergegangene Wärmemenge ist dann

$$Q'_{(c-d)} = F_{(c-d)} \cdot a_{(c-d)} \cdot (t_{w_2} - t_d) \cdot \frac{s_{(c-d)}}{s} \cdot \frac{1}{2 \cdot 60 \cdot n} \text{ WE/1 Uml.}$$

$$Q'_{(c-d)} = C_1 \cdot F_{(c-d)} \cdot s_{(c-d)} \cdot a_{(c-d)} \cdot \frac{(t_{w_2} - t_d)}{n} \text{ WE/1 Uml.}$$

Für gleiche Wärmeübertragungskoeffizienten und gleiche Berührungsoberfläche wird also die für eine Umdrehung übertragene Wärmemenge proportional dem Werte $(t_{w2} - t_d)$ sein. Mit zunehmender Umlaufzahl steigt bei hohen Überhitzungsgraden vor Eintritt in den Kompressor die in das Kühlwasser fortgeführte Wärmemenge entsprechend Fig. 26 stärker als die Umlaufzahl an und damit auch die mittlere Wandungstemperatur. Andererseits wird aber die Kolbenreibungswärme, die zum größten Teil unmittelbar auf den Dampf übergeht, infolge der verminderten Schmierfähigkeit des überhitzten Dampfes bei hohen Umlaufzahlen größer sein als bei niedrigen und somit auch die mittlere Dampftemperatur. Die Vergrößerung von t_d gleicht die von t_{w2} in der Weise aus, daß tatsächlich der Quotient $\frac{(t_{w2} - t_d)}{n}$ und entsprechend die Wandungswärme während der Expansion mit wachsender Umlaufzahl noch etwas abnimmt. Anders liegt die Sachlage bei nassem Kompressorgang. Von einer bestimmten Dampffeuchtigkeit vor Eintritt in den Kompressor an wird, wie wir sahen, Wärme vom Kühlwasser an die Wandungen übertragen, und zwar ist die Kühlwasserwärme nach Fig. 26 kleiner bei hoher Umlaufzahl als bei niedriger. Infolgedessen wird auch bei gleicher mittlerer Kühlwassertemperatur der Temperaturunterschied zwischen Kühlwasser- und Wandungstemperatur bei hoher Umlaufzahl kleiner und damit die Wandungstemperatur t_{w2} größer sein als bei niedriger Umlaufzahl, und zwar nimmt t_{w2} schneller als die Umlaufzahl zu.

Der Einfluß der Kolbenreibung kann infolge der guten Schmierfähigkeit nasser Schwefligsäuredämpfe vernachlässigt werden. Hiernach ergibt sich, daß der Quotient $\dfrac{(t_{w2}-t_d)}{n}$ mit wachsender Umlaufzahl bei Dampffeuchtigkeit vor Eintritt in den Kompressor und damit auch die Wandungswärme während der Expansion zunehmen muß. Die Folge ist, daß $\eta_{vol\,I}$ für Naßdampf beim Ansaugen mit steigender Umlaufzahl abnimmt. Ein etwaiger Einfluß der Umlaufzahl auf $a_{(c-d)}$ soll bei der geringen Kenntnis, die man von dieser Abhängigkeit hat, nicht erörtert werden.

Die Zunahme von $\eta_{vol\,II}$ mit zunehmender Umlaufzahl erklärt sich leicht durch die Abnahme der von den Wandungen abgegebenen Wärmemenge aus der soeben abgeleiteten Beziehung für die Wandungswärme in Anwendung auf die Ansaugeperiode.

Das Zusammenwirken der volumetrischen Wirkungsgrade $\eta_{vol\,I}$ und $\eta_{vol\,II}$, deren Abhängigkeit vom Dampfzustand und den Umlaufzahlen sich somit aus der Größe der Wandungswärmen erklären läßt, bedingen ihrerseits wieder das früher dargestellte Verhalten des Lieferungsgrades λ.

Die Größe des Wertes φ läßt sich ebenfalls aus der Größe der Wandungswärmen ableiten. Mit zunehmender Dampfüberhitzung vor Eintritt in den Kompressor nehmen bei abnehmender Zylinderkondensation die Wandungswärmen während Expansion, Ansaugen und Ausschub und auch zum größten Teil während der Kompression ab. Dadurch wird eine ständige Vergrößerung der Diagrammfläche und damit von p_m mit zunehmendem Dampfgehalt bedingt (s. Fig. 17). Nach der Formel für den Völligkeitsgrad des Kompressordiagramms

$$\varphi = \frac{1}{10\,000 \cdot A} \cdot (i_{5\,ad} - i_4) \cdot \frac{1}{v_4 \cdot p_m}.$$

wächst φ mit Zunahme von $\dfrac{(i_{5\,ad} - i_4)}{v_4 \cdot p_m}$.

Da nun $(i_{5\,ad} - i_4)$ stärker mit zunehmendem Dampfgehalt zunimmt als $v_4 \cdot p_m$, so nimmt φ mit zunehmendem Dampfgehalt vor Eintritt in den Kompressor auch zu.

Der Einfluß der Umlaufzahl auf φ äußert sich in der Weise, daß φ mit zunehmender Umlaufzahl abnimmt. Die starke Vergrößerung von p_m mit wachsender Umlaufzahl, die die Vorbedingung für diese Erscheinung ist, rührt z. T. von der im vorstehenden besprochenen Änderung der Wandungstemperatur mit der Umlaufzahl her. Diese Wandungstemperatur, die bei »trockenem« Kompressorgang für hohe Umlaufzahlen auch hohe Werte annimmt, bedingt geringere Kondensation, geringere Wärmeabgabe an die Wandungen während der Kompression und geringere Wärmeabgabe von den Wandungen während der Expansion. Aus diesem Grunde und wegen der vergrößerten Ventilwiderstände wird p_m mit wachsender Umlaufzahl bei Ansaugen überhitzter Dämpfe zunehmen und φ entsprechend abnehmen. Bei geringerem Dampfgehalt vor dem Kompressor wird für hohe Umlaufzahlen, wie wir früher gesehen haben, die Wandungstemperatur bei gleichen Dampfzuständen höher sein als bei niedriger

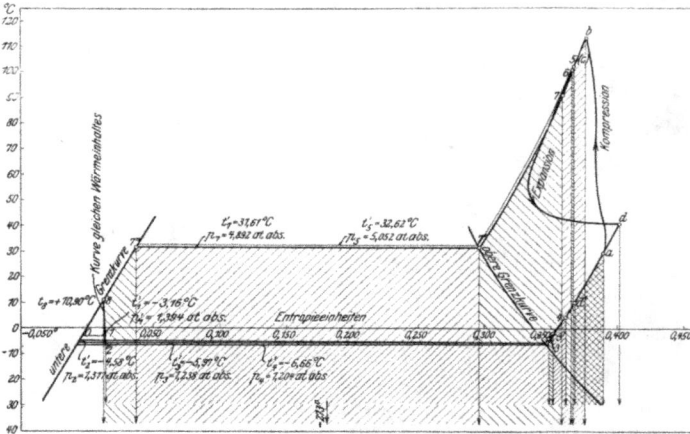

Fig. 52. Versuch Nr. 1.

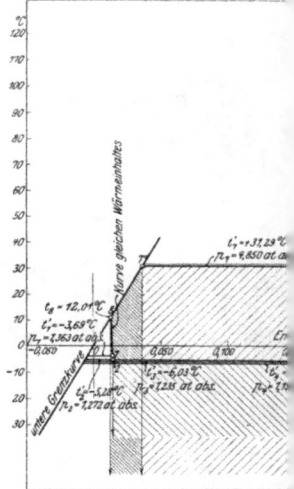

Fig. 52—54. *T-*

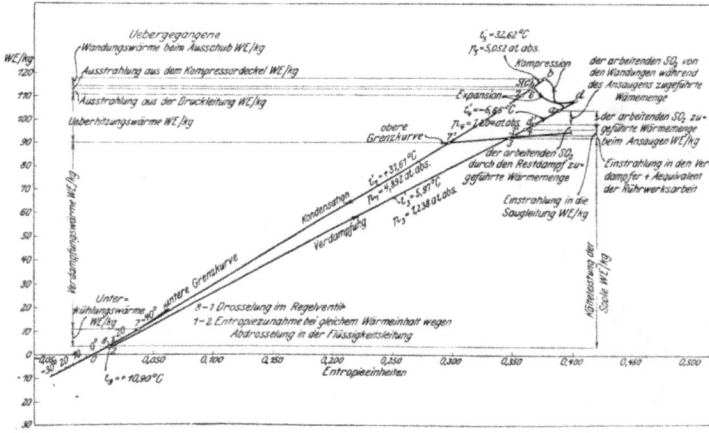

Fig. 55. Versuch Nr. 1.

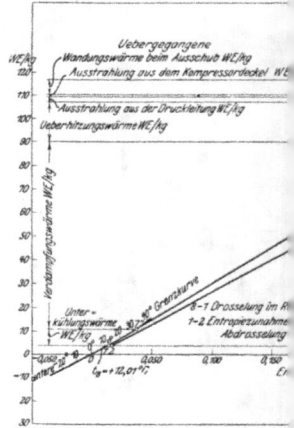

Fig. 55—57. *i*

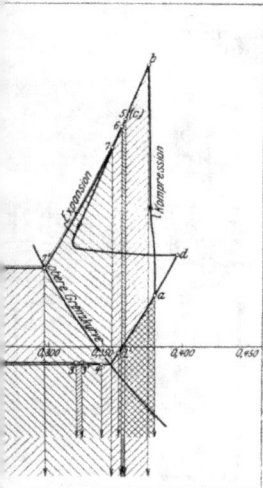

Versuche 1—3.

Fig. 54. Versuch Nr. 3.

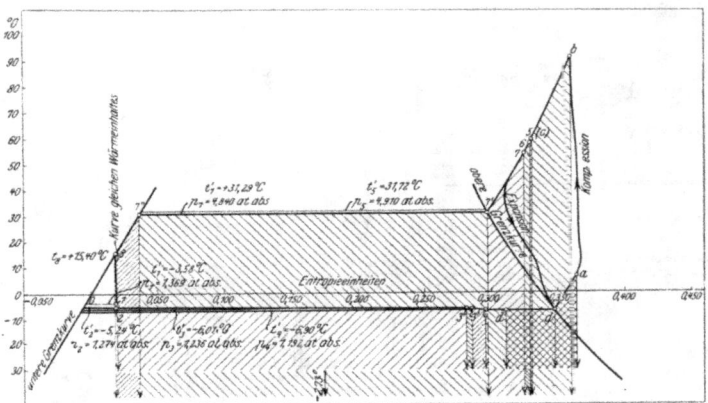

Versuche 1—3.

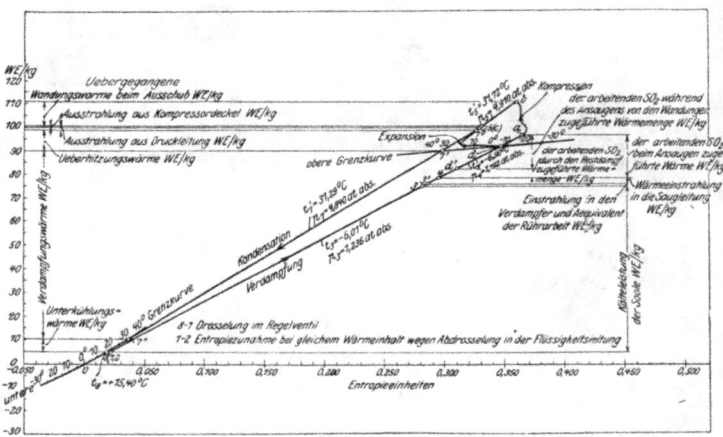

Fig. 57. Versuch Nr. 3.

Druck von R. Oldenbourg in München.

Koeniger, Versuche an einer schnellaufenden Schwefligsäure-Kältemaschine.

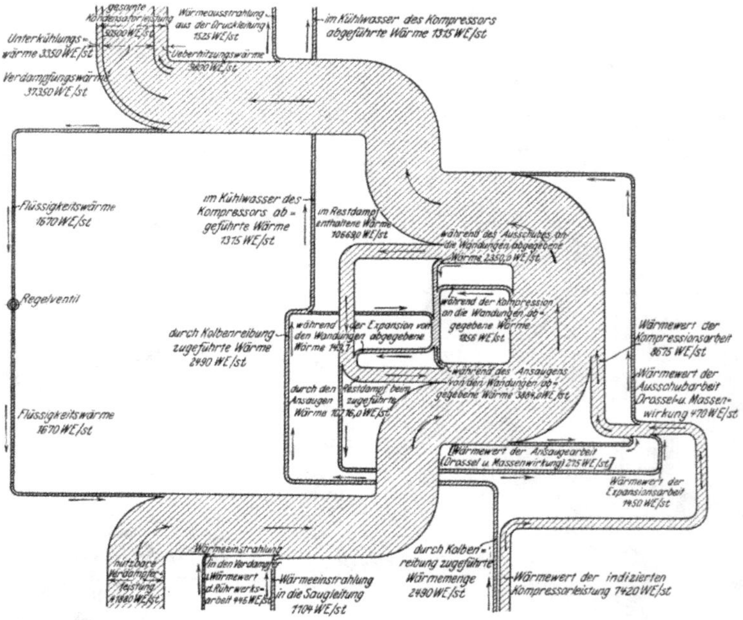

Fig. 58. Versuch Nr. 1.

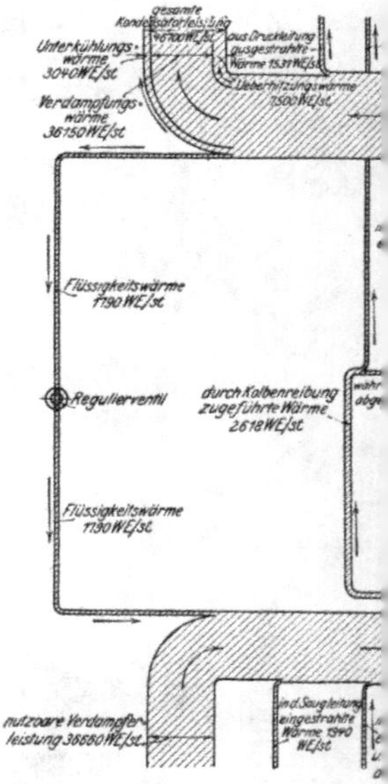

Sankey-Di

Fig. 60. Versuch Nr. 3.

The labels in the figure include:

- gesamte Kohlensgasrückleitung 1700 WE/st
- Unterkühlungswärme 2460 WE/st
- Ueberhitzungswärme 3360 WE/st
- Wärmeausstrahlung aus der Druckleitung 545 WE/st
- Verdampfungswärme 35280 WE/st
- Flüssigkeitswärme 2260 WE/st
- im Restdampf enthaltene Wärme 11115,0 WE/st
- während der Kompression an die Wandungen abgegebene Wärme 1965 WE/st
- durch Kompressorkühlwasser zugeführte Wärme 280 WE/st
- während der Expansion von den Wandungen abgegebene Wärme 5731 WE/st
- Wärmewert d. Kompressionsarbeit 5939 WE/st
- Wärmewert Kompressionsarbeit 5939 WE/st
- Regelventil
- durch Kolbenreibung zugeführte Wärme 2525 WE/st
- während des Ausschubes von den Wandungen abgegebene Wärme 1660 WE/st
- Wärmewert der Ausschubarbeit d. Drossel-u.Massenwirkung 7765 WE/st
- durch den Ausschub gezwungene Ansaugung zugeführte Wärme 15007 WE/st
- Flüssigkeitswärme 2260 WE/st
- Wärmewert der Ansaugearbeit (Drossel-u.Massenwirkung) 855 WE/st
- Wärmewert der Expansionsarbeit 2839 WE/st
- nutzbare Verdampferleistung 30680 WE/st
- Wärmeeinstrahlung in d.Verdampfer u.Wärmewert d.Rührwerksarbeit 533 WE/st
- Wärmeeinstrahlung in die Saugleitung 1540 WE/st
- durch Kolbenreibung zugeführte Wärmemenge 2525 WE/st
- Wärmewert der indizierten Kompressorleistung 6870 WE/st

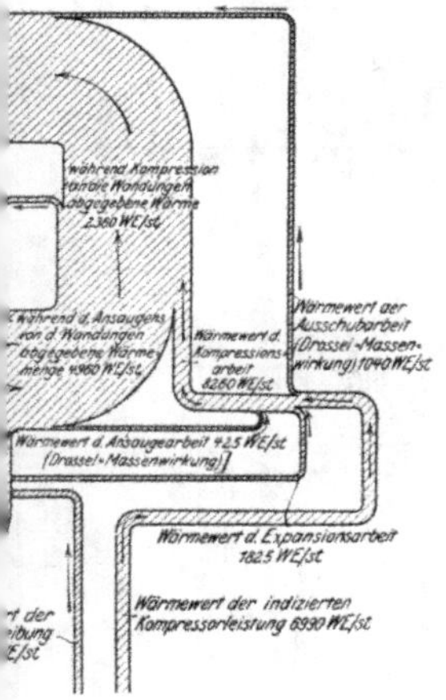

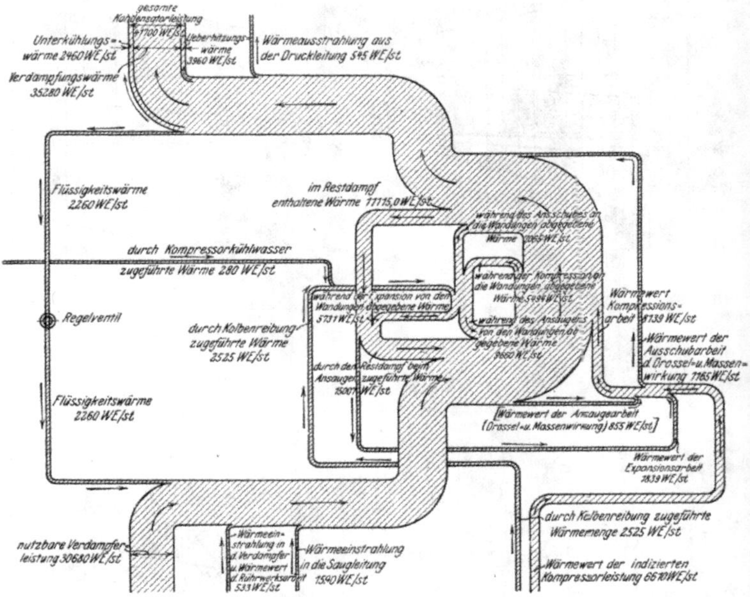

(Left partial figure labels:)
- während Kompression partiell abgegebene Wärme 2360 WE/st
- während d. Ansaugung von d. Wandungen abgegebene Wärme 1060 WE/st
- Wärmewert d. Kompressionsarbeit 2260 WE/st
- Wärmewert der Ausschubarbeit (Drossel-Massenwirkung) 1040 WE/st
- Wärmewert d. Ansaugearbeit 425 WE/st (Drossel-Massenwirkung)
- Wärmewert d. Expansionsarbeit 1025 WE/st
- Wärmewert der indizierten Kompressorleistung 6990 WE/st

Druck von R. Oldenbourg in München.

Koeniger, Versuche an einer schnellaufenden Schwefligsäure-Kältemaschine.

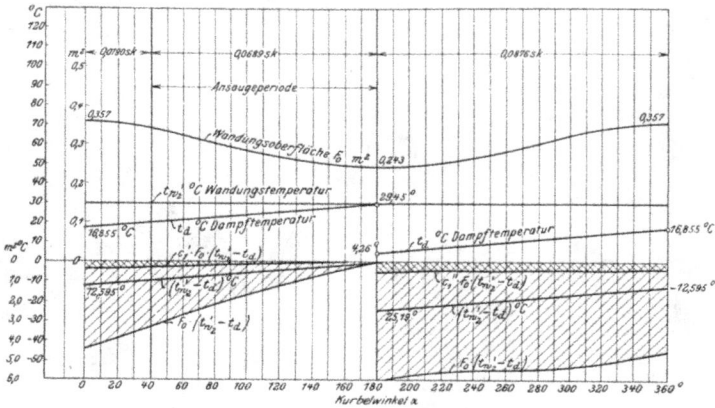

Fig. 61. Kurbelseite. Versuch Nr. 1.

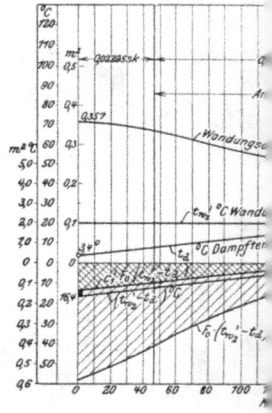

Fig. 63.

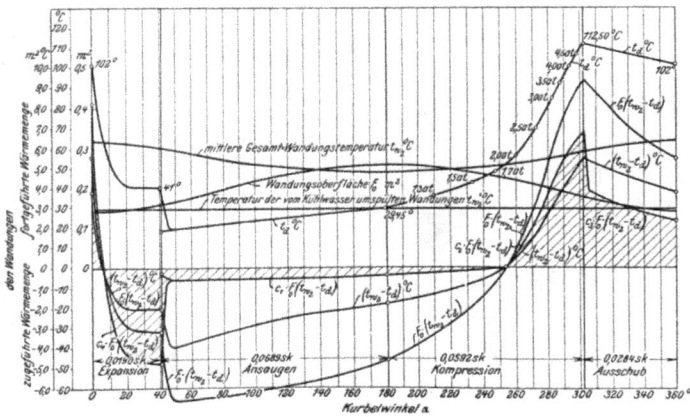

Fig. 62. Deckelseite. Versuch Nr. 1.

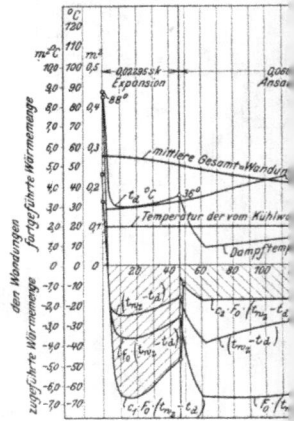

Fig. 64.

Auf der Kurbelseite und Deckels
bei verschiedenen

Druck von R. Oldenbourg in München.

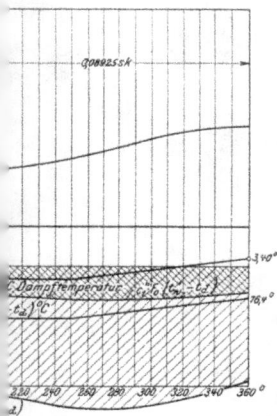

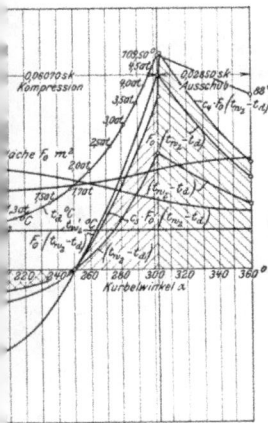

ausgetauschte Wandungswärmen
die Versuche 1—3.

Nr. 2.

ch Nr. 2.

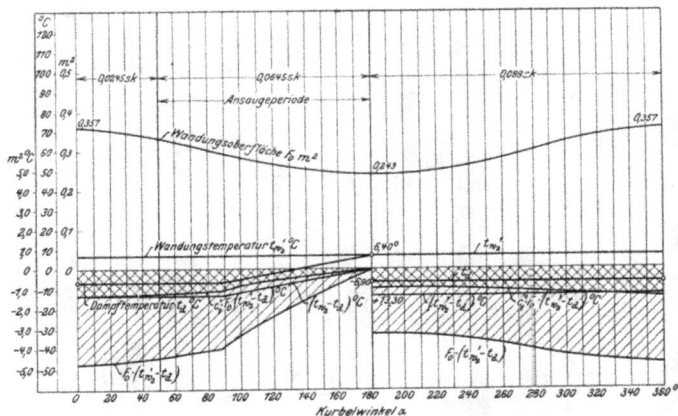

Fig. 65. Kurbelseite. Versuch Nr. 3.

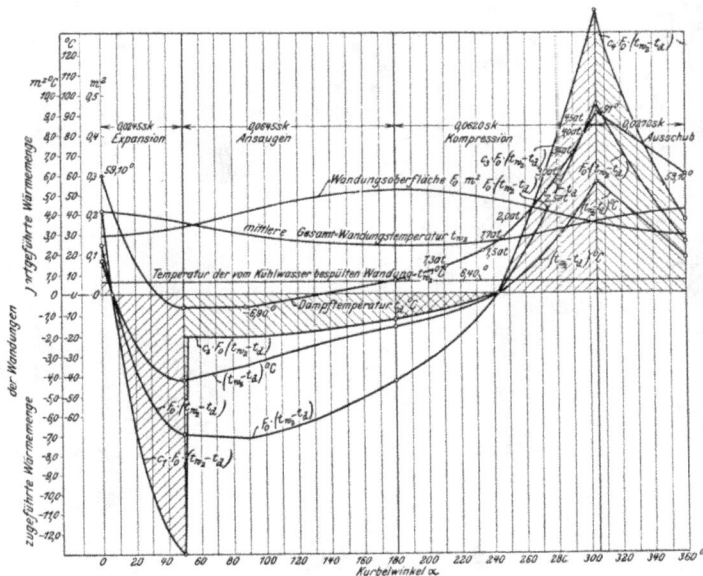

Fig. 66. Deckelseite. Versuch Nr. 3.

Umlaufzahl. Dies bedingt geringere Kondensation bei hoher Umlaufzahl. Aus diesem Grunde müßte also p_m mit wachsender Umlaufzahl abnehmen. Infolge der vergrößerten Drosselungs- und Massenwiderstände bei höheren Umlaufzahlen nimmt jedoch p_m mit der Umlaufzahl zu, wenn auch nur gering (s. Fig. 19) bei größeren Dampfnässen vor Eintritt in den Kompressor, und entsprechend nimmt φ, wenn auch geringer als bei Dampfüberhitzung, mit zunehmender Umlaufzahl ab.

Die Änderung von λ und φ mit dem Zustande des Dampfes vor Eintritt in den Kompressor und mit der Umlaufzahl ist nach dieser Darstellung begründet. Da die beiden Werte in ihrer Größe eine Kompressions-Kältemaschinenanlage vollkommen charakterisieren, ist entsprechend den früheren Darlegungen die Höhe der Leistungsziffer bei »nassem« und »trockenem« Kompressorgang und bei den der Untersuchung zugrunde liegenden Umlaufzahlen geklärt.

Zur weiteren Charakterisierung der Wärmevorgänge in der Maschine habe ich in den Fig. 52—54 im T—s-Diagramm und in den Fig. 53—57 im i—s-Diagramm die Vorgänge im Kompressor auf Grund der Werte in Zahlentafel 15 für die drei ersten Versuche dargestellt und weiterhin in Verbindung mit den Werten aus Zahlentafel 8 für den gesamten Kälteprozeß die Entropiediagramme verzeichnet. Die für die Verzeichnung der Kompressions- und der Expansionslinien in die Entropiediagramme nötige Ermittlung der Temperaturen aus dem Indikatordiagramm unter Berücksichtigung der in jeder Kolbenstellung vorhandenen Dampfgewichte diente gleichzeitig zur Ermittlung der im nächsten Kapitel benutzten Abhängigkeit der Temperaturen vom Kurbelwinkel. Man erhält im Entropiediagramm ein gutes Bild über die Größe der Kälte- und Kondensatorleistungen und die Größe der Verluste. Deutlich geht aus dem Vergleich der Diagramme für die drei Versuche der Einfluß der Vorwärmung auf den Kälteprozeß bei verschiedenen Dampfzuständen hervor. Die Druckabfälle in den Rohrleitungen sind ebenfalls gekennzeichnet. Die Kompressionslinie zeigt im Beginn der Kompression eine geringe Wärmeabfuhr, die bei der geringen Hubstrecke, bei der sie erfolgt, in den Kurven für den Exponenten m nicht ersichtlich ist; es folgt dann eine beinahe adiabatische Zustandsänderung, worauf dann infolge der Zylinderkondensation eine Abnahme der Entropie am Schluß der Kompression sich ergibt. Die Expansion verläuft im ersten Teil für einen kurzen Teil des Hubes unter starker Entropieabnahme, d. h. Wärmeabfuhr in das Kühlwasser, für den größten Teil des Hubes erfolgt eine starke Entropiezunahme, d. h. Wärmezufuhr von den Zylinderwandungen und dadurch Verdampfung des vorher kondensierten Dampfgewichtes. Eine solche Entropiezunahme findet sich daher insbesondere bei Versuch 3, bei »nassem« Kompressorgang.

An sich geben die Entropiediagramme nur bei konstantem arbeitenden Dampfgewicht einen richtigen Überblick über einen Prozeß, d. h. bei dem Kälteprozeß für die Vorgänge bei der Verdampfung, Kondensation und für die Ein- und Ausstrahlungen aus den Rohrleitungen. Sehr klar stellen sich auch, ebenso wie im theoretischen Diagramm (Fig. 7), für die ausgeführten Versuche im i—s-Diagramm die Vorgänge dar. Die Größe der Leistungen und der Verlustwerte treten hier in dem Linienzug für den Kälteprozeß noch deutlicher in Erscheinung als bei dem T—s-Diagramm.

Die Darstellung der Vorgänge im Zylinder selber ist weniger für die Entropiediagramme geeignet, weil die arbeitende Dampfmenge im Zylinder eine veränderliche ist. Für die Darstellung bei verschiedenen arbeitenden Gewichten ist das Sankey-Diagramm sehr zweckmäßig. Ich habe daher in den Fig. 58—60 nach der Zahlentafel 16 die Kälteprozesse für die drei ersten Versuche im Sankey-Diagramm dargestellt. Dies Diagramm bietet nicht nur für den Zylinder, sondern auch für den ganzen Kälteprozeß eine vorzügliche Übersichtlichkeit.

Die Diagramme geben ein Bild über die Größe und Art der zu- und fortgeführten Wärmemengen, und insbesondere wird die Wärmebewegung der Wandungen des Kompressors besonders klar wiedergegeben.

Während bei Versuch 1 die während der Kompression und des Ausschubes an die Wandung übergegangene Wärmemenge schon rd. 57 v. H. der aufgewendeten Kompressorarbeit beträgt, steigt dieser Wert bei Versuch 3 auf rd. 190 v. H. der aufgewendeten Arbeit. Von der in die Wandungen übergegangenen Wärmemenge wird nur ein kleiner Teil im Kühlwasser fortgeführt, bei Versuch 1 rd. 18 v. H.; bei Versuch 3 wird durch das Kühlwasser noch Wärme zugeführt, und zwar 4 v. H. der aufgewendeten Kompressorarbeit. Außerdem werden sowohl bei Versuch 1 wie bei Versuch 2 und 3 durch Kolbenreibung und Strahlung Wärme zugeführt, bei Versuch 1 34 v. H., bei Versuch 3 rd. 38 v. H. der aufgewendeten Kompressorleistung. Die von den Wandungen während der Kompression und des Auspuffes aufgenommenen Wärmemengen werden während Expansion und Ansaugen wieder auf den Dampf übertragen. Die übertragene Wärmemenge trägt bei der Expansion zur Arbeitsleistung bei. Der Gesamtbetrag der aufgenommenen Wärmemengen beträgt bei Versuch 1 rd. 75 v. H., bei Versuch 3 rd. 230 v. H. der aufgewendeten Kompressorleistung. Diese Werte sind um den Betrag der Differenz der Kühlwasserwärme und der durch Kolbenreibung und Strahlung zugeführten Wärmemenge größer als die von den Wandungen abgegebenen Wärmemengen.

Beim Ansaugen geht die im Restdampf enthaltene Wärmemenge, die bei den Versuchen nur wenig Unterschiede zeigt, ebenfalls auf das Ansaugevolumen über und bewirkt eine Verschlechterung des volumetrischen Wirkungsgrades $\eta_{\text{vol II}}$ und dadurch des Lieferungsgrades.

Die auf Grund der Annahme einer Zylinderkondensation während der Kompression beruhende Berechnung der Wandungswärmen erklärt vollkommen das durch die Versuche gegebene Verhalten der Kältemaschine. Die Erklärung der Erscheinungen bei »nassem« und »trockenem« Kompressorgang erfolgt viel ungezwungener als nach der Theorie von Professor Dr. Lorenz. Die nach dieser erfolgende Abscheidung von Flüssigkeit bei nassem Kompressorgang vor Eintritt in den Zylinder ist meines Erachtens nicht möglich, da die Temperatur bedeutend unter der Wandungstemperatur liegt und somit bei Berühren der Wandungen mit Flüssigkeit sofort ein Verdampfen eintreten würde.

Die zweite Theorie, die sämtliche Verschiedenheiten, je nach dem Ansaugezustand, lediglich aus den Wandungseinflüssen während des Ansaugens herleitet, ist meines Erachtens zu weitgehend, wenigstens bei den mit Kühlmänteln versehenen Schwefligsäurekompressoren. Diese Theorie kann nicht die Abweichung der Kompressionslinie von der Adiabate am Ende der Kompression und die verschiedene Gestalt der Expansionslinie erklären. Sie hat aber ihre große Berechtigung insoweit, als die Wandungseinflüsse während des Ansaugens zum großen Teil auch bei Schwefligsäuremaschinen die Ursachen des niedrigen Gütegrades bei »nassem« Kompressorgange sind.

Ich betone, daß die Richtigkeit der entwickelten Theorie vorläufig nur für Schwefligsäuremaschinen mit Kühlmänteln durch die vorstehenden Versuche mir als gegeben erscheint. Inwieweit die gezogenen Schlüsse auf Ammoniak- und Kohlensäurekompressoren ohne Kühlmäntel anzuwenden sind, muß der Versuch lehren. Bei ungekühlten Kompressoren spielt natürlich die

Außenlufttemperatur eine große Rolle. Bei der schlechteren Wärmeübertragung der Luft wird die Zylinderwandungstemperatur bei »trockenem« Kompressorgang relativ höher sein als bei wassergekühlten Mänteln.

---

7. Kapitel.
Änderung der Wärmeübertragungskoeffizienten während eines Arbeitsspieles.

Um einen ungefähren Überblick darüber zu gewinnen, von welcher Größenordnung der Wärmeübertragungskoeffizient bei den verschiedenen Kolbenstellungen entsprechend dem verschiedenen Zustand des Dampfes ist, habe ich das in folgendem geschilderte[1]) Verfahren eingeschlagen, auf Grund dessen in den Fig. 61—66 die Wärmeübertragung graphisch für jede Kolbenstellung bei den Versuchen 1—3 eingetragen ist[2]).

Bei der Ermittlung der in der Zeiteinheit übergehenden Wärmemenge sind die beiden Seiten des Kompressors gesondert zu betrachten, da ja durch den Kolben angesaugt wird. Entsprechend den Fig. 43 und 44 ist für jeden der drei ersten Versuche das Diagramm der Wandungsflächen in Abhängigkeit vom Kurbelwege verzeichnet. Auf der Kurbelseite wird die Gesamtwandungsfläche durch die konstante Oberfläche des Kolbens + der konstanten Fläche des un-

---

[1]) Ein ähnliches Verfahren hat Professor Dr. Eugen Meyer zur Ermittlung der Wandungseinflüsse bei Verbrennungskraftmaschinen benutzt. S. Mitteilungen über Forschungsarbeiten, herausgegeben vom Verein Deutscher Ingenieure. Berlin 1903. Heft 8, S. 97 u. folgende.

[2]) Die auf die Wandungen übertragenen Wärmemengen sind oberhalb der Abszissenachse, die von den Wandungen abgegebenen unterhalb der Abszissenachse aufgetragen, während in den Zahlentafeln die ersteren negativ, die letzteren positiv bezeichnet sind.

teren Zylinderabschlusses + der konstanten Fläche der
Innenwandung des Kolbens + der nach der Kolbenstellung veränderlichen vom Kühlwasser bespülten Wandungsfläche gebildet. Für die Deckelseite ist die Gesamtwandung durch die konstante Kolbenfläche + der
konstanten Deckelfläche + der nach der Kolbenstellung
verschiedenen Oberfläche der vom Kühlwasser bespülten Zylinderwandung gegeben. Auf diese Weise sind
die jeweiligen Wandungsoberflächen für Kurbelseite
und Deckelseite ermittelt und verzeichnet.

In dasselbe Diagramm sind die Temperaturen des
SO_2-Dampfes t_d für jede Kolbenstellung, und zwar für
je 10° Kurbelwinkel, eingetragen.

Beim Ansaugen bleibt der SO_2-Dampf auf der Kurbelseite während der Gesamtzeit einer Umdrehung, auf
der Deckelseite während der aus dem Diagramm zu
ermittelnden Ansaugezeit mit der Wandung in Berührung. Es wurde nun angenommen, daß die Zunahme des Wärmeinhaltes des Dampfes von der Meßstelle 4 bis zum Diagrammpunkt a direkt proportional
der Zeit erfolgt. Dies ergibt für Versuch 1, bei dem der
Dampf schon überhitzt in den Zylinder eintritt, einen
geradlinigen Anstieg der Temperaturlinie beim Ansaugen mit der Zunahme des Kurbelwinkels. Bei den
beiden anderen Versuchen, bei denen der Dampf naß
in den Zylinder eintritt, war bei der Annahme einer
Zunahme des Wärmeinhaltes proportional mit der Zeit,
bzw. dem Kurbelwinkel, der Kurbelwinkel zu bestimmen, bei dem die Überhitzung des Dampfes beginnt;
von diesem Punkte an ist ein dem Kurbelwinkel pro-
portionaler Anstieg der Temperatur verzeichnet worden.

Die Temperaturen während der Kompression sind
aus dem Indikatordiagramm berechnet, da der Zustand
des Dampfes an jeder Stelle infolge der Kenntnis der
arbeitenden Dampfgewichte bekannt ist. Vom Kon-
densationspunkte an bis zum Diagrammpunkte b ist

eine der Zeit proportionale Abnahme des arbeitenden Dampfgewichtes, entsprechend der kondensierenden Dampfmenge, angenommen.

Vom Punkte *b* an beginnt der Ausschub. Es ist angenommen ein geradliniger Abfall der Temperatur vom Punkte *b* bis zu der gemessenen Temperatur t_5 am Ende des Ausschubhubes.

Die Temperaturkurve während der Expansion ist aus mehreren Punkten der Expansionslinie ermittelt unter der Voraussetzung, daß vom Erreichen der Wandungstemperatur durch die Sättigungstemperatur an eine dem Kurbelwinkel proportionale Zunahme der arbeitenden Dampfmenge infolge der Verdampfung von Flüssigkeit stattfindet. Die infolge der fehlerhaften Aufzeichnung der Expansionslinie durch den Indikator sich ergebenden Unstimmigkeiten sind durch Interpolation ausgeglichen worden. Auf diese Weise haben sich in den Kurbel- und Deckelseitendiagrammen die eingezeichneten Dampftemperaturkurven ergeben.

Zur Darstellung der Wandungswärme in den Diagrammen sind die folgenden Überlegungen angestellt worden.

Die in der Stunde von den Wandungen bzw. auf die Wandungen übergeführten Wärmemengen seien, wie früher, bezeichnet mit

$$Q_{(d-a)} \; Q_{(a-b)} \; Q_{(c-d)} \; Q_{(c-d)}$$

in WE/st. Es sind dann die während einer Umdrehung des Kompressors zu- oder fortgeführten Wärmemengen in WE/1 Uml.

$$Q'_{(d-a)} = \frac{Q_{(d-a)}}{60 \cdot n}$$

$$Q'_{(a-b)} = \frac{Q_{(a-b)}}{60 \cdot n}$$

$$Q'_{(b-c)} = \frac{Q_{(b-c)}}{60 \cdot n}$$

$$Q'_{(c-d)} = \frac{Q_{(c-d)}}{60 \cdot n}.$$

Von den für eine Stunde Betriebszeit zu- oder fortgeführten Wärmemengen sind die Wärmemengen für
eine Stunde Berührungszeit mit den Wandungen zu
unterscheiden. Diese ermitteln sich — siehe auch die
entsprechende Darstellung in Kapitel 6 — auf folgende
Weise:

Es sei die Gesamtdauer einer Umdrehung $\tau = \dfrac{60}{n}$ sec.
Ferner werde bezeichnet mit:

$\tau_{(d-a)}$ die Dauer der Ansaugezeit auf der Deckelseite in sec,

$\tau_{(a-b)}$ » » » Kompressionszeit in sec,

$\tau_{(b-c)}$ » » » Ausschubes in sec,

$\tau_{(c-d)}$ » » » Expansion in sec,

$\tau + \tau_{(d-a)}$ » Gesamtdauer des Ansaugens in sec.

Es sind dann die Wärmemengen für eine Stunde
Berührungszeit in WE

während des Ansaugens:

$$q_{(d-a)} = \frac{Q'_{(d-a)}}{\tau + \tau_{(d-a)}} \cdot 3600 = 60 \cdot \frac{Q_{(d-a)}}{n \cdot (\tau + \tau_{(d-a)})},$$

während der Kompression:

$$q_{(a-b)} = \frac{Q'_{(a-b)}}{\tau_{(a-b)}} \cdot 3600 = 60 \cdot \frac{Q_{(a-b)}}{n \cdot \tau_{(a-b)}},$$

während des Ausschubes:

$$q_{(b-c)} = \frac{Q'_{(b-c)}}{\tau_{(b-c)}} \cdot 3600 = 60 \cdot \frac{Q_{(b-c)}}{n \cdot \tau_{(b-c)}},$$

während der Expansion:

$$q_{(c-d)} = \frac{Q'_{(c-d)}}{\tau_{(c-d)}} \cdot 3600 = \frac{Q_{(c-d)}}{n \cdot \tau_{(c-d)}}.$$

Kennt man nunmehr die mittlere Wandungsfläche
während jeder der vier Perioden und weiterhin die
mittlere Temperaturdifferenz zwischen Dampf und

Wandung $(t_{w2}-t_d)_m$, so kann man, wenn $a_{(d-a)}$, $a_{(a-b)}$, $a_{(b-c)}$, $a_{(c-d)}$ die mittleren Wärmeübertragungskoeffizienten zwischen Dampf und Wandung bedeuten, setzen:

$$q_{(d-a)} = a_{(d-a)} \cdot F_{m(d-a)} \cdot (t_{w_1} - t_d)_{m(d-a)}$$
$$q_{(a-b)} = a_{(a-b)} \cdot F_{m(a-b)} \cdot (t_{w_1} - t_d)_{m(a-b)}$$
$$q_{(b-c)} = a_{(b-c)} \cdot F_{m(b-c)} \cdot (t_{w_1} - t_d)_{m(b-c)}$$
$$q_{(c-d)} = a_{(c-d)} \cdot F_{m(c-d)} \cdot (t_{w_1} - t_d)_{m(c-d)}.$$

Aus diesen Gleichungen bestimmen sich dann die mittleren Wärmeübertragungskoeffizienten $a_{(d-a)}$ bis $a_{(c-d)}$. Die Wandungstemperaturen t_{w2}, die zur Bestimmung nötig sind, lassen sich ohne weiteres nicht angeben. Wie schon im vorigen Kapitel festgestellt, kann auf der Kurbelseite mit einiger Annäherung die Mitteltemperatur der Gesamtwandung gleich der Temperatur der vom Kühlwasser bespülten Wandung gesetzt werden. Auf der Deckelseite sollen ebenfalls, wie früher besprochen, die Kolbentemperatur gleich der Temperatur der vom Kühlwasser bespülten Wandung gesetzt werden, und es bleibt dann nur noch als weiterer unsicherer Faktor zur Bestimmung des Gesamtmittels der Wandungstemperaturen die Temperatur des Zylinderdeckels übrig. Zur Bestimmung dieser Temperatur und der sich aus ihr ergebenden Kurve der Gesamtmitteltemperatur habe ich folgenden Weg eingeschlagen.

Ich habe angenommen, daß die Wärmeübergangskoeffizienten während der Kompression und Expansion einander gleich sind, da sich bei der Kompression infolge Kondensation eine Flüssigkeitsmenge abscheidet, die bei der Expansion wieder verdampft. Es ist somit angenommen $a_{(a-b)} = a_{(c-d)}$.

Wenn diese Bestimmung auch nicht genau richtig ist, so gibt sie doch immerhin einen Weg an, um die Wandungstemperatur annähernd zu bestimmen. Unter diesen Voraussetzungen ergibt sich nach dem Vorhergehenden:

$$\frac{q_{(a-b)}}{F_{m(a-b)} \cdot (t_{w_1} - t_d)_{m(a-b)}} = \frac{q_{(c-d)}}{F_{m(c-d)} \cdot (t_{w_1} - t_d)_{m(c-d)}}$$

$$\frac{Q'_{(a-b)} \cdot 3600}{\tau_{(a-b)} \cdot F_{m(a-b)} \cdot (t_{w_1} - t_d)_{m(a-b)}} = \frac{Q'_{(c-d)} \cdot 3600}{\tau_{(c-d)} \cdot F_{m(c-d)} \cdot (t_{w_1} - t_d)_{m(c-d)}}$$

$$\frac{(t_{w_1} - t_d)_{m(a-b)}}{(t_{w_1} - t_d)_{m(c-d)}} = \frac{Q'_{(a-b)}}{Q'_{(c-d)}} \cdot \frac{F_{m(c-d)}}{F_{m(a-b)}} \cdot \frac{\tau_{(c-d)}}{\tau_{(a-b)}}.$$

Da auf diese Weise sich die Bestimmung des Verhältnisses der Temperaturdifferenzen zwischen Dampf und Wandung durchführen läßt, ist es durch Probieren möglich, die t_{w2}-Kurve zu erhalten, deren Werte der eben entwickelten Gleichung entsprechen.

Bezeichnet t_{w2}'' die Temperatur der Deckelfläche, $F_D = F_K = \dfrac{d^2 \cdot \pi}{4}$ die Oberfläche von Kolben und Dekkel, $s_x \cdot d \cdot \pi$ die vom Kolbenhub abhängige, vom Kühlwasser bespülte Wandung, und t_{w2}' die von gleicher Größe angenommenen Temperaturen der Fläche F_K und $s_x \cdot d \cdot \pi$, so gilt für jede Kolbenstellung

$$(F_K + s_x \cdot d \cdot \pi) \cdot t_{w_1}' + F_D \cdot t_{w_1}'' = t_{w_1} \cdot (F_K + F_D + s_x \cdot d \cdot \pi).$$

Aus dieser Gleichung läßt sich dann die t_{w2}-Kurve durch Probieren mit verschiedenen t_{w2}'' bestimmen, für die $\dfrac{(t_{w_1} - t_d)_{m(a-b)}}{(t_{w_1} - t_d)_{m(c-d)}}$ den oben angegebenen Wert besitzt.

Die während eines Zeitelementes $d\tau$ an die Wandung übergegangene Wärmemenge dQ_x' ist nun gegeben durch

$$dQ_x' = c \cdot F_x \cdot f(t_{w_1} - t_d) \cdot d\tau.$$

Hierin bedeutet c eine Konstante, die für jede der vier Arbeitsperioden verschieden ist, und $f(t_{w2} - t_d)$ eine beliebige Funktion von $(t_{w2} - t_d)$.

Für eine der vier Arbeitsperioden gilt nun

$$Q_x' = c \cdot \int_{\tau_1}^{\tau_2} F_x \cdot f(t_{w_1} - t_d) \cdot d\tau.$$

$f(t_{w2} - t_d)$ werde in unserem Falle als $(t_{w2} - t_d)^1$ angenommen. Die Festlegung dieses Wertes des Exponenten ist selbstverständlich eine willkürliche. Neuere Versuche an Wasserdampf[1]) haben gezeigt, daß der Wert des Exponenten von der Dichte des Dampfes und der Temperaturdifferenz in hohem Maße abhängig ist. Über den Einfluß großer Dichte liegen selbst für Wasserdampf nur spärliche Versuche vor, und es bleibt daher nichts anderes übrig, da es vor allem auf den Vergleich der Versuche und der einzelnen Arbeitsperioden ankommt, als eine willkürliche Festsetzung des Exponenten.

Ist nun die Wandungstemperatur t_{w2} bekannt, so kann die Kurve der $(t_{w2}-t_d)$ gezeichnet werden, und mit Hilfe der bei jeder Kurbelstellung vorhandenen Oberfläche F_x die Kurve der $F_x \cdot (t_{w2}-t_d)$ bestimmt werden. Die Fläche zwischen dieser Kurve, den Senkrechten durch die Endpunkte der Kurve und der Abszissenachse gibt dann den Ausdruck

$$\int_{\tau_1}^{\tau_2} F_x \cdot (t_{w_1} - t_d) \cdot d\tau.$$

Es handelt sich dann weiter nur noch darum, aus der Fläche

$$\int_{\tau_0}^{\tau_2} F_x \cdot (t_{w_1} - t_d) \cdot d\tau$$

die Wärmefläche

$$c \cdot \int_{\tau_1}^{\tau_2} F_x \cdot (t_{w_1} - t_d) \cdot d\tau$$

zu finden. Diese Fläche gibt die gemessene Wärmemenge in WE wieder. Als Flächenmaßstab für sämtliche drei Versuche ist 1 Flächeneinheit = 1 WE/10000 Uml. gewählt. Die Ordinaten der

$$\int_{\tau_1}^{\tau_2} F_x \cdot (t_{w_1} - t_d) \cdot d\tau\text{-Fläche}$$

---

[1]) S. Mitteilungen aus dem Maschinenbaulaboratorium der Kgl. Techn. Hochschule zu Berlin. Von Geh. Regierungsrat Prof. E. J o s s e, Heft V, S. 57 u. folgende.

können auf diesen neuen Maßstab reduziert werden, wenn die Größe der der gemessenen Wärmemenge Q' entsprechenden Fläche auf Grund des gewählten Maßstabes bestimmt ist. Das Verhältnis der auf diese Weise ermittelten Fläche zur Fläche

$$\int_{\tau_1}^{\tau_2} F_x \cdot (t_{w_1} - t_d) \cdot d\tau$$

gibt den Reduktionsfaktor c für die Ordinaten an.

Für die Ansaugeperiode ist die gemessene Wärmemenge $Q'_{(d-a)}$ in WE/10000 Uml. auf Kurbel- und Deckelseite so zu verteilen, daß der Wärmeübertragungskoeffizient der Kurbel- und Deckelseite der gleiche ist. Bezeichnet man die auf der Kurbelseite übergegangene Wärmemenge mit dem Index 1, die auf der Deckelseite mit dem Index 2, so gilt

$$q_{(d-a)_1} = \frac{Q'_{(d-a)_1} \cdot 3600}{\tau}$$

$$q_{(d-a)_2} = \frac{Q'_{(d-a)_2} \cdot 3600}{\tau_{(d-a)}}$$

$$a_{(d-a)_1} = \frac{q_{(d-a)_1}}{F_{(d-a)_1} \cdot (t_{w_1} - t_d)_{m(d-a)_1}}$$

$$a_{(d-a)_2} = \frac{q_{(d-a)_2}}{F_{(d-a)_2} \cdot (t_{w_1} - t_d)_{m(d-a)_2}}$$

$$a_{(d-a)_1} = a_{(d-a)_2} = \frac{q_{(d-a)_1}}{F_{(d-a)_1} \cdot (t_{w_1} - t_d)_{m(d-a)_1}} =$$

$$= \frac{q_{(d-a)_2}}{F_{(d-a)_2} \cdot (t_{w_1} - t_d)_{m(d-a)}}$$

$$\frac{Q'_{(d-a)_1}}{\tau \cdot F_{(d-a)_1} \cdot (t_{w_1} - t_d)_{m(d-a)_1}} = \frac{Q'_{(d-a)_2}}{\tau_{(d-a)} \cdot F_{(d-a)_2} \cdot (t_{w_1} - t_d)_{m(d-a)_2}}$$

Es muß ferner sein $Q'_{(d-a)1} + Q'_{(d-a)\,2} = Q'_{(d-a)}$. Durch diese beiden Gleichungen bestimmen sich dann $Q'_{(d-a)1}$ und $Q'_{(d-a)2}$.

Für die Kompressionsperiode ergibt sich für den Anfang der Kompression eine positive Fläche

$$\int_{\tau_1}^{\tau_2} F_{(a-b)_1} \cdot (t_{w_2} - t_d) \cdot d\tau,$$

d. h. Wärmezufuhr, da Wärme von den Wandungen auf den Dampf bei Beginn der Kompression noch übergeht (siehe auch den Verlauf der Kompressionslinie in den Entropiediagrammen Fig. 52—57). Da während des ersten Teiles der Kompression offenbar ähnliche Verhältnisse wie bei der Ansaugeperiode vorliegen, ist für den ersten Teil die gleiche Konstante c_1 wie während der Ansaugeperiode gewählt worden. Erst für den negativen Teil der Fläche

$$\int_{\tau_1}^{\tau_2} F'_{(a-b)_2} \cdot (t_{w_2} - t_d) \cdot d\tau,$$

ist dann der Reduktionsmaßstab c_2 aus dem restierenden, auf ihn entfallenden Teil der Wärmemenge $Q'_{(a-b)}$ berechnet worden.

Für die Auspuffperiode ergibt sich in einfacher Weise aus der der Wärmemenge $Q'_{(b-c)}$ entsprechenden Fläche

$$\int_{\tau_1}^{\tau_2} F_{(b-c)} \cdot (t_{w_2} - t_d) \cdot d\tau$$

der Faktor c_3. Für die Expansionsperiode ist in gleicher Weise c_4 bestimmt.

In dieser Weise haben sich die Figuren 61—66 für die drei ersten Versuche ergeben. Man ersieht aus den Figuren deutlich, wie der Wärmeübergang für die Zeiteinheit während der Ansaugeperiode nur ein geringer ist und um so kleiner wird, je höher der Dampf bei Eintritt in den Kompressor überhitzt ist, entsprechend dem höheren Wärmeübertragungskoeffizienten nassen Dampfes.

Zahlentafel 17. Mittlere Wärmeübertragungs-koeffizienten.

Versuchsnummer	1	2	3
Wandungswärme für 1 Stunde Betriebszeit Q			
Ansaugeperiode: Kurbelseite . WE/st	+ 2 360	+ 3 280	+ 5 680
Deckelseite . »	+ 1 524	+ 1 680	+ 3 980
Kompressionsperiode . . . . »	— 1 856	— 2 360	— 5 494
Ausschubperiode . . . . . . »	— 2 350	— 4 720	— 7 065
Expansionsperiode. . . . . »	+ 1 497	+ 4 128	+ 5 731
Wandungswärme für 10000 Doppelhübe Q'			
Ansaugeperiode:			
Kurbelseite . . . WE/10000 Uml.	+ 1 147	+ 1 630	+ 2 810
Deckelseite . . . . »	+ 745	+ 830	+ 1 980
Kompressionsperiode »	— 904	— 1 170	— 2 720
Ausschubperiode . . »	— 1 140	— 2 340	— 3 500
Expansionsperiode. . »	+ 735	+ 2 060	+ 2 834
Wandungswärme für 1 Stunde Berührungszeit $q = \dfrac{60 \cdot Q}{n \cdot \tau}$			
Ansaugeperiode:			
Kurbelseite. WE/st Berührungszeit	+ 2 360	+ 3 280	+ 5 680
Deckelseite . »	+ 3 890	+ 4 560	+10 990
Kompressionsperiode »	— 5 500	— 6 950	—15 800
Ausschubperiode »	—14 500	—29 500	—46 500
Expansionsperiode »	+13 950	+32 200	+41 600
Zeitdauer			
einer Umdrehung . . . $\tau = \dfrac{60}{n}$ sec	0,1756	0,1786	0,1780
der Ansaugeperiode Deckelseite . . . . $\tau_{(d-a)}$ »	0,0688	0,0663	0,0645
der Kompressionsperiode. $\tau_{(a-b)}$ »	0,0592	0,0607	0,0620
der Ausschubperiode . . $\tau_{(b-c)}$ »	0,0284	0,0285	0,0270
der Expansionsperiode. . $\tau_{(c-d)}$ »	0,0190	0,0230	0,0245
Mittlere Berührungsoberfläche			
Ansaugeperiode:			
Kurbelseite . . . . . . F m²	0,2985	0,2985	0,2985
Deckelseite . . . . $F_{(d-a)}$ »	0,2215	0,2240	0,2250

Versuchsnummer	1	2	3
Kompressionsperiode . . . $F_{(a-b)}$ m²	0,2285	0,2260	0,2260
Ausschubperiode . . . . . $F_{(b-c)}$ »	0,1560	0,1550	0,1550
Expansionsperiode. . . . $F_{(c-d)}$ »	0,1520	0,1500	0,1515
Verhältnis der Temperaturdifferenz zwischen Dampf und Wandung während der Kompressions- und Expansionsperiode . . .	0,261	0,143	0,253
Mittlere Temperaturdifferenz zwischen SO₂-Dampf und Wandungsfläche			
Ansaugeperiode:			
Kurbelseite . . $[t_{w_2}-t_d]_{m(d-a)_1}$ °C	— 12,60	— 15,80	— 11,60
Deckelseite . . . $[t_{w_2}-t_d]_{m(d-a)_2}$ »	— 28,10	— 28,00	— 29,80
Kompressionsperiode $[t_{w_2}-t_d]_{m(a-b)}$ »	+ 3,48	+ 2,78	+ 6,50
Ausschubperiode . $[t_{w_2}-t_d]_{m(b-c)}$ »	+ 45,75	+ 40,00	+ 36,20
Expansionsperiode. $[t_{w_2}-t_d]_{m(c-d)}$ »	— 13,10	— 19,40	— 25,60
Mittlerer Wärmeübertragungskoeffizient Dampf an Wandung			
Ansaugeperiode . $\alpha_{(d-a)}$ WE/°C·m²·st	630	730	1 640
Kompressionsperiode. . . . $\alpha_{(a-b)}$ »	7 020	11 050	10 750
Ausschubperiode $\alpha_{(b-c)}$ »	2 640	4 760	8 290
Expansionsperiode $\alpha_{(c-d)}$ »	7 020	11 050	10 750

Nach Zahlentafel 17 beträgt der mittlere Wärmeübertragungskoeffizient beim Ansaugen bei Versuch 1 630 WE/m²·°C·st, bei Versuch 3 1640 WE/m²·°C·st. Der Unterschied, hervorgerufen dadurch, daß bei Versuch 3 zum größten Teil nasser Dampf im Zylinder vorhanden war, beträgt 160 v. H.

Die Wärmeübertragung in der Zeiteinheit erreicht die höchsten Werte während der Kompressions- und Expansionsperiode, und zwar sind die Werte um so höher, je nasser der Dampf beim Eintritt in den Zylinder ist, da ja hierbei früher Kondensatmengen abgeschieden werden, die während der Expansion wieder verdampfen.

Man findet nach Zahlentafel 17 bei Versuch 1 einen Wärmeübertragungskoeffizienten von rd. 7000 WE/m² · °C·st, bei Versuch 2 und 3 beinahe dieselben Werte rd. 11000 WE/m²·°C·st, also einen Unterschied von rd. 57 v. H. Der Grund für diese Erscheinung liegt offenbar darin, daß bei Versuch 2 und 3 die Wandungsflächen in gleicher Weise mit einer Flüssigkeitsschicht vollkommen bedeckt sind, während bei Versuch 1 noch ein Teil der Wandung unbenetzt ist.

Mittlere Werte der Wärmeübertragung und größere Unterschiede bei den Versuchen 1 und 3 ergeben sich dann für den Ausschub, und zwar sind auch hier die höchsten Werte des Wärmeübergangskoeffizienten bei »nassem« Kompressorgang vorhanden, weil offenbar ein Teil der Wandung infolge der vorhergehenden Kondensation mit Flüssigkeit benetzt ist und einen höheren Wärmeübertragungskoeffizienten bedingt. Bei Versuch 1 ist während der Ausschubperiode ein mittlerer Wärmeübertragungskoeffizient von 2040 WE/m²·°C·st, bei Versuch 3 ein solcher von 8290 WE/m²·°C·st vorhanden. Der Unterschied der Wärmeübertragungskoeffizienten erreicht somit den hohen Wert von 306 v. H.

Den in der Zahlentafel 17 enthaltenen Werten für den Wärmeübertragungskoeffizienten ist natürlich bei den Annahmen, die zu ihrer Berechnung geführt haben, nur der Wert beizumessen, daß sie ungefähr die Größenordnung angeben und einen Vergleichsmaßstab für die Versuche bei »trockenem« und »nassem« Kompressorgang ermöglichen. Wie die vorhergehende Berechnung, zeigen aber auch diese Werte, daß die Zylinderkondensation während der Kompression des Schwefligsäuredampfes die großen Unterschiede, die bei »nassem« und »trockenem« Kompressorgang auftreten, auf die ungezwungenste Weise erklärt.

Anhang.

I. Einleitung.

Die Abweichungen des Verhaltens der Kompressionskältemaschine bei »nassem« und »trockenem« Kompressorgang sind in vorstehenden Ausführungen zunächst für Schwefligsäurekältemaschinen durch die aus den Versuchen gewonnenen Erkenntnisse zu begründen versucht worden. Auf S. 164 wurde schon bemerkt, daß erst weitere Versuche lehren müßten, inwieweit die gezogenen Schlüsse auf Ammoniak- und Kohlensäurekompressoren anzuwenden wären. Es ist jedoch im höchsten Maße wahrscheinlich, daß in gleicher Weise wie bei dem untersuchten Schwefligsäurekompressor bei den beiden andern Maschinengattungen ebenfalls eine nach dem Ansaugezustand der Dämpfe früher oder später während der Kompression beginnende Zylinderkondensation einsetzen wird, durch die die Verbesserung der Leistungsziffer des Kälteprozesses mit steigendem Dampfgehalt vor dem Kompressor, d. h. mit zunehmendem »trockenen« Kompressorgange, sich ohne Schwierigkeiten erklären läßt[1]). Die Beurteilung der Arbeitsweise einer Kompressionskältemaschine, sei es der verlustlos mit adiabatischer Zustandsänderung arbeitenden, sei es der wirklichen Maschine, sowie die Berechnungsmethoden einerKompressionskältemaschine wie sie in den vorhergehenden Abschnitten angegeben sind, gelten gleicherweise für alle mit Kaltdämpfen arbeitenden Kompressionskältemaschinen.

---

[1]) Dr.-Ing. Walter F i s c h e r hat in einer Arbeit »Untersuchungen an einer Ammoniak-Kältemaschine unter besonderer Berücksichtigung des Einflusses des Kühlwassermantels am Kompressor«, die in den »Mitteilungen über Forschungsarbeiten des Vereins Deutscher Ingenieure« erscheinen soll, und die auszugsweise kurz vor Erscheinen dieses Buches in der Zeitschr. f. d. ges. Kälte-Ind., Jahrg. 1920, Heft 10, S. 99, veröffentlicht wurde, die Richtigkeit der entwickelten Theorie in sehr beweiskräftiger Weise für Ammoniak-Kältemaschinen nachgewiesen.

Zur allgemeinen Anwendung der im 5. Kapitel gegebenen Berechnungsmethode einer Kälteerzeugungsanlage aus dem Wärmeinhalt des Kaltdampfes mit Hilfe
des Gütegrades und des Lieferungsgrades außer auf
die Schwefligsäuremaschine auch auf die mit Ammoniak
und Kohlensäure betriebenen Kältemaschinen dienen
die Diagrammtafeln V und VI, i-s-(Wärmeinhalt-
Entropie-) Diagramme, und VII und VIII, v-t-
(Volumen-Temperatur-) Diagramme.

Für Kohlensäure befindet sich auf Tafel VI für
das Gebiet der unteren Grenzkurve, d. h. das Flüssig-
keitsgebiet und das Gebiet sehr nasser Dämpfe, ein
i-t- (Wärmeinhalt-Temperatur-) Diagramm, weil dieses
aus besonderen, später zu erörternden Gründen für
diesen Bereich zum Auffinden der Wärmeinhalte der
flüssigen Kohlensäure sehr geeignet ist.

II. Thermische Daten für Ammoniak- und Kohlensäuredämpfe.

In den Zahlentafeln 1 und 2 sind in Abhängigkeit
von der Temperatur die Drücke und die Rauminhalte,
die spezifischen Gewichte, die Wärmeinhalte, die
Energien, die Entropien für Flüssigkeit und Sattdampf
sowie die Flüssigkeitswärmen, Verdampfungswärmen
und Gesamtwärmen der gesättigten Dämpfe von Ammoniak und Kohlensäure gegeben. Die genaue Angabe
der Werte der flüssigen Kohlensäure ist bei dem niedrigen kritischen Druck besonders wichtig. Die Bezeichnungen sind entsprechend den auf S. 26 gemachten
allgemein gebräuchlichen Angaben gewählt worden.
Insbesondere bezeichnen:

i', i'' = Wärmeinhalt der Flüssigkeit im siedenden Zustande und des gesättigten Dampfes in WE/kg,

u', u'' = Energie der Flüssigkeit im siedenden Zustande
und des gesättigten Dampfes in WE/kg,

q = Flüssigkeitswärme in WE/kg,

Zahlentafel 1. Gesättigte Dämpfe des Ammoniak.

Temperatur t °C	Druck p at abs. (kg/cm²)	Rauminhalt der Flüssigkeit v' m³/kg	Rauminhalt des Dampfes v'' m³/kg	Spez. Gew. der Flüssigkeit γ' kg/m³	Spez. Gew. des Dampfes γ'' kg/m³	Wärmeinhalt der Flüssigkeit i' WE/kg	Wärmeinhalt des Dampfes i'' WE/kg	Energie der Flüssigkeit u' WE/kg	Energie des Dampfes u'' WE/kg	Verdampf.-Wärme ges. $r=(i''-i')$ WE/kg	Verdampf.-Wärme innere $\varrho=(u''-u')$ WE/kg	Verdampf.-Wärme äußere $v/=A.P.(v''-v')$ WE/kg	Entropie der Flüssigkeit s'	Entropie des Dampfes s''	$\frac{r}{T}=(s''-s')$
—30°	1,194	0,00149	0,9864	672	1,014	—32,68	291,6	—32,72	264,1	324,3	296,8	27,50	—0,1265	1,2090	1,3355
—25°	1,517	0,00150	0,7862	667	1,272	—27,35	293,4	—27,40	265,5	320,8	292,9	27,88	—0,1048	1,1891	1,2939
—20°	1,908	0,00152	0,6326	659	1,581	—21,96	295,0	—22,03	266,8	317,0	288,8	28,21	—0,0835	1,1699	1,2534
—15°	2,377	0,00153	0,5139	654	1,946	—16,52	296,6	—16,61	268,0	313,1	284,6	28,52	—0,0622	1,1524	1,2146
—10°	2,931	0,00154	0,4210	650	2,375	—11,02	297,9	—11,13	269,0	308,9	280,1	28,80	—0,0414	1,1347	1,1761
—5°	3,582	0,00156	0,3476	642	2,877	—5,46	299,2	—5,59	270,1	304,7	275,7	29,02	—0,0206	1,1170	1,1366
±0°	4,339	0,00158	0,2893	634	3,457	+0,16	300,4	0	271,0	300,2	271,0	29,24	0	1,1004	1,1004
+5°	5,217	0,00159	0,2425	630	4,124	+5,84	301,4	+5,65	271,8	295,6	266,2	29,43	+0,0205	1,0845	1,0640
+10°	6,226	0,00161	0,2044	622	4,892	+11,68	302,2	+11,35	272,4	290,6	261,1	29,57	+0,0405	1,0679	1,0274
+15°	7,377	0,00163	0,1733	615	5,770	+17,41	302,9	+17,13	272,9	285,5	255,8	29,66	+0,0607	1,0530	0,9923
+20°	8,685	0,00165	0,1477	607	6,770	+23,29	303,5	+22,96	273,5	280,2	250,5	29,72	+0,0805	1,0377	0,9572
+25°	10,151	0,00167	0,1265	600	7,905	+29,24	303,9	+28,84	273,8	274,7	245,0	29,72	+0,1003	1,0232	0,9229
+30°	11,821	0,00169	0,1089	592	9,183	+35,26	304,1	+34,79	274,0	268,8	239,2	29,68	+0,1197	1,0085	0,8888
+35°	13,678	0,00171	0,0942	585	10,616	+41,35	304,3	+40,80	274,2	263,0	233,4	29,63	+0,1392	0,9947	0,8555
+40°	15,747	0,00174	0,0817	575	12,240	+47,51	304,3	+46,87	274,3	256,8	227,4	29,36	+0,1588	0,9809	0,8226

Zahlentafel 2. Gesättigte Dämpfe der Kohlensäure.

Temperatur t °C	Druck p at abs. (kg/cm²)	Rauminhalt		Spez. Gew.		Wärmeinhalt		Energie		Flüssigkeitswärme q WE/kg	Verdampf.-Wärme				Entropie		
		der Flüssigkeit v' m³/kg	des Dampfes v'' m³/kg	der Flüssigkeit γ' kg/m³	des Dampfes γ'' kg/m³	der Flüssigkeit i' WE/kg	des Dampfes i'' WE/kg	der Flüssigkeit u' WE/kg	des Dampfes u'' WE/kg		ges. $r=(i''-i')$ WE/kg	Innere $\varrho=(u''-u')$ WE/kg	äußere $\psi=A\cdot p(v''-v')$ WE/kg	Gesamtwärme $\lambda=q+r$ WE/kg	der Flüssigkeit s'	des Dampfes s''	$\frac{r}{T}=(s''-s')$
−30	15,0	0,00097	0,02697	1031	37,1	−13,38	56,69	−13,72	47,24	−13,77	70,07	60,96	9,11	56,30	−0,0533	0,2350	0,2883
−25	17,5	0,00098	0,02292	1021	43,7	−11,25	56,90	−11,64	47,52	−11,70	68,15	59,16	8,99	56,45	−0,0448	0,2300	0,2748
−20	20,3	0,00100	0,01954	1000	51,2	−9,02	57,02	−9,50	47,71	−9,54	66,04	57,21	8,83	56,50	−0,0363	0,2248	0,2611
−15	23,5	0,00102	0,01668	981	59,9	−6,72	57,01	−7,28	47,82	−7,32	63,73	55,10	8,63	56,41	−0,0276	0,2194	0,2470
−10	27,1	0,00104	0,01426	963	70,1	−4,30	56,88	−4,96	47,84	−5,00	61,18	52,80	8,38	56,18	−0,0186	0,2140	0,2326
−5	31,0	0,00107	0,01218	935	82,1	−1,77	56,59	−2,55	47,72	−2,57	58,36	50,27	8,08	55,79	−0,0095	0,2083	0,2178
0	35,4	0,00110	0,01041	910	96,2	+0,91	56,10	0	47,47	0	55,19	47,47	7,72	55,19	0	0,2021	0,2021
+5	40,3	0,00113	0,00887	885	112,7	+3,78	55,40	+2,71	47,02	+2,75	51,62	44,31	7,31	54,37	+0,0099	0,1956	0,1857
+10	45,7	0,00117	0,00752	855	133,0	+6,89	54,41	+5,64	46,37	+5,72	47,52	40,73	6,79	53,24	+0,0205	0,1884	0,1679
+15	51,6	0,00123	0,00630	814	158,7	+10,34	53,03	+8,85	45,38	+9,01	42,69	36,53	6,16	51,69	+0,0321	0,1803	0,1482
+20	58,1	0,00131	0,00524	765	191,0	+14,31	51,06	+12,53	43,94	+12,82	36,75	31,41	5,34	49,57	+0,0452	0,1707	0,1255
+25	65,4	0,00142	0,00419	705	238	+19,25	48,09	+17,08	41,68	+17,57	28,84	24,60	4,24	46,41	+0,0613	0,1581	0,0968
+30	73,1	0,00167	0,00296	600	338	+27,13	42,06	+24,27	36,99	+25,25	14,93	12,72	2,21	40,18	+0,0868	0,1361	0,0493
+31	74,7	0,00186	0,00257	539	389	+30,59	38,95	+27,34	34,46	+28,67	8,36	7,12	1,24	37,03	+0,0981	0,1256	0,0275
+31,35	75,3	0,00216	0,00216	464	464	+34,85	34,85	+31,04	31,04	+32,92	0	0	0	32,92	+0,1120	0,1120	0

r = gesamte Verdampfungswärme in WE/kg,

ϱ = innere Verdampfungswärme in WE/kg,

ψ = äußere Verdampfungswärme in WE/kg

λ = Gesamtwärme in WE/kg,

c', c'' = spezifische Wärme der Flüssigkeit im siedenden Zustande und des gesättigten Dampfes
in WE/kg $\cdot$ ^{0} C,

t', T' = Sättigungstemperatur in ^{0} C und ^{0} abs.

Der Zusammenhang zwischen Energie, Wärmeinhalt, Verdampfungswärme, Flüssigkeitswärme und
Gesamtwärme ist dann durch folgende Gleichungen
gegeben, in denen mit dem Index 0 die Werte bei 0^0
bezeichnet werden:

$$q = u' - u_0' + A \cdot P \cdot (v' - v_0') = u' + A \cdot P \cdot (v' - v_0') =$$
$$= \int_0^{t'} c' \cdot dt' \quad \ldots \quad \ldots \quad (1)$$

$$u' = q - A \cdot P \cdot (v' - v_0') \quad \ldots \quad (2)$$

denn q, die Flüssigkeitswärme, ist definiert als die
Wärmemenge, die nötig ist, um die unter P kg/m^2 abs.
Druck stehende Flüssigkeit auf die Siedetemperatur zu
erwärmen; u_0', die innere Energie der Flüssigkeit, ist
bei $0^0 = 0$.

Ferner ist, da nach allgemeiner Definition des
Wärmeinhaltes

$$i = u + A \cdot P \cdot v,$$
$$(i' - i_0') = (u' - u_0') + (A \cdot P \cdot v' - A \cdot P_0 \cdot v_0') \text{ und}$$
$$i_0' = u_0' + A \cdot P_0 \cdot v_0' = A \cdot P_0 \cdot v_0' \quad \ldots \quad (3)$$

also nicht $= 0$ bei 0^0 C.

Mit Gleichung (3) und Gleichung (2) wird

$$i' - A \cdot P_0 \cdot v_0' = u' + A \cdot P \cdot v' - A \cdot P_0 \cdot v_0'$$
$$i' = u' + A \cdot P \cdot v' = q + A \cdot P \cdot v_0' \quad \ldots \quad (4)$$

Weiterhin ist für den gesättigten Dampf

$$(i'' - i_0') = (u'' - u_0') + (A \cdot P \cdot v'' - A \cdot P_0 \cdot v_0')$$
$$i'' - A \cdot P_0 \cdot v_0' = (u'' - u_0') + (A \cdot P \cdot v'' - A \cdot P_0 \cdot v_0')$$
$$i'' = u'' + A \cdot P \cdot v'' \quad \ldots \quad \ldots \quad (5)$$

$$(i'' - i') = r \quad . \quad . \quad . \quad . \quad . \quad (6)$$

die Zunahme des Wärmeinhaltes während der Verdampfung = der gesamten Verdampfungswärme.

$$(u'' - u') = \varrho \quad . \quad . \quad . \quad . \quad (7)$$

die Zunahme der inneren Energie = der inneren Verdampfungswärme.

$$A \cdot P \cdot (v'' - v') = \psi \quad . \quad . \quad . \quad (8)$$

die Zunahme der äußeren Energie = der äußeren Verdampfungswärme.

$$r = \varrho + \psi \quad . \quad . \quad . \quad . \quad . \quad (9)$$
$$\lambda = q + r \quad . \quad . \quad . \quad . \quad . \quad (10)$$

oder nach Gleichung (4) und (6)

$$\lambda = i' - A \cdot P \cdot v_0' + i'' - i' = i'' - A \cdot P \cdot v_0' . \quad (10\,\text{a})$$

$(i'' - \lambda) = A \cdot P \cdot v_0'$, dem Speisungsaufwand der Flüssigkeit bei 0^0.

Für die Entropien s' der Flüssigkeit, s'' des Dampfes bei den Sättigungstemperaturen t' ^{0}C und T' ^{0} abs. gilt:

$$s' = \int_{T_0}^{T'} \frac{d\,q}{T'} = \int_0^{t'} \frac{c'\,dt'}{T'}$$

$$(s'' - s') = \frac{r}{T'} \cdot$$

Für die Naßdämpfe gilt dann in bekannter Weise

$$v = v' + x \cdot (v'' - v')$$
$$u = u' + x \cdot \varrho$$
$$i = i' + x \cdot r$$
$$\lambda = q + x \cdot r$$

Bei dem geringen Wert des spezifischen Volumens des Wassers im flüssigen Zustande und dem geringen Sättigungsdruck bei 0^0 C ist praktisch für Wasserdampf $q = u' = i'$; aus diesem Grunde findet man offenbar sehr oft diese drei Werte nicht streng definiert. Bei anderen Dämpfen, die bei 0^0 schon unter höherem Druck stehen, wie Ammoniak und insbesondere Kohlensäure, und die, wie Kohlensäure, in der Nähe des niedrigen kritischen Druckes eine große Veränderlichkeit des spezifischen Volumens der Flüssigkeit zeigen, ist der Unterschied der Werte q, u' und i' schon so groß, daß die besondere Auswertung und Angabe der drei Werte, hauptsächlich für Kohlensäure, in den Zahlentafeln erforderlich ist. Auch die Gesamtwärme λ ist außer dem Wärmeinhalt i'' für Kohlensäure verzeichnet. Bei Ammoniak ist darauf verzichtet worden, weil die Abweichung von λ und i'' selbst bei 40° nur 0,4 WE beträgt.

Im einzelnen sind für die Bestimmung der thermischen Daten und die Ausführung der Tafeln folgende Grundlagen verwendet worden.

Ammoniakdämpfe. Als Grundlage ist von mir die von Wobsa angegebene Zustandsgleichung[1]) angenommen worden, die der Callendarschen Form für Wasserdampf ähnlich ist, die Mollier für die Berechnung seiner Zahlentafeln und Entropietafeln verwendet hat. Die Zustandsgleichung nach Wobsa lautet:

$$v - a = \frac{R \cdot T}{P} - \frac{c}{T^2} + \frac{b}{P} \quad \ldots \quad (1)$$

Hierin ist $a = 0,0075$, $b = 80$, $c = 2450$, $R = 49,736$.

Aus dieser Zustandsgleichung läßt sich für die Entropie ableiten

$$s = 0,49 \cdot \ln T - A \cdot R \cdot \ln P - \frac{11,5}{T^3} \cdot P - 0,38 \; . \quad (2)$$

für den Wärmeinhalt

$$i = 307,85 + 0,49 \cdot t - \frac{17,22}{T^2} \cdot P + 0,188 \cdot \ln P + $$
$$ + 0,0000176 \cdot P \quad \ldots \quad \ldots \quad (3)$$

Näherungsweise kann gesetzt werden
$$0,188 \cdot \ln P = 1,8 + 0,00002 \cdot P$$

---

[1]) Zeitschr. f. d. ges. Kälte-Ind. Jahrg. 1908, S. 11.

und damit ist

$$i = 309,60 + 0,49 \cdot t - \left(\frac{17,22}{T^2} - 0,0000178 \right) \cdot P \quad (3\,a)$$

Für die spezifische Wärme ist

$$c_p = 0,500 + 0,00031 \cdot t + \frac{34,5}{T^3} \cdot (P - 10300) . \quad (4)$$

Diese Werte gelten sowohl für den Sattdampf als auch für das Überhitzungsgebiet. Zur Ermittelung des Sättigungsdruckes des Ammoniakdampfes ist nach Wobsa die schon von Regnault allgemein angegebene Beziehung[1] benutzt worden.

$$\log p = a + b \cdot a^t + c \cdot \beta^t . \quad . \quad . \quad (5)$$

Hierin ist für Ammoniakdampf unter geringer Abänderung der Regnaultschen Konstanten

$$a = 11,5083$$
$$\log b \cdot a^t = 0,863408 + 9,9996014 \cdot t - 10 \ (b \text{ negativ})$$
$$\log c \cdot \beta^t = 0,84681 + 9,99405 \cdot t \quad - 10 \ (c \text{ negativ})$$

Die aus Gleichung (5) ermittelte Beziehung zwischen p und t führt mit Hilfe von Gleichung (1) zu Werten von v'', die mit Versuchswerten von Drewes[2] und Dieterici[3] gut übereinstimmen. Beide Forscher benutzten zur Bestimmung von v'' das Verfahren von S. Young)[4], durch das gleichzeitig das spezifische Volumen der Flüssigkeit v' ermittelt wird, das ebenfalls für die Dampftafel verwendet worden ist. Die beiden Versuchsreihen stimmen gut überein, liegen aber nur von 9⁰ aufwärts vor. Für tiefere Sättigungstemperaturen sind Versuche von Lange[5] vorhanden, der seine Untersuchungen des flüssigen Ammoniaks bis —49⁰

---

[1] Regnault, Relation des Experiences II, S. 596.

[2] Drewes: »Über die wichtigsten thermischen Daten des Ammoniaks«. Dr.-Ing.-Dissert., Hannover 1903.

[3] Dieterici: »Über die thermischen und kalorischen Eigenschaften des Ammoniaks.« Z. f. d. ges. Kälte-Ind. 1904.

[4] Journ. of the Chem. Society of London 1891.

[5] Z. f. d. ges. Kälte-Ind. 1898.

ausgedehnt hat. Für Sättigungstemperaturen von $+5^0$ und darunter sind diese Werte von v' der Dampftafel zugrunde gelegt worden.

Für die spezifische Wärme des flüssigen Ammoniaks im Grenzzustande ist nach Versuchen von Dieterici die von diesem angegebene Formel

$$c' = 1,118 + 0,00208 \cdot t'$$

benutzt worden und daraus dann die Flüssigkeitswärme

$$q = \int_0^{t'} c' \cdot dt'$$

berechnet worden. Die Versuchswerte von Dieterici stehen mit denen anderer Forscher in gutem Einklang, ferner ist dann

$$s' = \int_0^{T'} \frac{dq}{T'}.$$

Nach der auf S. 181 angegebenen Formel berechnet sich bei bekanntem q die Energie u'. Der Wärmeinhalt i'' ergibt sich aus Formel (3a) S. 184. Wenn i'' und i' ermittelt sind, können r, u'' und ϱ sowie die Entropiezunahme $\frac{r}{T'}$, und s'' berechnet werden.

Die i-s-Diagramme sind aus den aus Formel (2) und (3) berechneten Werten konstruiert worden und zwar sind die Linien gleichen Druckes, ebenso wie bei den gleichen Diagrammen für schweflige Säure nicht in gleichen Druckintervallen aufgetragen, sondern in gleichen Sättigungstemperaturintervallen. Die Linien sind auch nicht mit dem dazugehörigen Druck, sondern mit der zu dem betreffenden Druck gehörigen Sättigungstemperatur bezeichnet worden. Zur schnellen Ermittelung der zu den Sättigungstemperaturen gehörigen Drücke ist, wie bei dem Diagramm für schweflige Säure, in denen für Ammoniak und Kohlensäure ein p-t-Diagramm (Spannungskurve) aufgenommen. Die v-Linien im v-t-Diagramm sind ebenfalls mit den dazugehörigen Sattdampftemperaturen bezeichnet. Die

Methode der Ablesung der spezifischen Volumina für nassen Dampf ist ohne weiteres aus dem Diagramm ersichtlich.

Kohlensäuredämpfe. Die Zahlentafel für die gesättigten Dämpfe und die Entropietafel sind auf Grund der umfassenden Versuchsreihen von Amagat (1891) und der auf Grund dieser Versuche vorgenommenen Ableitungen von Mollier[1]) berechnet worden. In dem v-t-Diagramm sind für eine große Reihe von Drücken bei verschiedenen Temperaturen die spezifischen Volumina verzeichnet. Im Naßdampfgebiet sind die Linien gleichen Druckes (gleicher Sättigungstemperatur) durch vertikale Linien dargestellt. Der Schnittpunkt der Vertikalen mit einer Linie gleichen Dampfgehaltes gibt das spezifische Volumen des Naßdampfes an. Aus der Darstellung sind ohne weiteres auch die spezifischen Volumina der flüssigen Kohlensäure abzulesen.

Die Dampfspannungen der gesättigten Dämpfe sind ebenfalls nach den Angaben von Mollier in der Zahlentafel angegeben. Mollier hat auf Grund der Versuchswerte von Amagat und der Versuchswerte von Regnault, die wenigstens bei Temperaturen unter 0^0 den Werten von Amagat nahekommen, die Beziehungen zwischen Druck und Sättigungstemperatur durch folgende Gleichung dargestellt:

$$p = 2{,}9674 \cdot \left(\frac{T'}{100} - 1\right)^{4,525} \quad (p \text{ in at abs.}) \quad . \quad (1)$$

Für die spezifischen Volumina der Flüssigkeit und des Sattdampfes sind unmittelbar die Versuchswerte von Amagat verwendet werden. Diese stimmen gut mit Versuchswerten überein, die Cailletet und Mathias[2]) gefunden haben.

---

[1])˙ Z. f. d. ges. Kälte-Ind. Jahrg. 1895, Heft 4 u. 5.
[2]) Comptes rendus 1886, S. 1202.

Mit Mollier ist zur Berechnung der Verdampfungswärme nach den Amagatschen Versuchen die empirische Formel

$$r = 1{,}125 \cdot T'^{0,43} \cdot (T_k' - T')^{0,43} \text{ WE/kg.[1]} \quad (2)$$

verwendet worden. Die experimentell von Mathias[2]) zwischen etwa 6° und 30° C gefundenen Werte für r stimmen mit den nach dieser Formel gerechneten Werten gut überein.

Für die Berechnung der Entropien der Flüssigkeit und des Sattdampfes sind ebenfalls nach Mollier die Werte

$$s' = 0{,}10155 + 0{,}000333 \cdot t' - \frac{1}{2} \cdot \frac{r}{T'} \quad (3)$$

$$s'' = 0{,}10155 + 0{,}000333 \cdot t' + \frac{1}{2} \cdot \frac{r}{T'} \quad (4)$$

benutzt worden. Daraus folgt, wenn c' die spezifische Wärme der Flüssigkeit längs der unteren Grenzkurve, c'' längs der oberen Grenzkurve in WE/kg $\cdot$ ° C bezeichnet, aus $c' \cdot dT' = T' \cdot ds'$ und $c'' dT' = T' ds''$

$$c' = 0{,}000333 \cdot T' + 0{,}285 \cdot \frac{r}{T'} + 0{,}216 \cdot \frac{r}{T_k' - T'}$$

$$c'' = 0{,}000666 \cdot T' - c'.$$

Aus c' folgt dann:

$$q = \int_0^{t'} c' \cdot dt' = \int_{T_\bullet'}^{T'} T' \, ds' \text{ WE/kg.}$$

Die auf diese Weise errechneten Werte von q stimmen vorzüglich mit Werten überein, die Dieterici[3]) auf Grund von Versuchen errechnete.

Nach Berechnung von q ergeben sich nach den Formeln (2) und (4) auf S. 181 u' und i' und daraus, nachdem r aus der angegebenen Formel und $\psi = A \cdot p \, (v'' - v')$ berechnet worden sind, i'', u'', ϱ, wie auch λ.

---

[1]) $T_k' = 304{,}35°$ abs. = absolute Sättigungstemperatur beim kritischen Druck.

[2]) Comptes rendus 1889, S. 897.

[3]) Annalen d. Physik IV. Folge Bd. 12, 1903, S. 154.

Für die Ermittlung der Energie des überhitzten Dampfes zur Berechnung des in den Entropietafeln aufgetragenen Wärmeinhaltes $i = u + A \cdot P \cdot v$ habe ich die von Mollier gegebene Ableitung[1])

$$u = \text{const.} - \frac{a}{v + \beta} + c_v \cdot t$$

benutzt, und zwar entsprechend den Angaben von Mollier für Volumen größer als 0,0167 m³/tg

$$u = 56,6 - \frac{0,1}{v + 0,001} + 0,182 \cdot t \qquad . \quad . \quad (5)$$

für Volumen kleiner als 0,00167 m³/kg

$$u = 56,6 - \frac{0,0625}{v} + 0,182 \cdot t \qquad . \quad . \quad (6)$$

Die Entropiewerte ergeben sich aus der von Mollier an gleicher Stelle gegebenen Beziehung:

$$s = 0,128 \cdot \log (v - 0,00085) + 0,42 \cdot \log T - 0,562.$$

In den Formeln ist die spezifische Wärme $c_v =$ konst. $= 0,182$ WE/kg $\cdot$ °C angenommen worden. Natürlich werden bei Annahme einer konstanten spezifischen Wärme die Tafelwerte nur annähernd richtig sein, da von der Grenzkurve angefangen mit steigender Temperatur eine Verringerung der spezifischen Wärme und bei weiterer Entfernung von der Grenzkurve wieder eine Vergrößerung stattfinden wird. Versuchsergebnisse über die spezifische Wärme der überhitzten Kohlensäure bei konstantem Druck liegen von Lusanna[2]) vor. Die Werte sind jedoch nicht umfassend genug, als daß ich sie für die Berechnung der Tafeln verwenden konnte. Eine Überprüfung der Lusannaschen Werte beabsichtigt m. W. augenblicklich die Physikalisch-Technische Reichsanstalt. Der Fehler bei der Benutzung der unter Annahme einer konstanten spezifischen Wärme berechneten Tafeln wird dadurch bedeutend geringer, daß es sich bei den Berechnungen

---

[1]) Z. f. d. ges. Kälte-Ind. Jahrg. 1896, Heft 4, S. 67.
[2]) Nuovo Cimento 1896, 3.

stets um die Benutzung von Differenzwerten von Wärmeinhalten handelt.

Aufgenommen sind in das Diagramm auch die Drücke oberhalb des kritischen Druckes, und zwar bis 150 at abs., da ja bei hohen Kühlwassertemperaturen im Kondensator leicht der Kompressor mit einem höheren Druck als dem kritischen arbeiten muß. Von 80 bis 110 at abs. sind in Stufen von je 10 at die Linien eingetragen, von 100 bis 150 at abs. in Stufen von je 20 at. Bei den Sättigungstemperaturen über 0° nähern sich in der Nähe der Grenzkurve die Drucklinien und die Temperaturlinien einander so stark, daß eine genaue Ablesung der Dampfzustände erschwert wird. Dies ist jedoch für den normalen Gebrauch des Diagramms. deshalb unerheblich, weil der Anfangsdruck der Kompression in den weitaus meisten Fällen bei Sättigungstemperaturen unter 0° liegt, bei denen die Ablesungen aus dem Diagramm sehr genau erfolgen können. Auf der gleichen Tafel VI des i-s-Diagrammes für die Kohlensäure ist auch ein i-t-Diagramm im doppelten Maßstabe der Wärmeinhalte des i-s-Diagramms für das Gebiet der unteren Grenzkurve aufgetragen. Ein i-s-Diagramm für dieses Gebiet wäre bei rechtwinkligen Koordinaten nicht brauchbar, da sich in dieser Darstellung die Linien gleichen Druckes und gleicher Temperatur unter zu spitzen Winkeln schneiden würden, wodurch die Ablesung genauer Werte unmöglich gemacht wird. Das i-t-Diagramm ist von Wert für die Bestimmung der Wärmeinhalte der unterkühlten CO_2-Flüssigkeit. Während bei schwefliger Säure und Ammoniak mit genügender Annäherung die Zustandsänderung bei der Unterkühlung auf der unteren Grenzkurve verfolgt werden kann und die Wärmeinhalte der unterkühlten Flüssigkeit somit ohne weiteres aus den Zahlentafeln für den gesättigten Dampf abgelesen werden können,

weichen für Kohlensäure die Wärmeinhalte bei Unterkühlung, wie aus der Darstellung hervorgeht, erheblich
von den Werten auf der Grenzkurve ab. Von Wert ist
die Darstellung aber auch, um den Wärmeinhalt der
Kohlensäure bei Drucken oberhalb des kritischen und
niedrigen Temperaturen zu ermitteln. Im Naßdampfgebiet sind im i-t-Diagramm die Linien gleicher Dampffeuchtigkeit und gleicher Entropie aufgetragen, so daß
nicht nur die Drosselung im Regulierventil (bei gleichem
Wärmeinhalt), sondern auch die Arbeitsweise eines Expansionszylinders (bei konstanter Entropie) im Diagramm
verfolgt werden kann. Die Drucklinien sind im Naßdampfgebiet des i-t-Diagrammes identisch mit den Linien gleicher Temperatur (Sättigungstemperatur), sind also die
Ordinaten im Diagramm. Das Diagramm zeigt sehr über-
sichtlich die Zustandsänderungen, Drosselung und Expansion, auch für Anfangsdrücke, die höher als der
kritische sind, z. B. für einen Kondensatordruck von
100 at abs. und einer Temperatur von 26,3°C würde
der Wärmeinhalt nach dem i-t-Diagramm 15 WE/kg
und die Entropie +0,045 Entropieeinheiten betragen.
Bei der Drosselung auf eine Sättigungstemperatur von
—15° entsprechend 23,5 at abs. Druck wäre nach
dem Diagramm der Dampfgehalt rd. 35,4%, die Entropie rd. 0,0600 Entropieeinheiten. Dagegen würde
bei adiabatischer Expansion von demselben Anfangs-
zustand, bei konstanter Entropie +0,045 Entropieeinheiten, nach dem Diagramm der Wärmeinhalt nach
der Expansion 11,1 WE/kg betragen und der Dampfgehalt rd. 29,5%. Durch die Expansion würde also
im Wärmemaß eine Arbeitsleistung von 3,9 WE/kg
Dampfgewicht gewonnen und um denselben Betrag
würde dann die Kälteleistung je 1 kg Dampfgewicht
größer werden.

Ein Beispiel für die Benutzung des i-s- und des
v-t-Diagramms soll später gegeben werden.

III. Berechnung einer Kompressions-Kältemaschine.

Es sei mit denselben Bezeichnungen wie auf S. 100, wenn man jedoch mit dem Index 1 den Zustand bei Eintritt in den Kompressor, mit 2 den beim Austritt aus dem Kompressor, d. h. beim Eintritt in den Kondensator, und mit 3 den Zustand der unterkühlten Flüssigkeit bezeichnet,

F_K die Kolbenfläche des Kompressors in m²,

s der Hub des Kompressors in m,

n die minutliche Umlaufszahl in Umdr./min,

v das spezifische Volumen in m³/kg.

Dann ist

1. das bei einer verlustlos arbeitenden Kälteanlage umlaufende Gewicht des Kältemediums in kg/st

$$G_{a_0} = F_K \cdot s \cdot n \cdot 60 \cdot \frac{1}{v_1}$$

2. die theoretische Kälteleistung in WE/st

$$Q_{I_0} = F_K \cdot s \cdot n \cdot 60 \cdot \frac{1}{v_1} \cdot (\lambda_1 - q_3) =$$

$$= F_K \cdot s \cdot n \cdot 60 \cdot \frac{1}{v_1} \cdot (i_1 - A \cdot P \cdot v_0' - i_3 - A \cdot P \cdot v_0')$$

$$= F_K \cdot s \cdot n \cdot 60 \cdot \frac{1}{v_1} \cdot (i_1 - i_3)$$

3. die theoretische Kondensatorleistung in WE/st

$$Q_{II_0} = F_K \cdot s \cdot n \cdot 60 \cdot \frac{1}{v_1} \cdot (i_{2\,ad} - i_3)$$

4. die theoretische Kompressorleistung bei adiabatischer Kompression in WE/st

$$Q_{III_0} = (Q_{II_0} - Q_{I_0}) = F_K \cdot s \cdot n \cdot 60 \cdot \frac{1}{v_1} \cdot (i_{2\,ad} - i_1).$$

Für die Berechnung der wirklich auszuführenden Maschine sind entsprechend den Darlegungen im 5. Kapitel S. 97 usw. folgende Werte einzuführen:

η_g, der Gütegrad des Kompressors $= 0{,}80$ bis $0{,}95$, steigend mit der Größe der Kälteanlage.

λ, der Lieferungsgrad des Kompressors, der mit wachsender Überhitzung zunimmt und ebenfalls von der Größe der Anlage (auch Umlaufzahl des Kompressors) abhängig ist.

Für normale mittlere Überhitzungsgrade kann gesetzt werden:

$\lambda = 0,75$—$0,85$ für kleine Anlagen, etwa 10000 bis 50000 WE/st Kälteleistung,

$\lambda = 0,85$—$0,95$ für Anlagen über 50000 WE/st Kälteleistung.

φ, der Völligkeitsgrad des Kompressordiagramms:

$$\varphi = \frac{\eta_g}{\lambda} \cdot$$

Mit diesen Werten ist:

1. das wirklich umlaufende Gewicht des Kältemediums in der Anlage in kg/st

$$G_a = F_K \cdot s \cdot n \cdot 60 \cdot \frac{1}{v_1} \cdot \lambda$$

2. die wirkliche Kälteleistung mit Strahlungsverlusten, d. h. Nutzleistung Q_{In} + Strahlungsverluste in WE/st,

$$Q_I = (Q_{In} + \text{Strahlungsverlusten}) = \varrho \cdot Q_{In} =$$
$$= F_K \cdot s \cdot n \cdot 60 \cdot \frac{1}{v_1} \cdot \lambda \cdot (i_1 - i_3).$$

ϱ berücksichtigt die sämtlichen Einstrahlungsverluste und kann gesetzt werden $= 1,08$ bis $1,20$. Hierbei gelten die niedrigen Werte für gut isolierte größere Anlagen in kühlen Maschinenhäusern, die höheren Werte für kleinere Anlagen bei schlechter Isolation und in warmen Maschinenräumen.

Somit ist

$$\varrho \cdot Q_{In} = G_a \cdot (i_1 - i_3) = F_K \cdot s \cdot n \cdot 60 \cdot \frac{1}{v_1} \cdot \lambda \cdot (i_1 - i_3) \text{ WE/st}.$$

3. die wirkliche Kompressorleistung in WE/st

$$Q_{III} = F_K \cdot s \cdot n \cdot 60 \cdot \frac{1}{v_1} \cdot \lambda \cdot (i_{2ad} - i_1) \cdot \frac{1}{\eta_g} =$$
$$= F_K \cdot s \cdot n \cdot 60 \cdot \frac{1}{v_1} \cdot \frac{1}{\varphi} (i_{2ad} - i_1).$$

In PS ausgedrückt ist die Kompressorleistung

$$N_i = F_K \cdot s \cdot n \cdot 60 \cdot \frac{1}{v_1} \cdot \frac{1}{\varphi} \cdot \left(\frac{i_{2\,\mathrm{ad}} - i_1}{632,2} \right) \text{PS}.$$

Der Leistungsbedarf für den Antrieb des Kompressors ist, wenn η_m den mechanischen Wirkungsgrad bezeichnet, d. h. bei Vorhandensein eines besonderen Kurbelgetriebes, also nicht unmittelbarem Antrieb,

$$N_e = \frac{N_i}{\eta_m} \text{PS}.$$

η_m kann je nach der Größe des Kompressors zu 0,90 bis 0,96 gewählt werden.

Bei unmittelbarem Antrieb durch Dampfmaschinen ist zweckmäßig als Wirkungsgrad η das Verhältnis

$$\frac{\text{indiz. Kompressorleistung}}{\text{indiz. Dampfmaschinenleistung}} = \frac{N_i}{N_{id}} \text{ einzuführen.}$$

$\dfrac{N_i}{N_{id}} = \eta$ ist je nach der Größe der Maschinenanlage 0,84 bis 0,94 zu setzen. Die kleineren Werte gelten hierbei für die kleineren Anlagen.

Somit ist

$$N_{id} = \frac{N_i}{\eta} \text{PS}$$

4. die wirkliche Kondensatorleistung in WE/st

$$Q_{II} = Q_I + Q_{III} = F_K \cdot s \cdot n \cdot 60 \cdot \frac{1}{v_1} \cdot \lambda \cdot$$

$$\cdot \left[(i_1 - i_3) + (i_{2\,\mathrm{ad}} - i_1) \cdot \frac{1}{\eta_o} \right] =$$

$$= F_K \cdot s \cdot n \cdot 60 \cdot \frac{1}{v_1} \cdot \frac{1}{\varphi} \cdot [i_1 \cdot (\eta_o - 1) + i_{2\,\mathrm{ad}} - \eta_o \cdot i_3].$$

Aus der Nutzleistung der Sole Q_{I_n} und der Kondensatorleistung Q_{II} werden nach Annahme der Temperaturgefälle die erforderlichen umlaufenden Sole- und Kühlwassermengen bestimmt. Bei dem vom Kondensator getrennten Nach(Unter)kühler ist die Nachkühlerleistung $Q_{II}' = G_a \cdot (i_2' - i_3)$ WE/st, die Kondensatorleistung dann $Q_{II}'' = (Q_{II} - Q_I')$ WE/st.

Je nach dem zur Verfügung stehenden Kühlwasser (Grundwasser, Flußwasser, Rückkühlung) wird
bei Kondensatoren das Temperaturgefälle zu wählen
sein. Der Leistungsbedarf der Sole- und der Kühl-
wasserpumpen (vor allem Kreiselpumpen) kann leicht
festgelegt werden, wenn die Menge bekannt ist und,
je nach den örtlichen Verhältnissen, die Saug- und
Druckhöhen der Pumpe bestimmt sind.

Für den Antrieb der Rührwerke bei normalen
Verdampfern und Tauchkondensatoren sind rd. 3%
der indiz. Kompressorleistung erforderlich.

Die Berechnung der Kompressordimensionen läßt
sich nun in folgender Weise für eine Nutzkälteleistung
Q_I in WE/st bei einer mittleren Soletemperatur von
t_{s_m} °C durchführen, wenn Kühlwasser von t_{k_1} ° C zur Verfügung steht.

Nach Annahme von ϱ bestimmt sich Q_I in WE/st.

Unter Voraussetzung einer Kühlwasser-Austritts-
temperatur t_{k_2} ° C (niedrig, wenn viel Kühlwasser,
hoch, wenn wenig Kühlwasser zur Verfügung steht)
ist die mittlere Kühlwassertemperatur

$$t_{k_m} = \frac{t_{k_1} + t_{k_2}}{2}$$

festgelegt.

Die Sättigungstemperaturen und damit die Kon-
densator- und Verdampferdrücke bestimmen sich nach
den mittleren Soletemperaturen und Kühlwassertemperaturen unter Annahme eines Temperaturabfalles
zwischen Kältemedium und Kühlwasser bzw. Sole.
Wenn in beiden Fällen 5 bis 7, im Mittel etwa 6°,
angenommen werden, dürfte die Rechnung zu richtigen
Ergebnissen führen. Der Zustand des Dampfes bei
Eintritt in den Kompressor i_1'' WE/kg bzw. v_1'' m³/kg
ist durch die auf diese Weise ermittelte Sättigungstemperatur (Verdampferdruck) bei Annahme gesättigten Dampfes festgelegt. Nimmt man eine Unter-

kühlung (einerlei, ob ein besonderer Nachkühler gewählt wird oder die Unterkühlung im Kondensator selber geschieht) auf 1 bis 2° über t_{k_1} an, so kann $(i_1'' - i_3)$ berechnet und damit auch nach Annahme von λ das Hubvolumen $F_K \cdot s \cdot n$ und die Kompressordimensionen bestimmt werden.

Durch Festlegung des Dampfzustandes beim Ansaugen und des Kondensatordruckes entsprechend den vorhandenen Kühlwasserverhältnissen kann aus dem i-s-Diagramm die Wärmeinhaltsänderung $(i_{2ad} - i_1'')$ abgegriffen werden. Dadurch ist nach der Formel unter 3., S. 192 bei Annahme von φ bzw. η_g N_i und nach Annahme von η_m bzw. η N_e oder N_{ia} bestimmbar.

Der wirkliche Wärmeinhalt i_2 bei Austritt aus dem Kompressor ist festgelegt durch

$$(i_2 - i_1'') = (i_{2ad} - i_1'') \cdot \frac{1}{\eta_g}$$

$$i_2 = (i_{2ad} - i_1'') \cdot \frac{1}{\eta_g} + i_1'' \text{ WE/kg.}$$

Ist i_2 bekannt, so können auch Temperatur und spezifisches Volumen des Dampfes v_2 bei Austritt aus dem Kompressor aus dem i-s- und v-t-Diagramm bestimmt werden.

Das Gewicht des umlaufenden Kältemediums G_a kg/st ergibt sich aus der Formel unter 1., S. 192. Mit Hilfe der spezifischen Volumina lassen sich die Volumina auf der Saug- und Druckseite bestimmen:

$$V_1 = G_a \cdot v_1'' \text{ m}^3\text{/st,}$$
$$V_2 = G_a \cdot v_2 \text{ m}^3\text{/st}$$

und damit nach Annahme der zulässigen Geschwindigkeiten w, um nicht allzu große Spannungsabfälle zu erhalten, die Dimensionen der Saug- und Druckleitungen.

Es kann gewählt werden nach Heinel[1]

[1] Heinel, Bau und Betrieb von Kältemaschinenanlagen Verlag von R. Oldenbourg, München und Berlin 1906, S. 94.

für SO_2:

$w = 2$—5 m/sek in der Druckleitung } b. Anlag. v. 5000
$w = 5$—16 » » » Saugleitung } bis 220000WE/st

für NH_3:

$w = 2$—4 m/sek für Anlagen von
2000—40000 WE/st . . . . } in der Druck-
4m/sek für größere Anlagen . } leitung,

$w = 5$—10 m/sek bei Anlagen von
2000—40000 WE/st . . . . . } in der Saug-
10 m/sek für größere Anlagen } leitung.

für CO_2:

$w = 3$ m/sek in der Druckleitung,
$w = 5$ m/sek in der Saugleitung.

Nach Feststellung des Leitungsdurchmessers kann der bei der Strömung entstehende Druckabfall nach der Formel

$$\varDelta P = \gamma \cdot \frac{w^2}{2\,g} \cdot 4\,a \cdot \frac{L}{d}$$

berechnet werden. In dieser Formel ist:

$\varDelta P$ der Druckabfall in kg/m²,

w die mittlere Geschwindigkeit des Kältemediums in der Rohrleitung in m/sek,

L die Länge der Rohrleitung in m;

d der Durchmesser der Rohrleitung in m,

γ das spezifische Gewicht des Kältemediums in kg/m³

$g = 9{,}81$ m/sek²,

$4\,a = 118 \cdot d^{-0{,}269} \cdot (\gamma \cdot w)^{-0{,}148}$ [d in mm][1]

$= 49{,}5 \cdot \dfrac{d^{0{,}027}}{G_a{}^{0{,}148}}$, wenn G_a kg/st $= \dfrac{d^2\,\pi}{4} \cdot w \cdot 3600 \cdot \gamma \cdot 10^{-6}$,

oder auch mit genügender Genauigkeit

$= \dfrac{56}{G_a{}^{0{,}148}}$

---

[1] Nach Versuchen von Fritzsche an mittelrauhen Rohrleitungen. [Forschungsarbeiten aus dem Gebiet des Ingenieurwesens, Heft 60: Strömungswiderstände der Gase in geraden zylindrischen Rohrleitungen (T. H. Dresden)].

Der Druckabfall $\Delta P'$ durch sonstige Widerstände in der Leitung kann berücksichtigt werden, wenn gesetzt wird:

$$\Delta P' = \Sigma \zeta \cdot \frac{w^2}{2g} \cdot \gamma \ \text{kg/m}^2.$$

Hierin ist für ζ zu setzen:
für gewöhnliche Durchgangsventile $\zeta = 6{,}5$ bis 7,
für normale Krümmer $\zeta = 0{,}5$,
für sehr schlanke Bogen $\zeta = 0$.

Die Einzelwerte von ζ sind zu $\Sigma \zeta$ zu addieren.

Die Widerstände können auch berücksichtigt werden, wenn man statt L in der obigen Gleichung $L' = (L + L_z)$ einsetzt. L_z, die zusätzliche Länge, ist dann:

$$\gamma \cdot \frac{w^2}{2g} \cdot 4\,a \cdot \frac{L_z}{d} = \Sigma \zeta \cdot \frac{w^2}{2g} \cdot \gamma$$

$$L_z = d \cdot \frac{\Sigma \zeta}{4\,a} \qquad L' = \left(L + d \cdot \frac{\Sigma \zeta}{4\,a} \right).$$

Ergibt sich nach der Formel:

$$\Delta p = \gamma \cdot \frac{w^2}{2g} \cdot 4\,a \cdot \frac{L'}{d} \cdot 10^{-4} \ \text{kg/cm}^2$$

der Spannungsabfall bei dem auf Grund der Annahme einer Geschwindigkeit w errechneten Durchmesser der Leitung zu groß, so ist der Leitungsdurchmesser zu vergrößern.

Nach Annahme einer zulässigen Soleerwärmung $t_{s_2} - t_{s_1}$ entsprechend den Betriebsverhältnissen und einer spezifischen Wärme c_s WE/kg · ° C der Sole, ergibt sich das Solegewicht

$$G_s = \frac{Q_{\mathrm{I}n}}{c_s \cdot (t_{s_2} - t_{s_1})} \ \text{kg/st,}$$

das Kühlwassergewicht, entsprechend $(t_{k_2} - t_{k_1})$,

$$G_k = \frac{Q_{\mathrm{II}}}{(t_{k_2} - t_{k_1})} \ \text{kg/st.}$$

Die Verdampferheizfläche F_1 und die Kondensatorkühlfläche F_2 können nach Annahme einer Wärmeübergangszahl k berechnet werden. Über die Größe dieses Wertes bei Kältemaschinenanlagen liegen sehr wenig Versuchsergebnisse vor. Im allgemeinen werden die Verhältnisse richtig gewählt werden, wenn nach Döderlein gesetzt wird

$$k_1 = 5{,}7 \cdot \sqrt{\frac{Q_{In}}{F_1}} \ \text{WE/m}^2 \cdot {}^0\text{C} \cdot \text{st}$$

für den Verdampfer,

$$k_2 = 5{,}0 \cdot \sqrt{\frac{Q_{II}}{F_2}} \ \text{WE/m}^2 \cdot {}^0\text{C} \cdot \text{st}$$

für den Kondensator.

Als mittlere Wärmeübergangszahl kann bei Überschlagrechnungen

$k_1 = k_2 = 200$ WE/m$^2 \cdot {}^0$C $\cdot$ st für Kupferrohre,

$k_1 = k_2 = 180$ WE/m$^2 \cdot {}^0$C $\cdot$ st für Eisenrohre

gesetzt werden.

Zur genauen Bestimmung der Flächen dient die Gleichung

$$k = \frac{G}{F} \cdot \ln \frac{t' - t_e}{t' - t_a} \ \text{WE/m}^2 \cdot {}^0\text{C} \cdot \text{st}$$

In dieser Gleichung ist

G das Kühlwasser- oder Solegewicht in kg/st,

F die Heizfläche oder Kühlfläche in m^2,

t' die Sättigungstemperatur des Kältemediums,

t_e und t_a die Ein- und Austrittstemperaturen des Kühlwassers oder der Sole.

Bei der geringen Temperaturdifferenz zwischen Sole bzw. Kühlwasserein- und -austritt kann aber gesetzt werden: $Q_{In} = k_1 \cdot F_1 \cdot (t_{sm} - t_1')$

$$= 5{,}7 \cdot \sqrt{\frac{Q_{In}}{F_1}} \cdot F_1 \cdot (t_{sm} - t_1') \ \text{WE/st}$$

$$\sqrt{Q_{In}} = 5{,}7 \cdot \sqrt{F_1} \cdot (t_{sm} - t_1')$$

$$F_1 = \frac{Q_{In}}{[5{,}7 \cdot (t_{sm} - t_1')]^2}$$

$$Q_{II} = Q_{II}'' = k_2 \cdot F_2 \cdot \left(t_2' - \frac{(t_{k_1} + t_{k_2})}{2} \right) \text{WE/st.}$$

$$F_2 = \frac{Q_{II}}{\left[5,0 \cdot \left(t_2' - \frac{(t_{k_1} + t_{k_2})}{2} \right) \right]^2}.$$

Für die Berechnung der Kühlfläche eines Unterkühlers gilt

$$Q_{II}' = G_a \cdot (i_2' - i_3) = k_3 \cdot F_3 \cdot \left(\frac{t_2' + t_3}{2} - \frac{t_{k_1}' + t_{k_2}'}{2} \right).$$

Hierin ist i_2' der Wärmeinhalt der Flüssigkeit im Grenzzustande bei der Sättigkeitstemperatur t_2' (Sättigungsdruck p_2 at abs.), i_3 der Wärmeinhalt bei der Unterkühlungstemperatur t_3^0 C und einem Druck von p_2 at abs., t'_{k_1} und t'_{k_2} die Ein- und Austrittstemperaturen des Kühlwassers aus dem Unterkühler, k_3 die Wärmeübergangszahl für Flüssigkeit gegen Flüssigkeit in WE/m² · °C · st, F_3 die Kühlfläche des Unterkühlers in m².

k_3 ist für Kupfer 135 WE/m² · °C · st,
für Eisen 115 » »

Da im allgemeinen, wie oben erwähnt, Nachkühler und Kondensator hintereinander geschaltet werden, so ist

$$Q_{II}' = G_a \cdot (i_2' - i_3) = G_k \cdot (t'_{k_1} - t'_{k_2}) \text{ WE/st.}$$

In dieser Gleichung ist $t'_{k_1} = t_{k_1}$ (Eintritt in den Kondensator).

Nach Ermittelung der Werte nach der angegebenen Methode ergeben sich folgende die Wirkungsweise der Anlage kennzeichnenden Zahlen:

Die spezifische Kälteleistung bezogen auf die Nutzkälteleistung

$$\frac{Q_{In}}{N_i} \text{ WE/PS}_1\text{st.}$$

Die spezifische Kälteleistung bezogen auf die Gesamtkälteleistung

$$\frac{Q_I}{N_i} \text{ WE/PS}_1\text{st}$$

Die theoretische Leistungsziffer

$$\varepsilon_0 = \frac{(i_1'' - i_3)}{(i_{2\,\text{ad}} - i_1'')} \text{ WE/WE.}$$

Die Leistungsziffer bezogen auf die Nutzkälteleistung

$$\varepsilon_1 = \frac{Q_{In}}{Q_{III}} \text{ WE/WE.}$$

Die Leistungsziffer bezogen auf die Gesamtkälteleistung

$$\varepsilon_2 = \frac{Q_I}{Q_{III}} \text{ WE/WE.}$$

Damit wird zur Kontrolle der Annahmen der Gütegrad bezogen auf die Nutzleistung

$$\eta_{g_1} = \frac{\varepsilon_1}{\varepsilon_0} \cdot 100\,\%,$$

der Gütegrad bezogen auf die Gesamtleistung

$$\eta_{g2} = \frac{\varepsilon_2}{\varepsilon_0} \cdot 100\,\%.$$

Zur Ermittelung des p-v-Diagramms bei adiabatischer Zustandsänderung kann ebenfalls das i-s-Diagramm mit Vorteil benutzt werden. Man bestimmt nach dem i-s-Diagramm für eine Reihe von Drücken die Temperaturen nach adiabatischer Kompression und ermittelt aus dem v-t-Diagramm die dazugehörigen spezifischen Volumina. Auf diese Weise erhält man die Volumina bei verschiedenen Drücken im p-v-Diagramm und kann dieses somit verzeichnen. In gleicher Weise verfährt man bei Aufzeichnung der Expansionslinie.

IV. Zahlenbeispiel.

Es sei eine Kohlensäurekältemaschine für folgende Betriebsverhältnisse zu berechnen:

Nutzkälteleistung Q_{In} . . . . . WE/st		150 000
Mittl. Soletemp. im Verdampfer t_{sm} °C		− 9
Kühlwassereintrittstemperatur in den		
Kondensator t_{k_1} . . . . °C		12

Annahmen:	
Sättigungstemperatur des Dampfes im Verdampfer $t_1' = (t_{sm} - 6)$ . . . . °C	— 15
Dampfdruck im Verdampfer p_1 . . at abs.	23,5
Kühlwasseraustrittstemperatur aus dem Kondensator t_{k_2} . . . . °C	18
Mittlere Kühlwassertemperatur im Kondensator $t_{km} = \dfrac{t_{k_1} + t_{k_2}}{2}$ . . . . °C	15
Sättigungstemperatur des Dampfes im Kondensator $t_2' = (t_{km} + 7)$ . . . . °C	22
Dampfdruck im Kondensator p_2 . . at abs.	61,7
Unterkühlungstemperatur $t_3 = (t_{k_1} + 1)$. °C	13
Gütegrad des Kompressors η_g . . . . . %	92
Lieferungsgrad des Kondensators λ . . . %	92
ϱ (elektrischer Antrieb des Kompressors, kaltes Maschinenhaus)	1,08
Berechnung:	
Wärmeinhalt des trocken gesättigten Dampfes nach dem i-s-Diagramm für t_1 °C i_1'' WE/kg	56
Spez. Volumen des trocken gesättigten Dampfes nach dem v-tDiagramm v_1'' . . . . m³/kg	0,0166
Wärmeinhalt des Dampfes nach adiabatischer Kompression auf p_2 at abs. i_{2ad} . WE/kg	66,4
Wärmeinhaltssteigerung bei adiabatischer Kompression auf p_2 at abs. $(i_{2ad} - i_1'')$ WE/kg	10,4
Wärmeinhaltssteigerung bei wirklicher Kompression auf p_2 at abs. $\left(\dfrac{i_{2ad} - i_1''}{\eta g} \right)$ WE/kg	11,3
Wärmeinhalt nach wirklicher Kompression auf p_2 at abs. $i_2 = i_1'' + \left(\dfrac{i_{2ad} - i_1''}{\eta_g} \right)$. WE/kg	67,3

Berechnung:	
Temperatur des Dampfes nach der Kompression nach dem i—s-Diagramm t_2 . ^{0}C	60
Spez. Volumen des Dampfes nach der Kompression n. dem v-t-Diagramm v_2 . . m^3/kg	0,079
Wärmeinhalt der unterkühlten Flüssigkeit von p_2 at abs. Druck bei t_3^0C i_3 . . WE/kg	7,5
Gesamte Kälteleistung $Q_I = 1,08 \cdot Q_{In}$ WE/st	**162000**
Umlaufendes Dampfgewicht $G_a = \dfrac{Q_I}{(i_1'' - i_3)}$ kg/st	3340
Minutliches Hubvolumen $V_H =$ $(F_K \cdot s \cdot n) = \dfrac{v_1'' \cdot Q_I}{\lambda \cdot (i_1'' - i_3) \cdot 60}$. m^3/min	1,005
Zur Anpassung an den wechselnden Kältebedarf wird eine doppeltwirkende Zwillingsmaschine mit der Zylinderbohrung d gewählt. Die Kolbenstange ($d_0 = 50$ mm ϕ) soll nicht durch den Zylinderdeckel geführt sein. Die minutliche Umlaufzahl wird zu $n = 85$ Umdr./min angenommen. Der Hub der Maschine für eine mittlere Kolbengeschwindigkeit $c_m = 1$ m/sek berechnet sich zu $s = 0,350$ m.	
Hubvolumen des einzelnen Kompressors: $\left\{ \dfrac{d^2\pi}{4} + \left(\dfrac{d^2\pi}{4} - \dfrac{d_0^2\pi}{4} \right) \right\} \cdot s = \dfrac{V_H}{2 \cdot n}$ dcm^3	5,93
Bohrung des Zylinders d . . . mm rd.	**110**
Wärmewert der indizierten Leistung des Zwillings-Kompressors. $Q_{III} = (F_K \cdot s \cdot n) \cdot 60 \cdot \dfrac{1}{v_1''} \cdot \lambda \cdot (i_{2ad} - i_1'') \cdot \dfrac{1}{\eta_g}$ WE/st	37800
Indizierte Leistung des Zwillingskompressors $N_i = \dfrac{Q_{III}}{632,2}$ . . . . . PS	**59,9**

Berechnung:	
Energiebedarf des Kompressors $$N_e = \frac{N_i}{\eta_m} \quad \eta_m \text{ f. elektrischen Antrieb} = 0{,}92 \text{ PS}$$	**65,0**
Kondensatorleistung einschl. Leistung des Nachkühlers $Q_{II} = Q_I + Q_{III} \; \cdot \; \cdot \; \cdot$ WE/st	199800
Nachkühlerleistung $$Q_{II}' = G_a \cdot (i_2' - i_3) \qquad \text{WE/st}$$	**26600**
Eigentliche Kondensatorleistung $Q_{II}'' = (Q_{II} - Q_{II}') \cdot \cdots \cdots$ WE/st	**173200**
Solegewicht im Verdampfer $$G_s = \frac{Q_{In}}{(t_{s_1} - t_{s_2}) \cdot c_s} \qquad \text{kg/st}$$ [Zugelassene Soleerwärmung 2^0, d. h. $t_{s_1} = -8^0$, $t_{s_2} = -10^0$ c_s, spez. Wärme der Soole, $c_s = 0{,}79$ WE/kg $\cdot$ ^{0}C (s. S. 48)]	**95000**
Kühlwassergewicht im Kondensator $$G_k = \frac{Q_{II}''}{(t_{k_2} - t_{k_1})} \qquad \text{kg/st}$$	**28900**
Verdampferheizfläche $$F_1 = \frac{Q_{In}}{[5{,}7 \cdot (t_{sm} - t_1'')]^2} \qquad \text{m}^2 \text{ rd.}$$ (Wärmeübergangszahl $k_1 = 5.7 \sqrt{\dfrac{Q_{I_0}}{F_1}} =$ $= 195$ WE/m$^2 \cdot$ ^{0}C $\cdot$ st)	**128**
Kondensatorkühlfläche $$F_2 = \frac{Q_{II}''}{[5{,}0 \cdot (t_2'' - t_{k_m})]^i} \qquad \text{m}^2 \text{ rd.}$$ (Wärmeübergangszahl $k_2 = 5{,}0 \cdot \sqrt{\dfrac{Q_{II}''}{F_2}}$ $= 175$ WE/m$^2 \cdot$ ^{0}C $\cdot$ st)	**142**
Eintrittstemperatur des Kühlwassers in den Nachkühler. $t'_{k_1} = \left(t_{k_1} - \dfrac{Q'_{II}}{G_k} \right) \cdot \cdot$ ^{0}C rd.	11

Berechnung:	
[Wenn t'_{k_2}, Austrittstemperatur aus dem Nachkühler $=t_{k_1}$, Eintrittstemperatur in den Kondensator, ist, so gilt: $$Q'_{II}=G_k\cdot(t'_{k_2}-t'_{k_1})=G_k\cdot(t_{k_1}-t'_{k_1})]$$	
Naehkühlerkühlfläche $$F_3=\cfrac{Q_{II}'}{k_3\left\{\left(\dfrac{t_2'+t_3}{2}\right)-\left(\dfrac{t'_{K_1}+t'_{K_2}}{2}\right)\right\}}\quad \text{m}^2 \text{ rd.}$$ $k_3=115\ \text{WE/m}^2\cdot{}^0\text{C}\cdot\text{st f. Eisen)}$	**89**
Spez. Kälteleistung, bezogen auf Q_{In}	
und N_i $\dfrac{Q_{In}}{N_i}$ . . . . WE/PS$_i$st	**2510**
und N_e $\dfrac{Q_{In}}{N_e}$ . . . . WE/PS$_e$st	**2310**
Spez. Kälteleistung, bezogen auf Q_I	
und N_i $\dfrac{Q_I}{N_i}$ . . . . WE/PS$_i$st	2700
und N_e $\dfrac{Q_I}{N_e}$ . . . . WE/PS$_e$st	2490
Theor. Leistungsziffer $\varepsilon_0=\dfrac{(i_1''-i_2)}{(i_{2ad}-i_1'')}$ WE/WE	4,65
Leistungsziffer, bez. a. Q_{In} $\varepsilon_1=\dfrac{Q_{In}}{Q_{III}}$ WE/WE	**3,87**
Leistungsziffer, bez. a. Q_I $\varepsilon_1=\dfrac{Q_I}{Q_{III}}$ WE/WE	**4,29**

Tafel III.

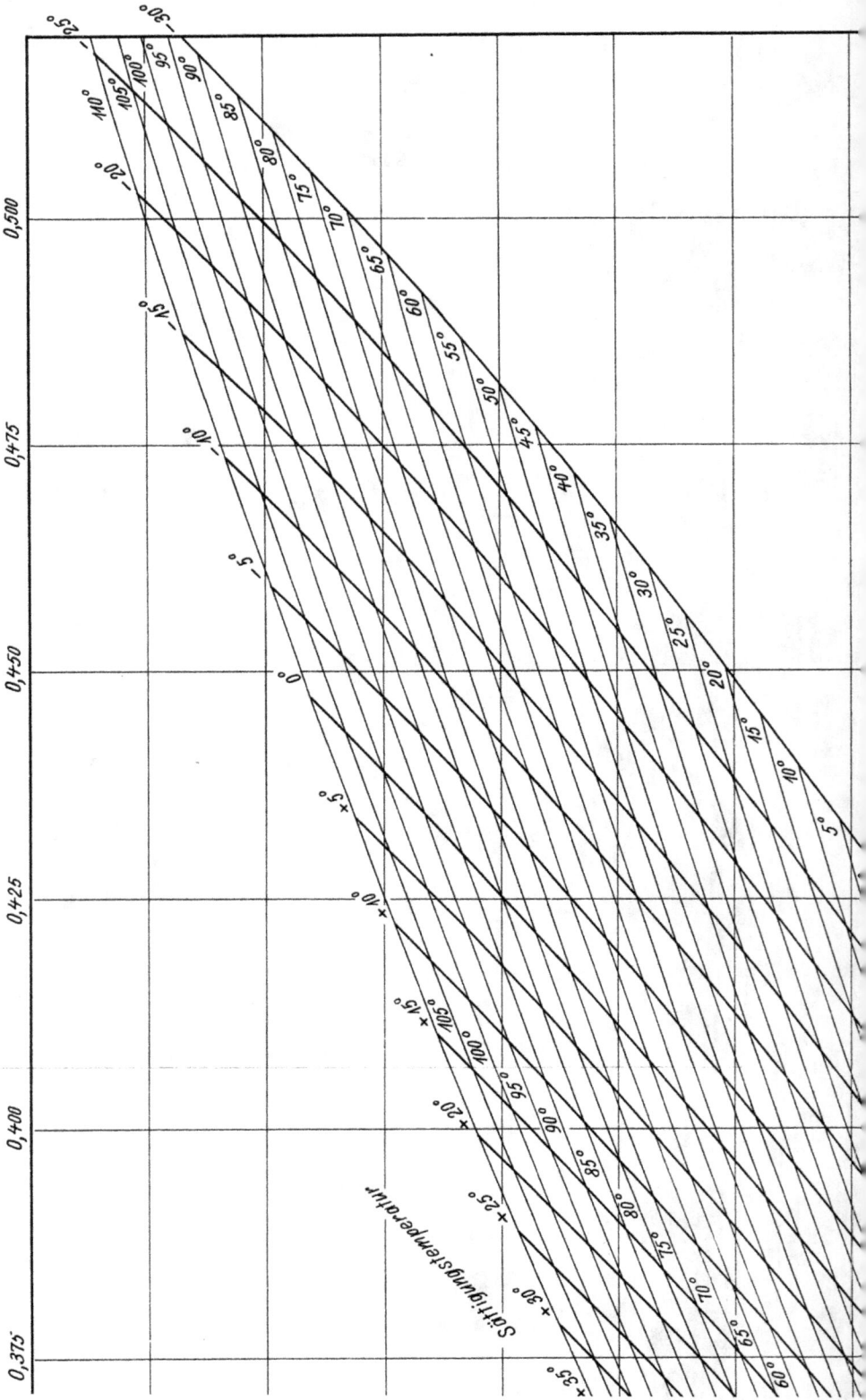

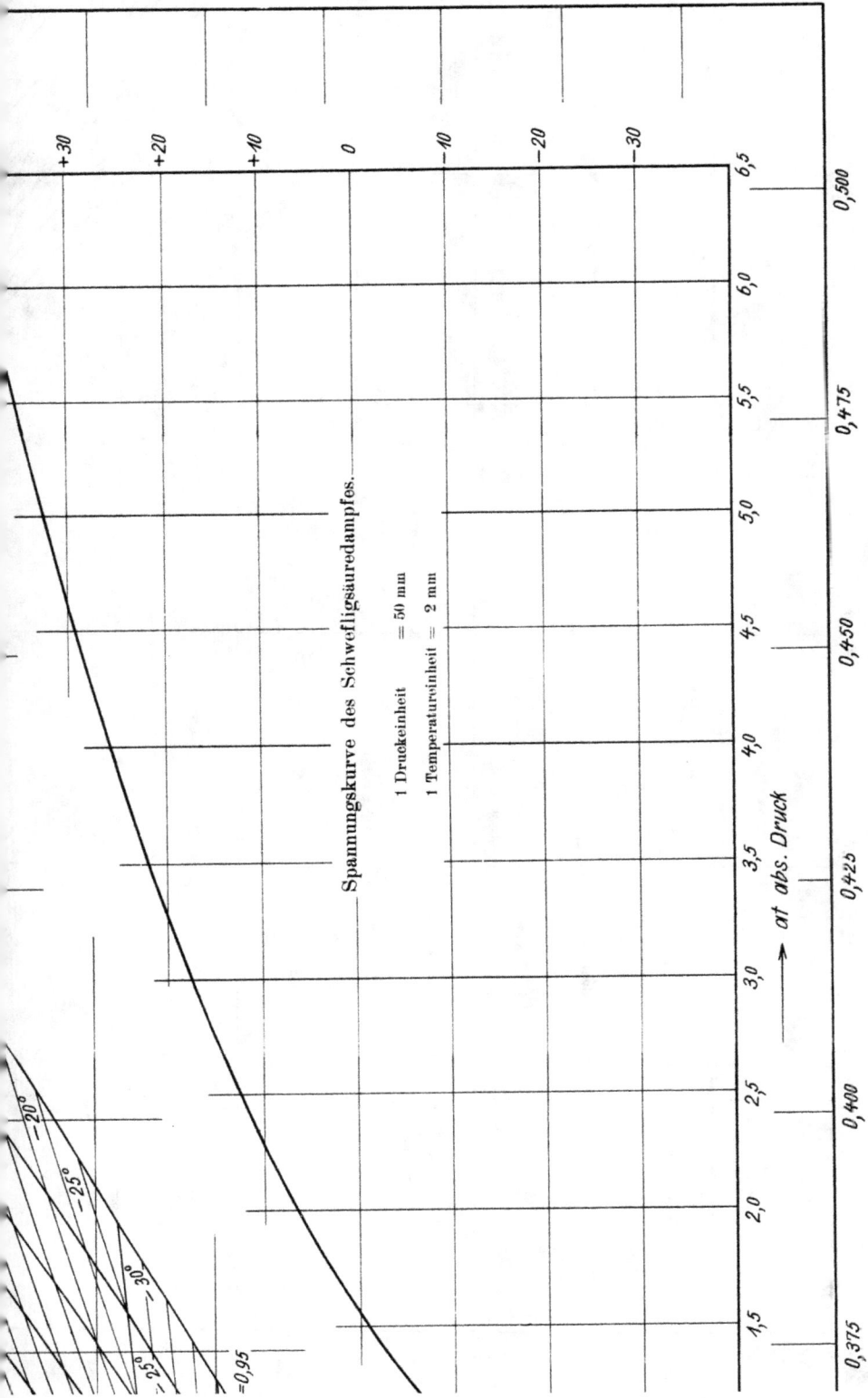

Spannungskurve des Schwefligsäuredampfes.

1 Druckeinheit = 50 mm
1 Temperatureinheit = 2 mm

→ at abs. Druck

+30
+20
+10
0
-10
-20
-30

1,5   2,0   2,5   3,0   3,5   4,0   4,5   5,0   5,5   6,0   6,5

0,375   0,400   0,425   0,450   0,475   0,500

-20°
-25°
-30°
-25°
-30°
=0,95

Verlag von R. Oldenbourg, München und Berlin.

Koeniger, Versuche an einer schnellaufenden Schwefligsäure-Kältemaschine.

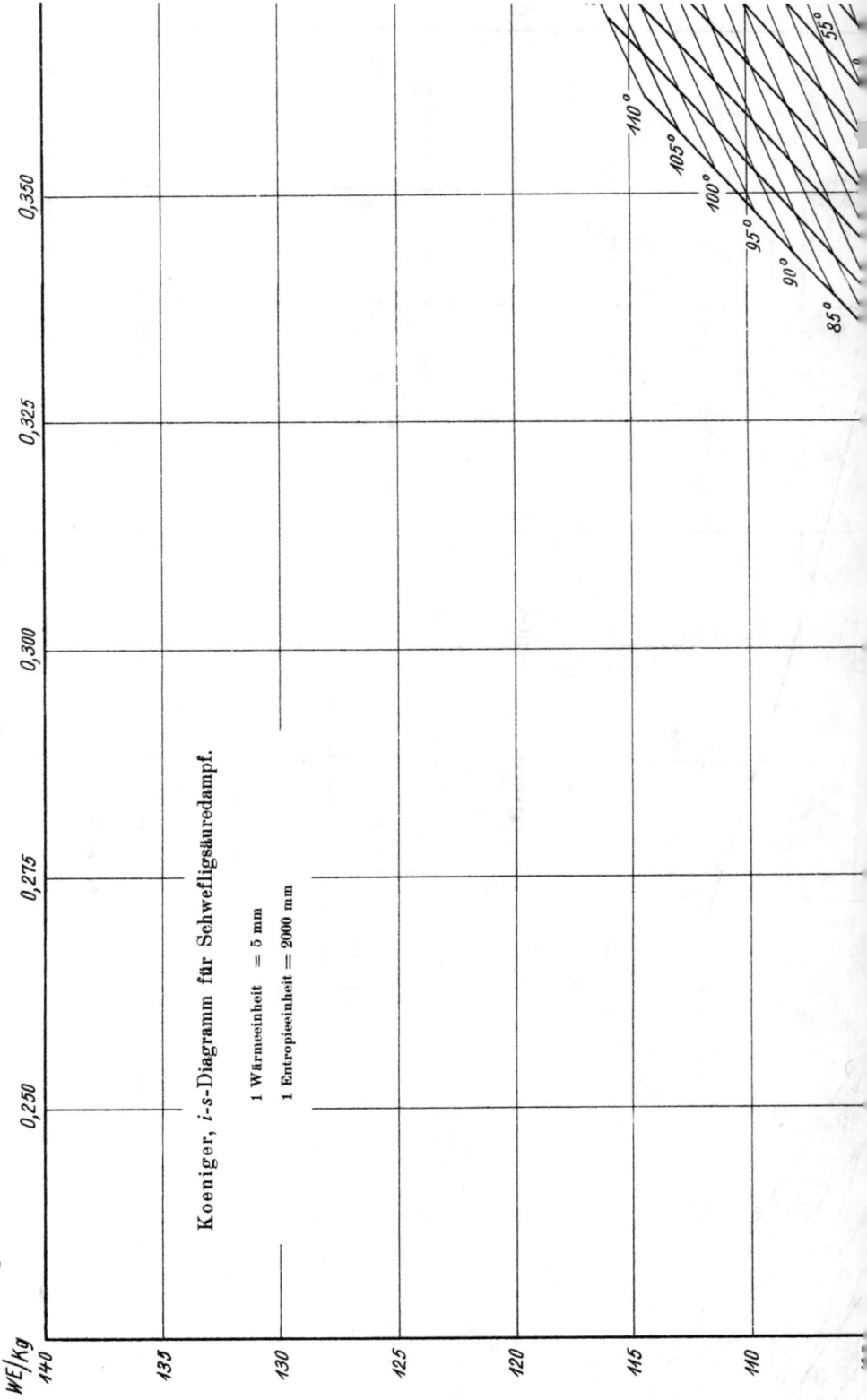

Koeniger, i-s-Diagramm für Schwefligsäuredampf.

1 Wärmeeinheit = 5 mm
1 Entropieeinheit = 2000 mm

WE/Kg

0,250   0,275   0,300   0,325   0,350

140
135
130
125
120
115
110

55°
110°
105°
100°
95°
90°
85°

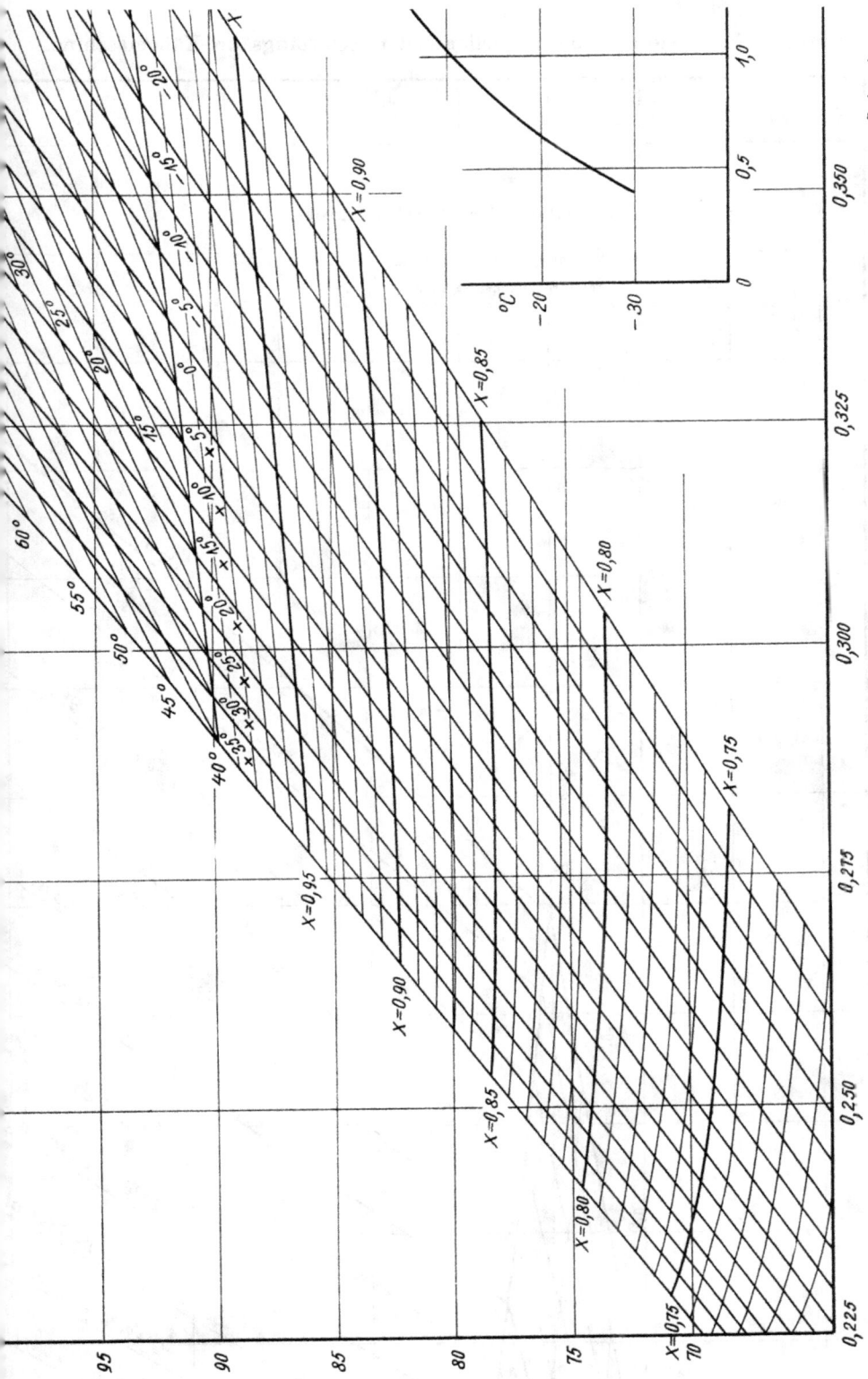

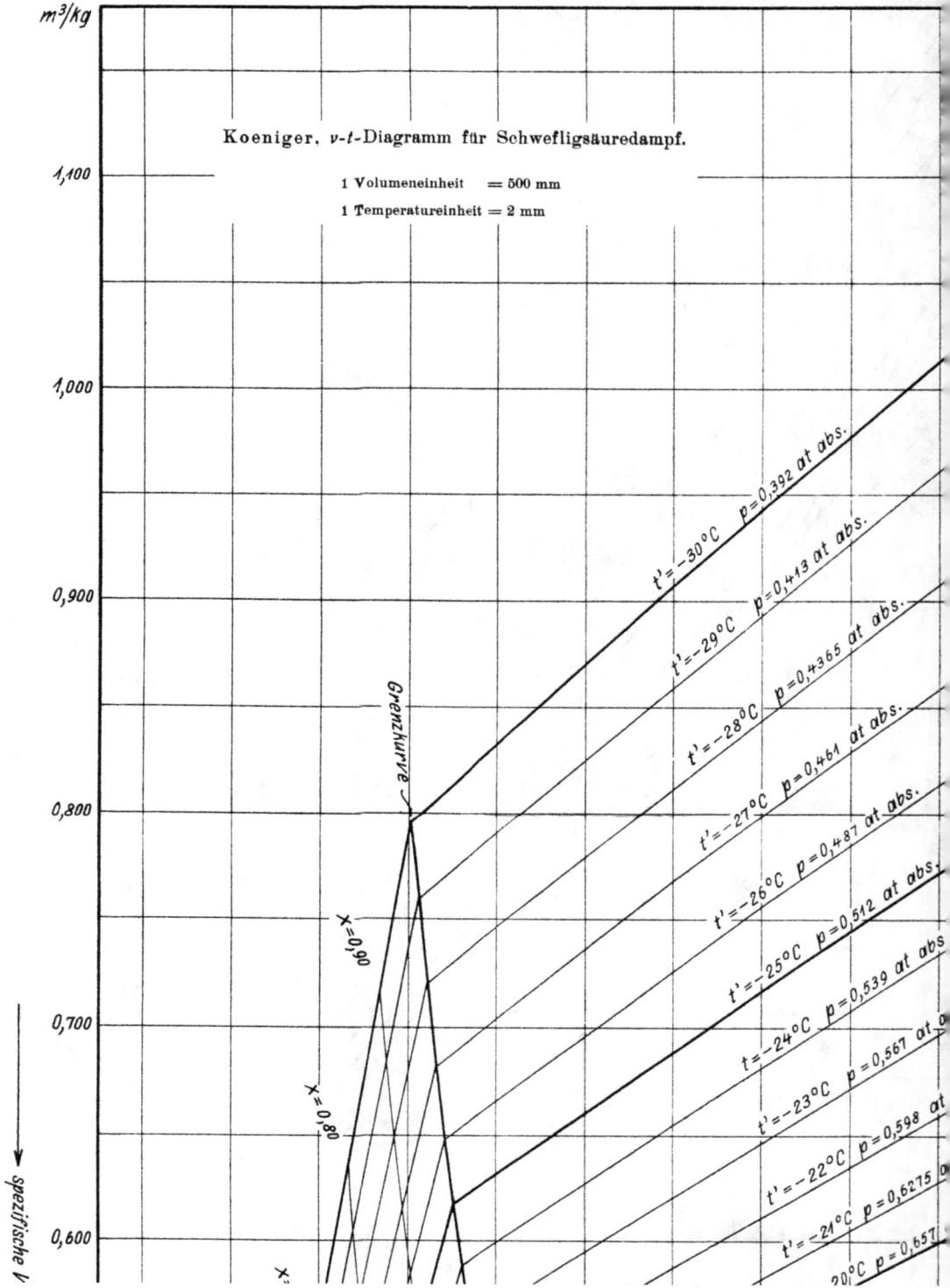

m^3/kg

Koeniger, v-t-Diagramm für Schwefligsäuredampf.

1 Volumeneinheit = 500 mm
1 Temperatureinheit = 2 mm

1,100

1,000

0,900

0,800

0,700

0,600

Grenzkurve

$x=0,90$

$x=0,80$

x''

← spezifische V

$t'=-30°C \quad p=0,392 \ at \ abs.$

$t'=-29°C \quad p=0,413 \ at \ abs.$

$t'=-28°C \quad p=0,4365 \ at \ abs.$

$t'=-27°C \quad p=0,461 \ at \ abs.$

$t'=-26°C \quad p=0,487 \ at \ abs.$

$t'=-25°C \quad p=0,512 \ at \ abs.$

$t=-24°C \quad p=0,539 \ at \ abs$

$t'=-23°C \quad p=0,567 \ at$

$t'=-22°C \quad p=0,598 \ at$

$t'=-21°C \quad p=0,6275$

$20°C \quad p=0,657$

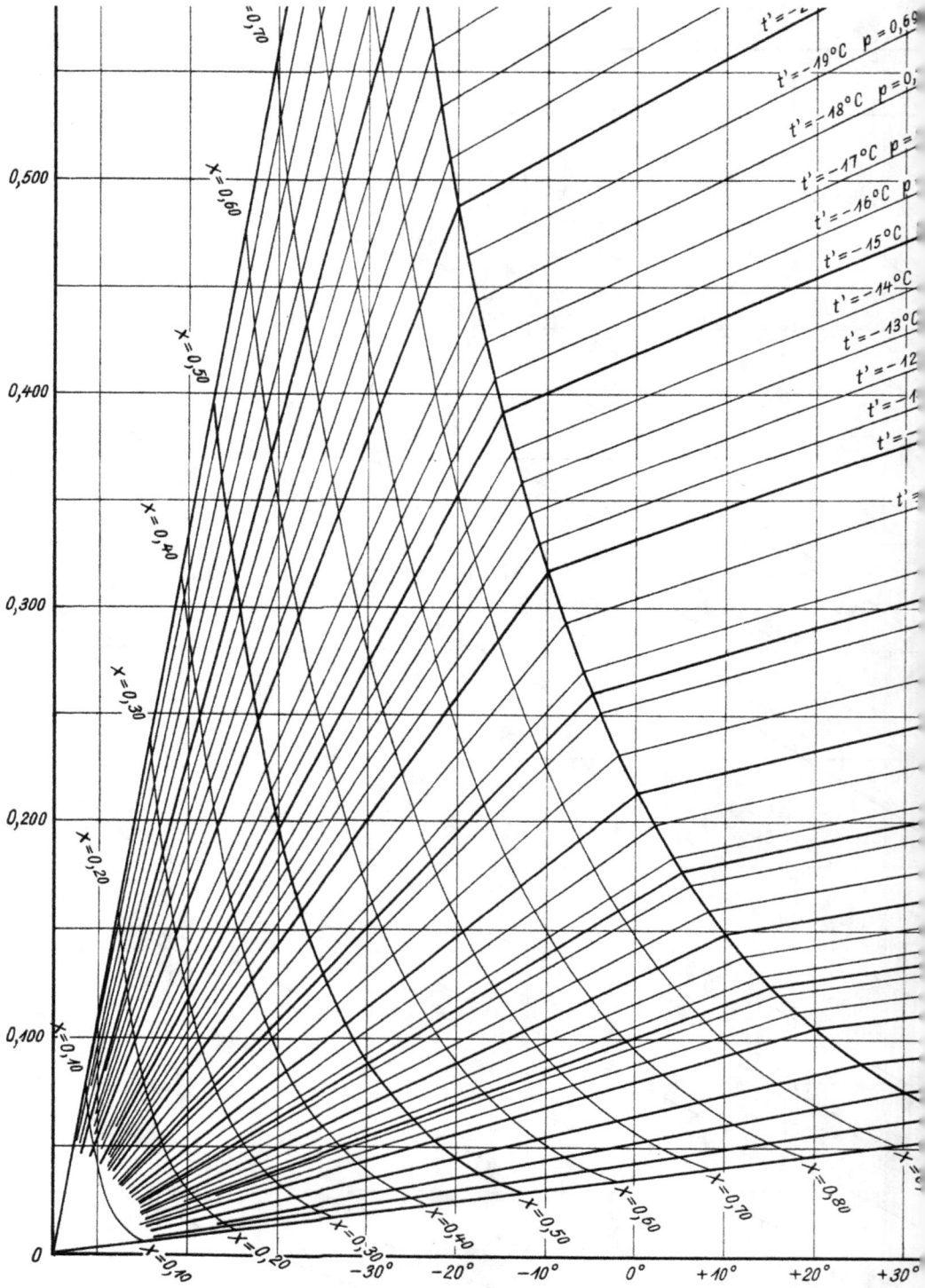

ps.

abs.

abs.

at abs.

at abs.
286 at abs.
330 at abs.

= 1,452 at abs.

p = 1,578 at abs.

C p = 1,705 at abs.

°C p = 1,85 at abs.
5°C p = 1,921 at abs.
6°C p = 1,995 at abs.

+8°C p = 2,15 at abs.

t' = +10°C p = 2,321 at abs.

t' = +12°C p = 2,40 at abs.

t' = +14°C p = 2,49 at abs.
t' = +15°C p = 2,67 at abs.
t' = +16°C p = 2,785 at abs.
t' = +18°C p = 2,89 at abs.

t' = +20°C p = 3,09 at abs.

t' = +25°C p = 3,934 at abs.

t' = +30°C p = 4,635 at abs.

t' = +35°C p = 5,432 at abs.
t' = +40°C p = 6,335 at abs.

kurve

+50° +60° +70° +80° +90° +100° +110° +120° +130° +140° +150°C

eraturen

Verlag von R. Oldenbourg, München und Berlin.

Tafel V.

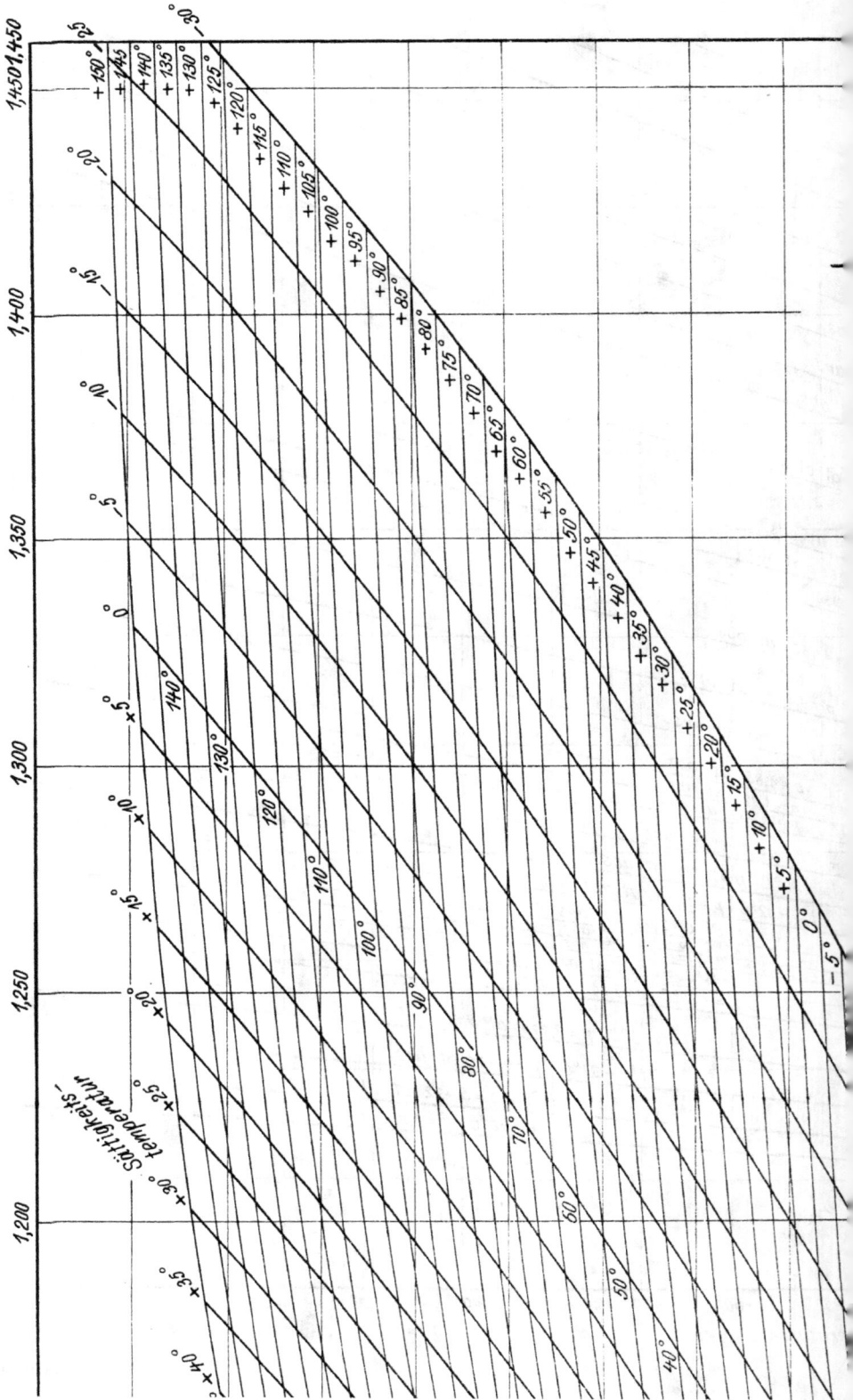

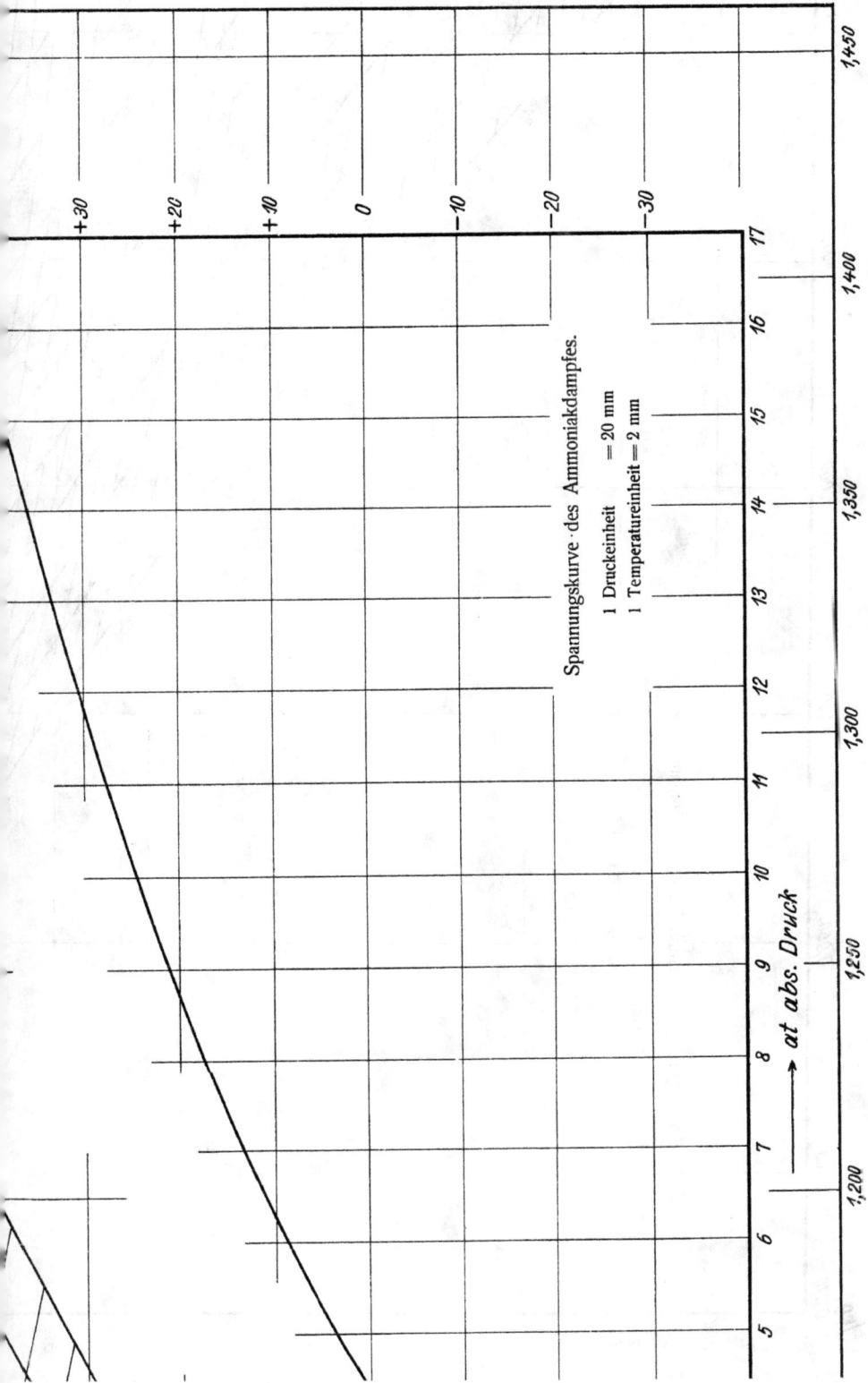

Spannungskurve · des Ammoniakdampfes.

1 Druckeinheit   = 20 mm
1 Temperatureinheit = 2 mm

→ at abs. Druck

Verlag von R. Oldenbourg, München und Berlin.

Koeniger, Die Kompressions-Kältemaschine.

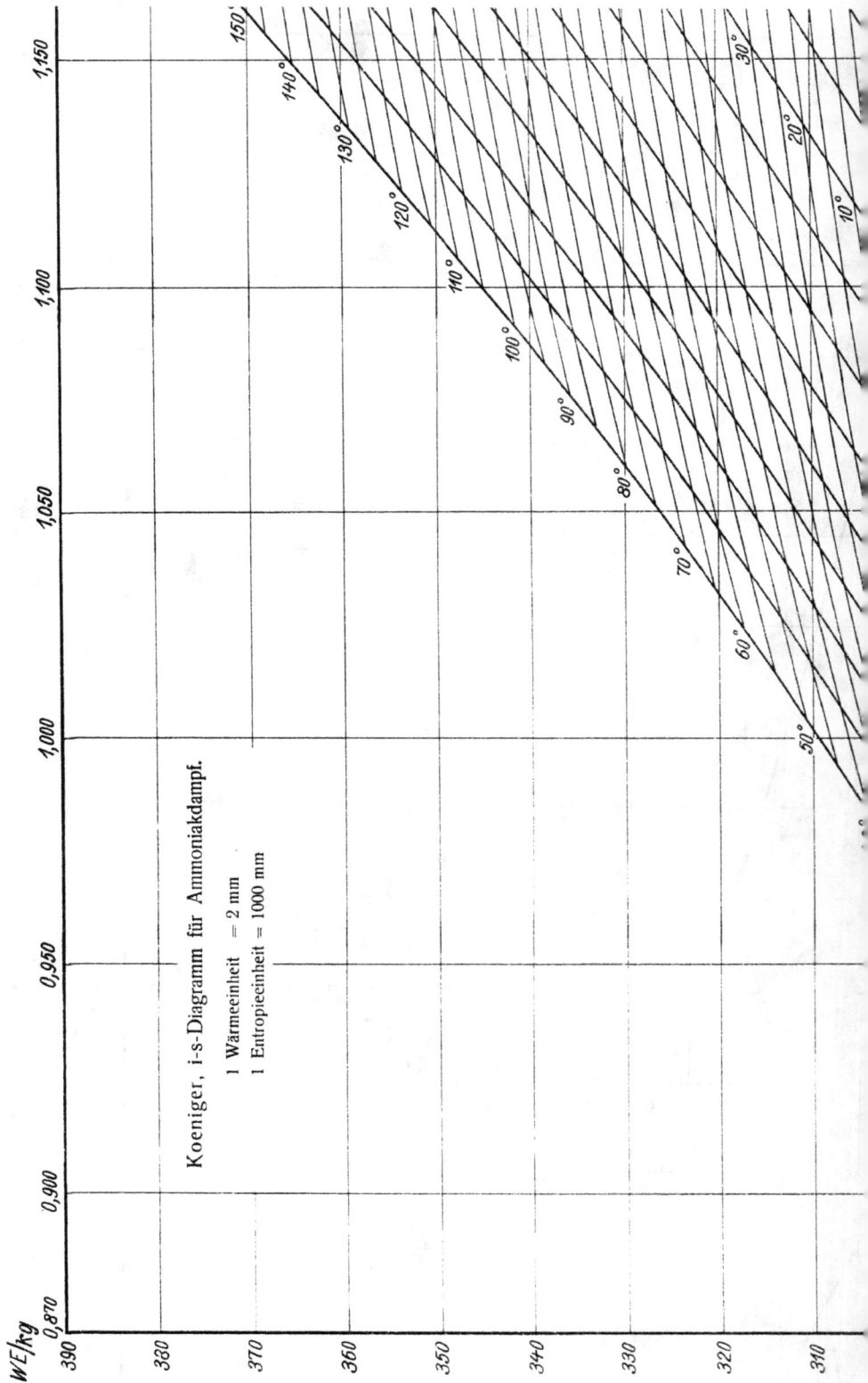

WE/kg

Koeniger, i-s-Diagramm für Ammoniakdampf.

1 Wärmeeinheit = 2 mm
1 Entropieeinheit = 1000 mm

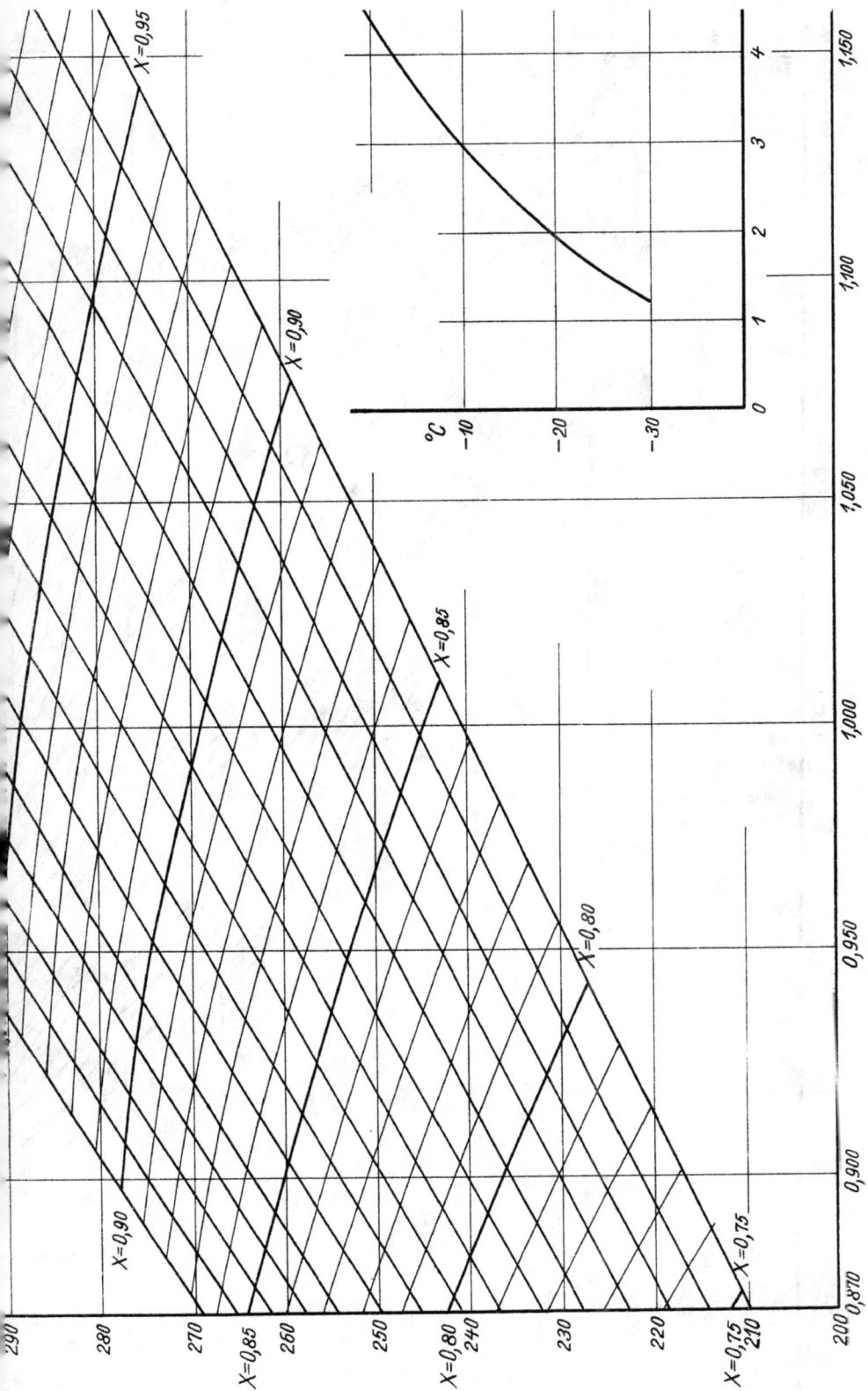

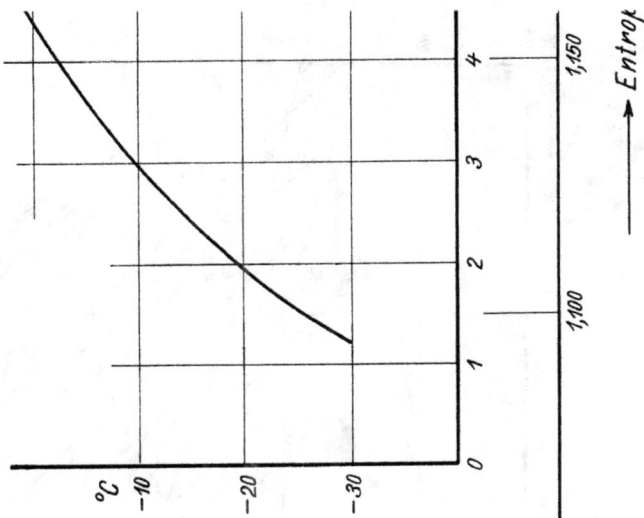

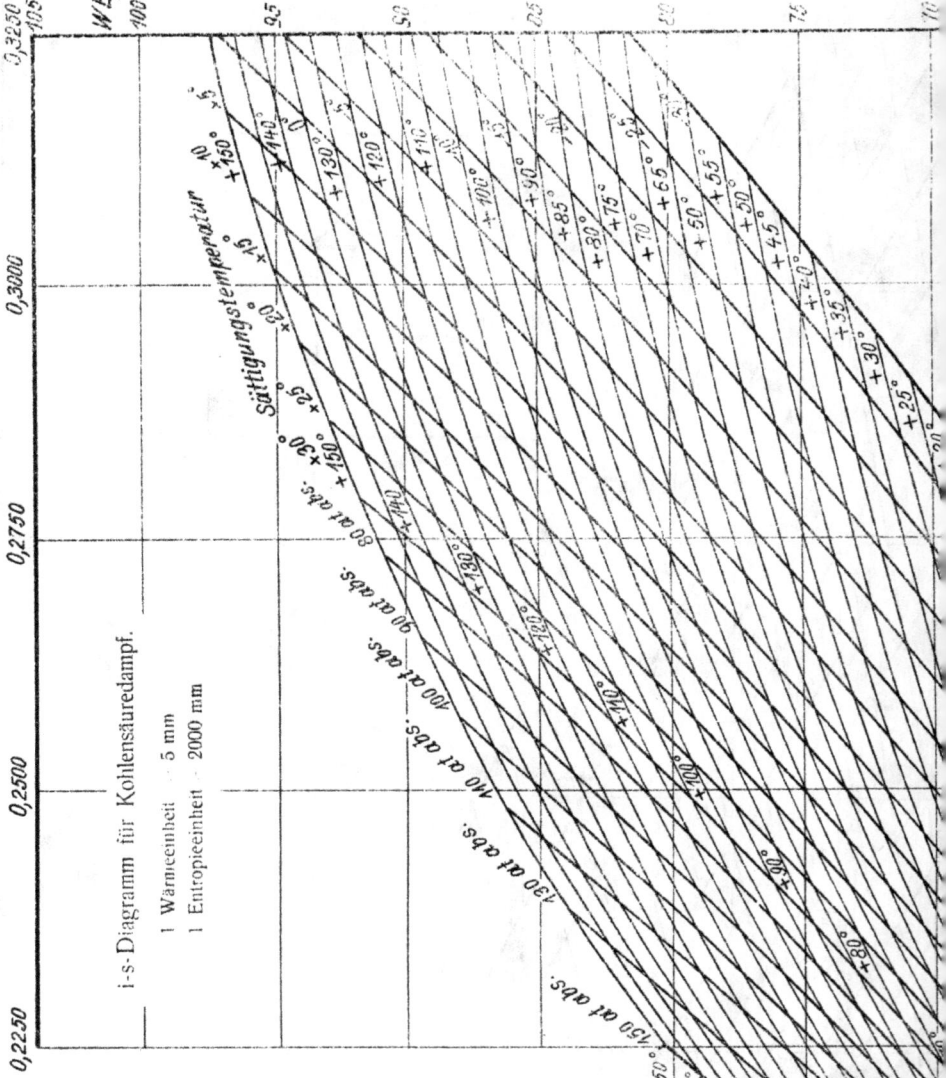

Tafel VI.

i-s-Diagramm für Kohlensäuredampf.

1 Wärmeeinheit · 5 mm
1 Entropieeinheit · 2000 mm

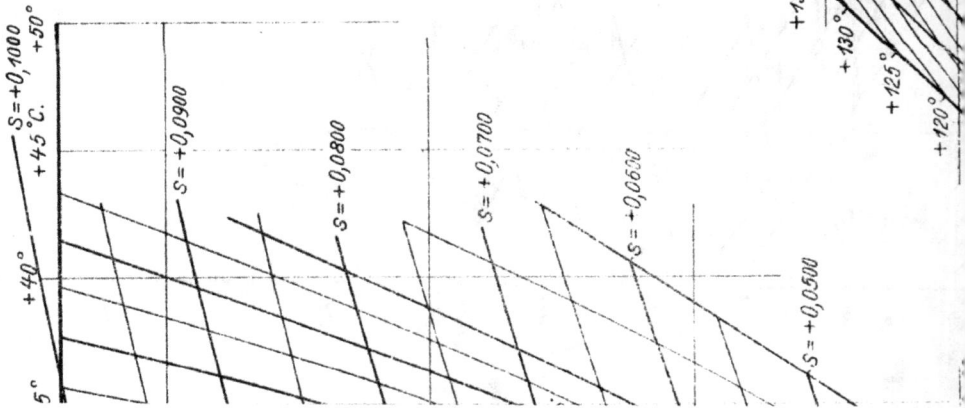

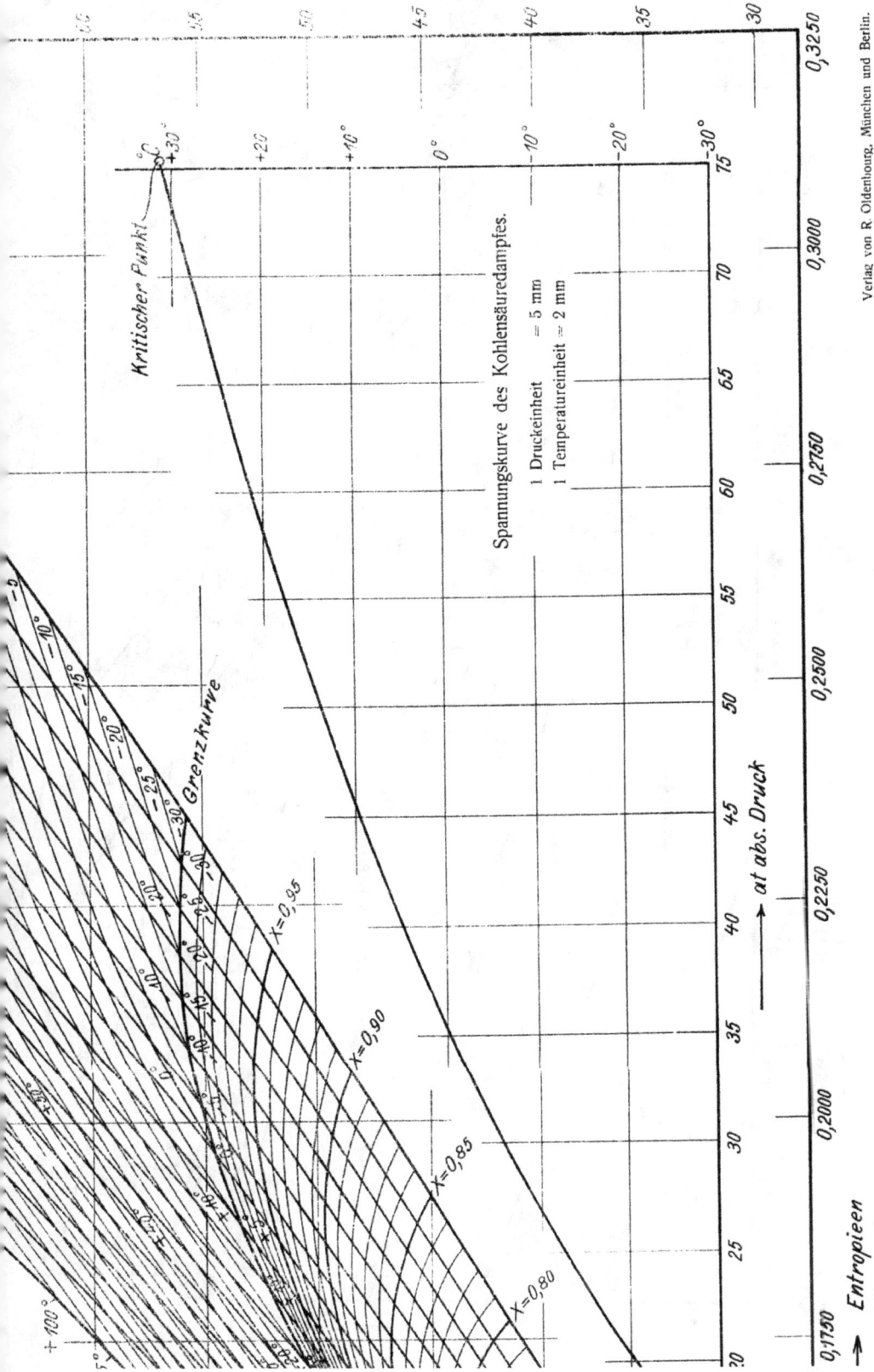

Spannungskurve des Kohlensäuredampfes.

1 Druckeinheit = 5 mm
1 Temperatureinheit ≈ 2 mm

Kritischer Punkt

Grenzkurve

$X = 0,95$

$X = 0,90$

$X = 0,85$

$X = 0,80$

→ at abs. Druck

→ Entropieen

Verlag von R. Oldenbourg, München und Berlin.

Koeniger, Die Kompressions-Kältemaschine.

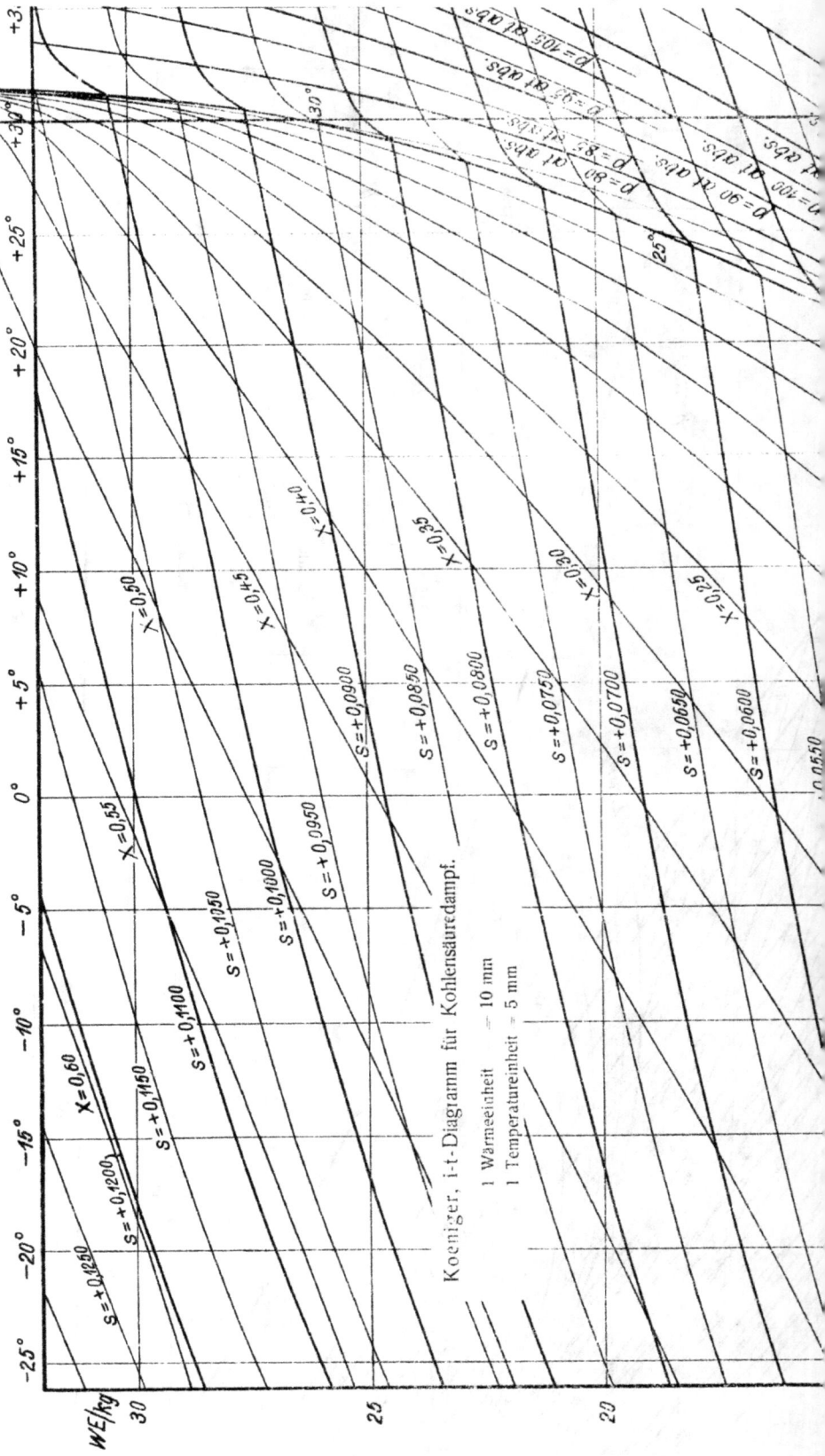

Koeniger, i-t-Diagramm für Kohlensäuredampf.

1 Wärmeeinheit = 10 mm
1 Temperatureinheit = 5 mm

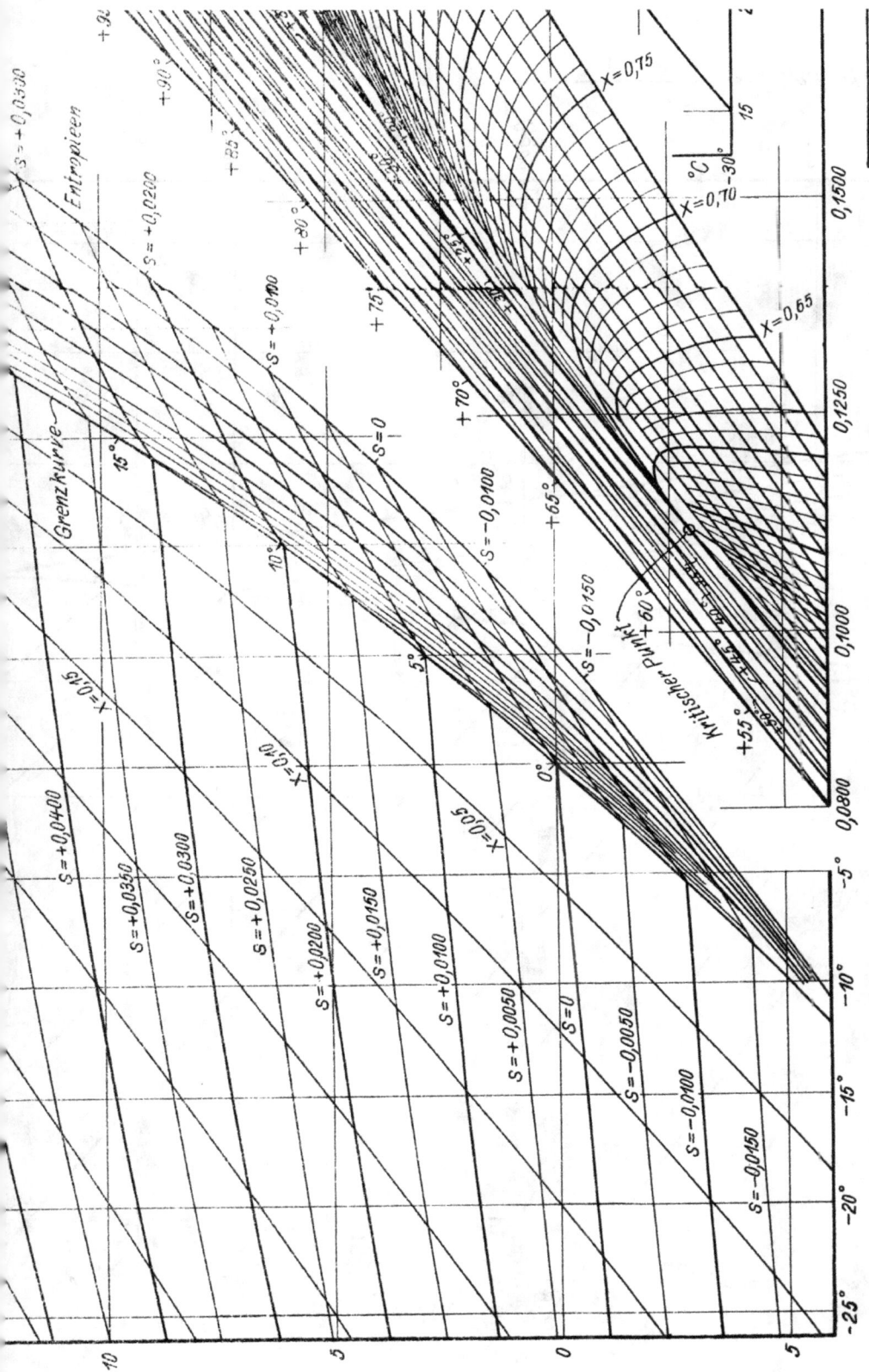

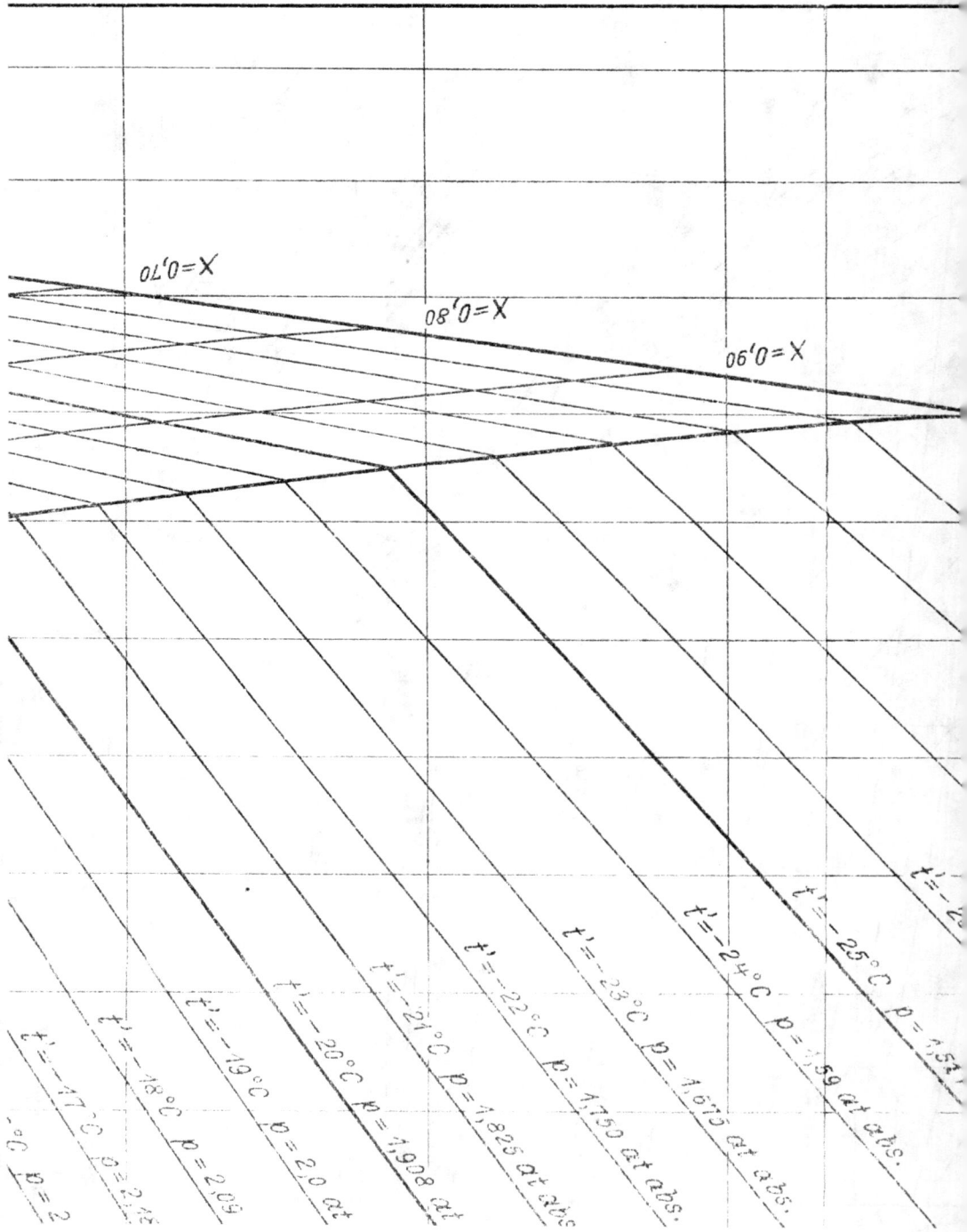

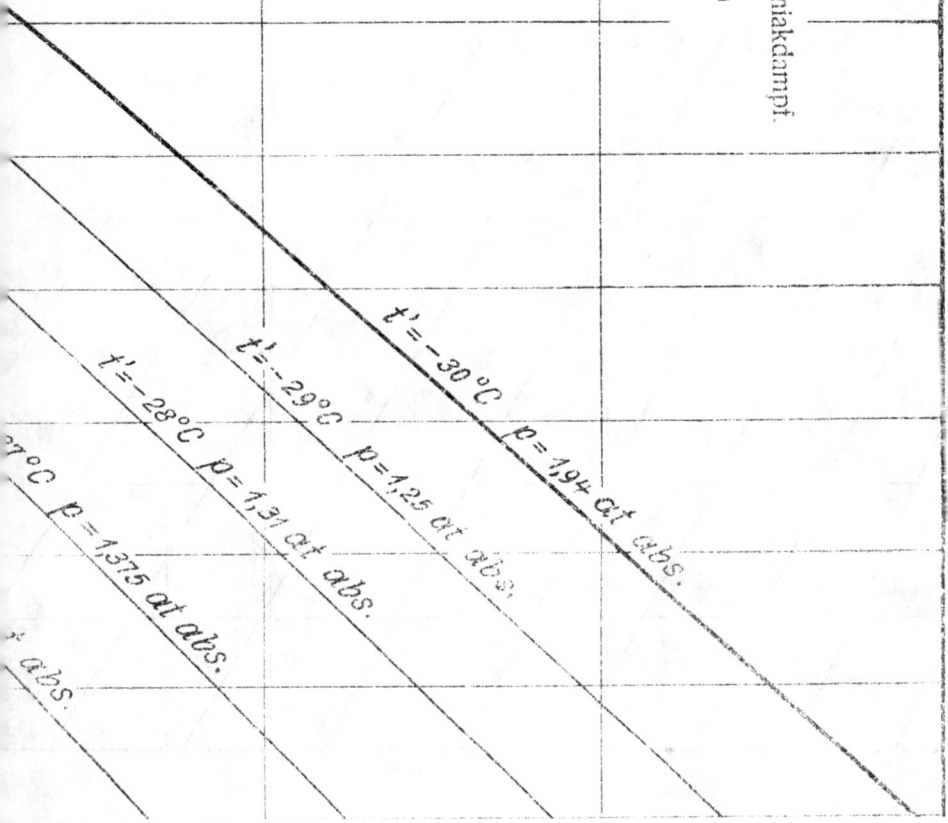

Koeniger, v-t-Diagramm für Ammoniakdampf.

1 Volumeneinheit = 500 mm
1 Temperatureinheit = 2 mm

m³/kg

1,300

1,200

1,100

Grenz

Grer

$t' = -30\,°C \quad p = 1,94$ at abs.

$t' = -29\,°C \quad p = 1,31$ at abs.

$t' = -28\,°C \quad p = 1,375$ at abs.

t abs.

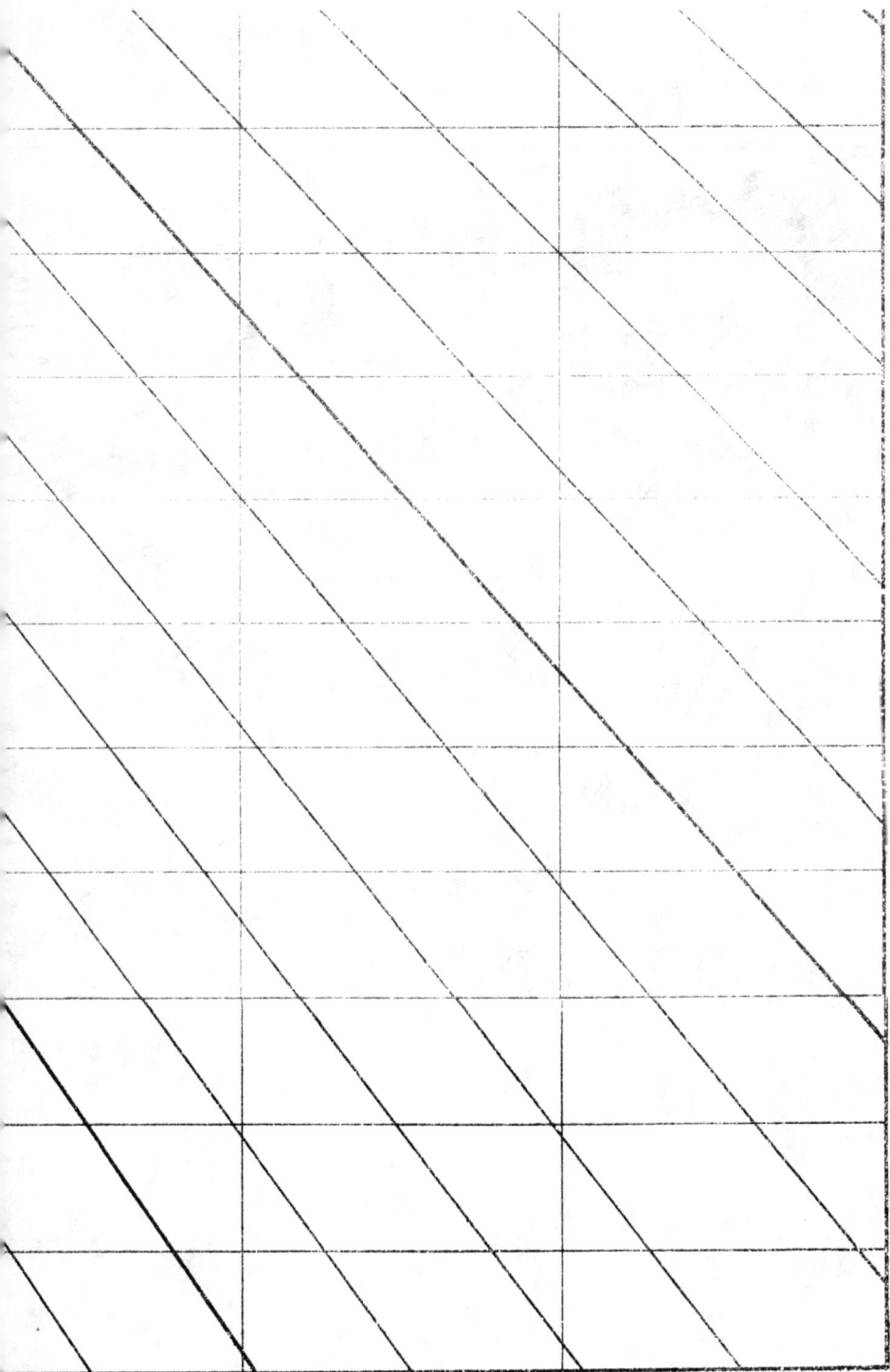

Tafel VII.

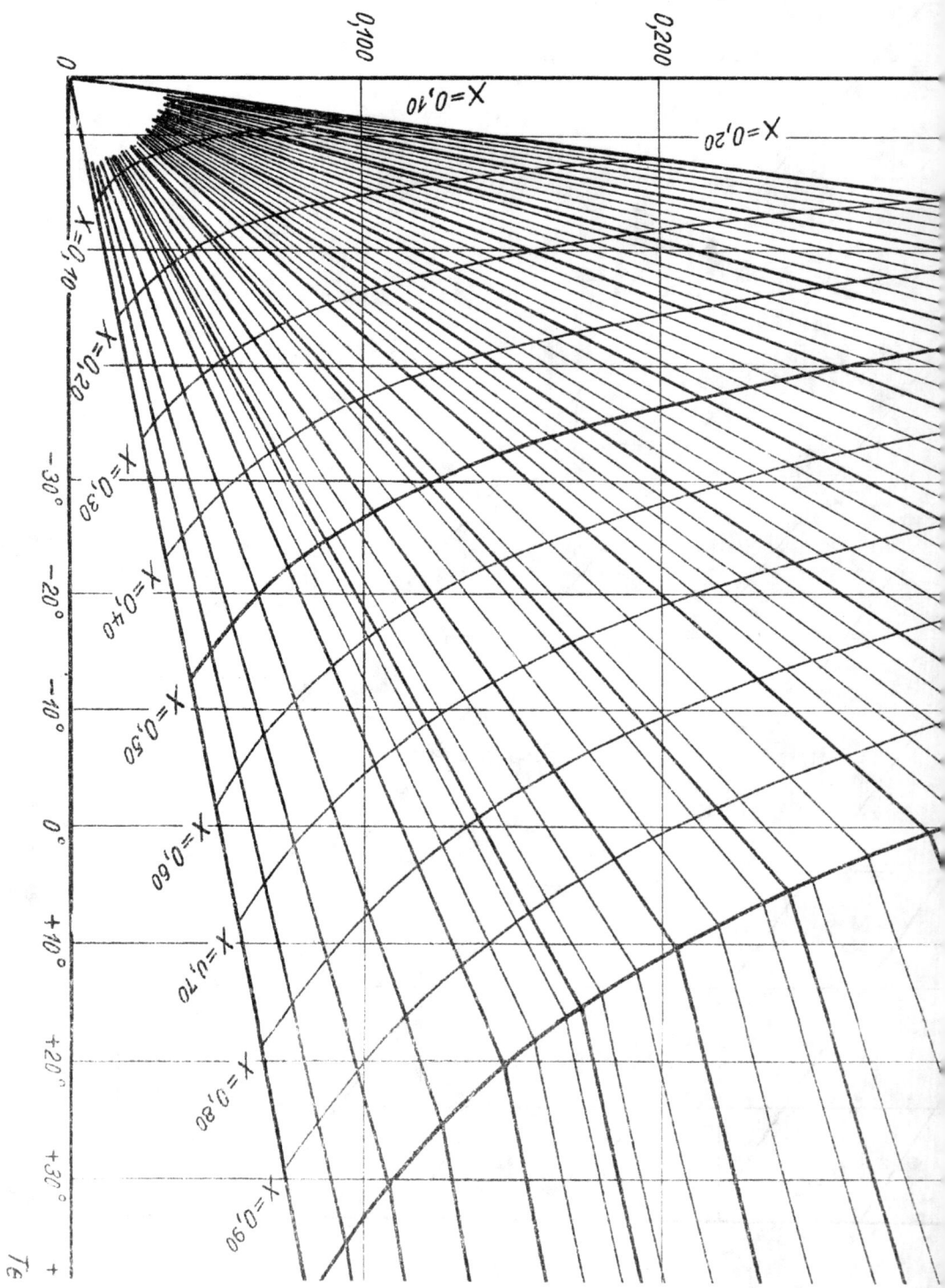

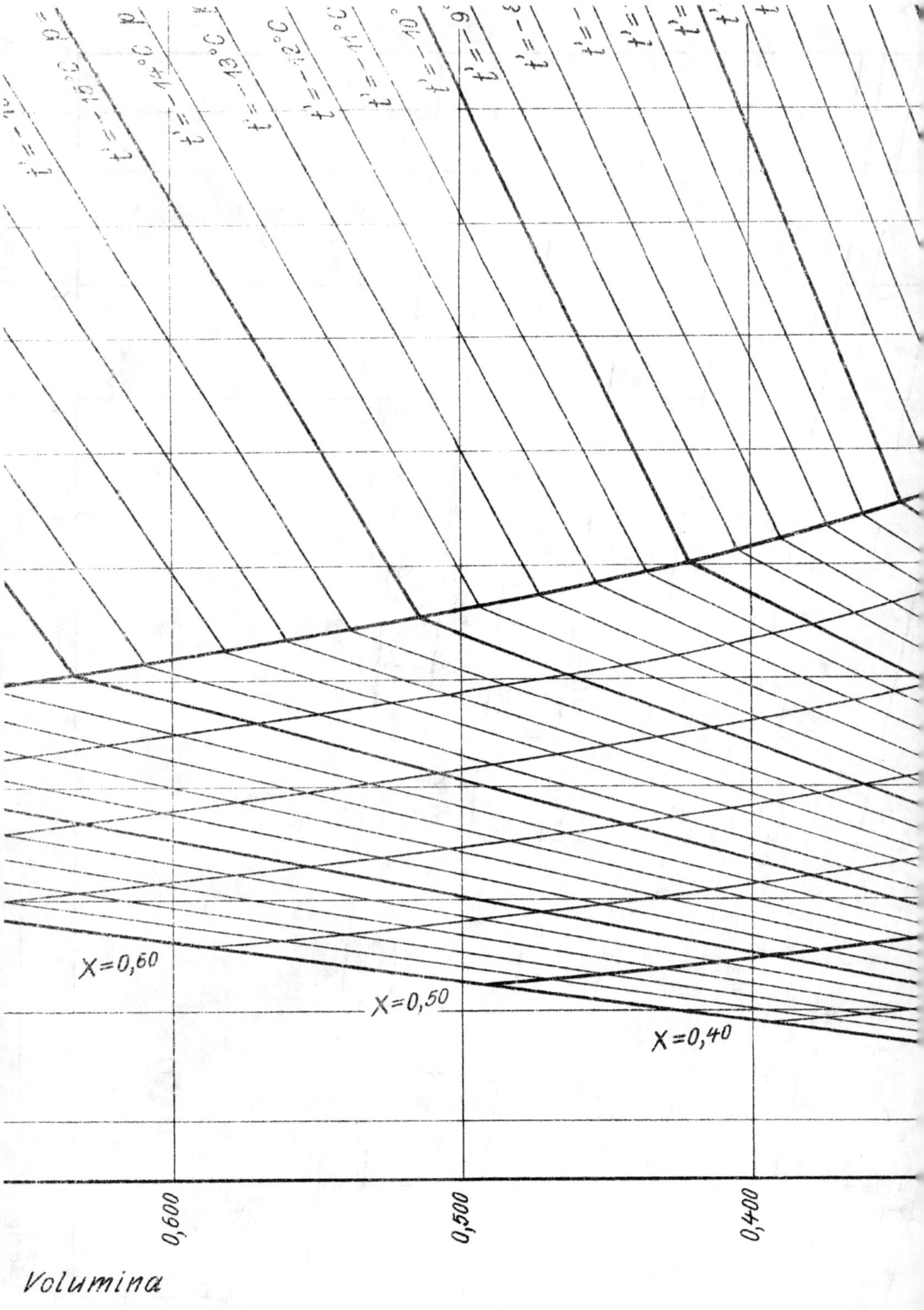

0,400

0,500

0,600

X = 0,40

X = 0,50

X = 0,60

$t' = -6°$
$t' = -7°$
$t' = -8°$
$t' = -9°$
$t' = -10°$
$t' = -11°C$
$t' = -12°C$
$t' = -13°C$
$t' = -14°C$
$t' = -15°C$

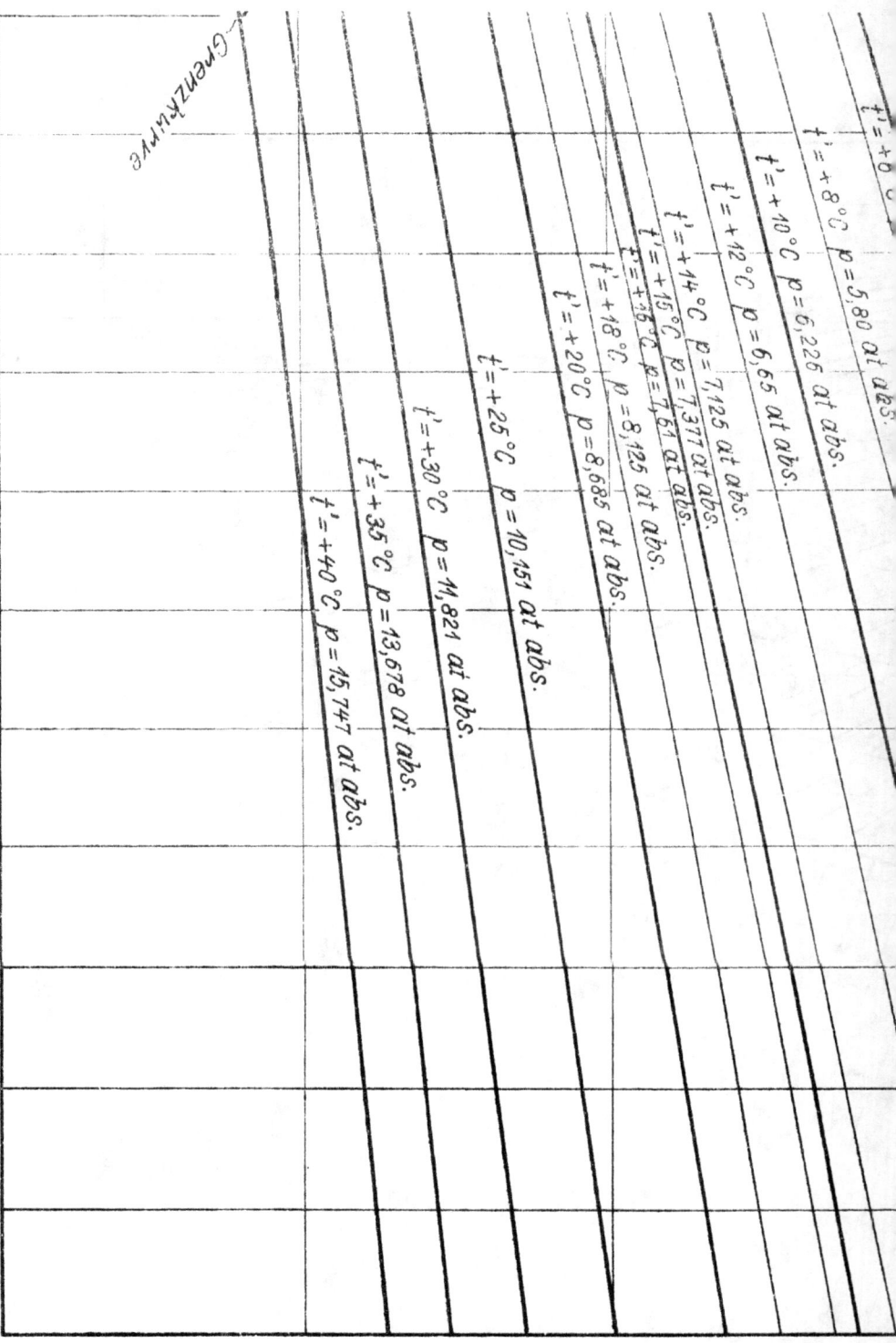

+40° +50° +60° +70° +80° +90° +100° +110° +120° +130° +140° +150°C

Grenzkurve

$t' = +0°C$

$t' = +8°C$ $p = 5,80$ at abs.

$t' = +10°C$ $p = 6,226$ at abs.

$t' = +12°C$ $p = 6,65$ at abs.

$t' = +14°C$ $p = 7,125$ at abs.

$t' = +15°C$ $p = 7,377$ at abs.

$t' = +16°C$ $p = 7,61$ at abs.

$t' = +18°C$ $p = 8,125$ at abs.

$t' = +20°C$ $p = 8,685$ at abs.

$t' = +25°C$ $p = 10,151$ at abs.

$t' = +30°C$ $p = 11,821$ at abs.

$t' = +35°C$ $p = 13,678$ at abs.

$t' = +40°C$ $p = 15,747$ at abs.

Verlag von R. Oldenbourg, München und Berlin.

,377

2,49 at abs.

= 2,60 at abs.

= 2,74 at abs.

p = 2,81 at abs.

p = 2,931 at abs.

p = 3,05 at abs.

p = 3,175 at abs.

p = 3,32 at abs.

p = 3,45 at abs.

p = 3,582 at abs.

p = 3,72 at abs.

p = 3,86 at abs.

p = 4,0 at abs.

p = 4,15 at abs.

p = 4,339 at abs.

n = 4,65 at abs.

6°C

7°C

°C

5°C

6°C

7°C

−4°C

−3°C

= −2°C

t' = −1°C

t' = 0°C

m³/kg

Koeniger, v-t-Diagramm für Kohlensäuredampf.

1 Volumeneinheit — 10 000 mm
1 Temperatureinheit — 2 mm

0,043

0,040

0,035

0,030

0,025

Grenzkurve

spezifische V

$t' = -30°C \quad p = 15,0$ at abs.
$t' = -29°C \quad p = 15,5$ at abs.
$t' = -28°C \quad p = 15,8$ at abs.
$t' = -27°C \quad p = 16,5$ at abs.
$t' = -26°C \quad p = 17,0$ at abs.
$t' = -25°C \quad p = 17,5$ at abs.
$t' = -24°C \quad p = 18,1$ at abs.
$t' = -23°C \quad p = 18,6$ at abs.
$t' = -22°C \quad p = 19,1$ at abs.
$t' = -21°C \quad p = 19,7$ at ab
$t' = -20°C \quad p = 20,3$ at
$t' = -19°C \quad p = 20,9$ at
$t' = -18°C \quad p = 21,5$
$t' = -17°C \quad p = 22$
$t' = -16°C \quad p =$
$t' = -15°C$
$t' = -14°C$
$t' = -13°C$
$t' = -12°C$

$x = 0,90$

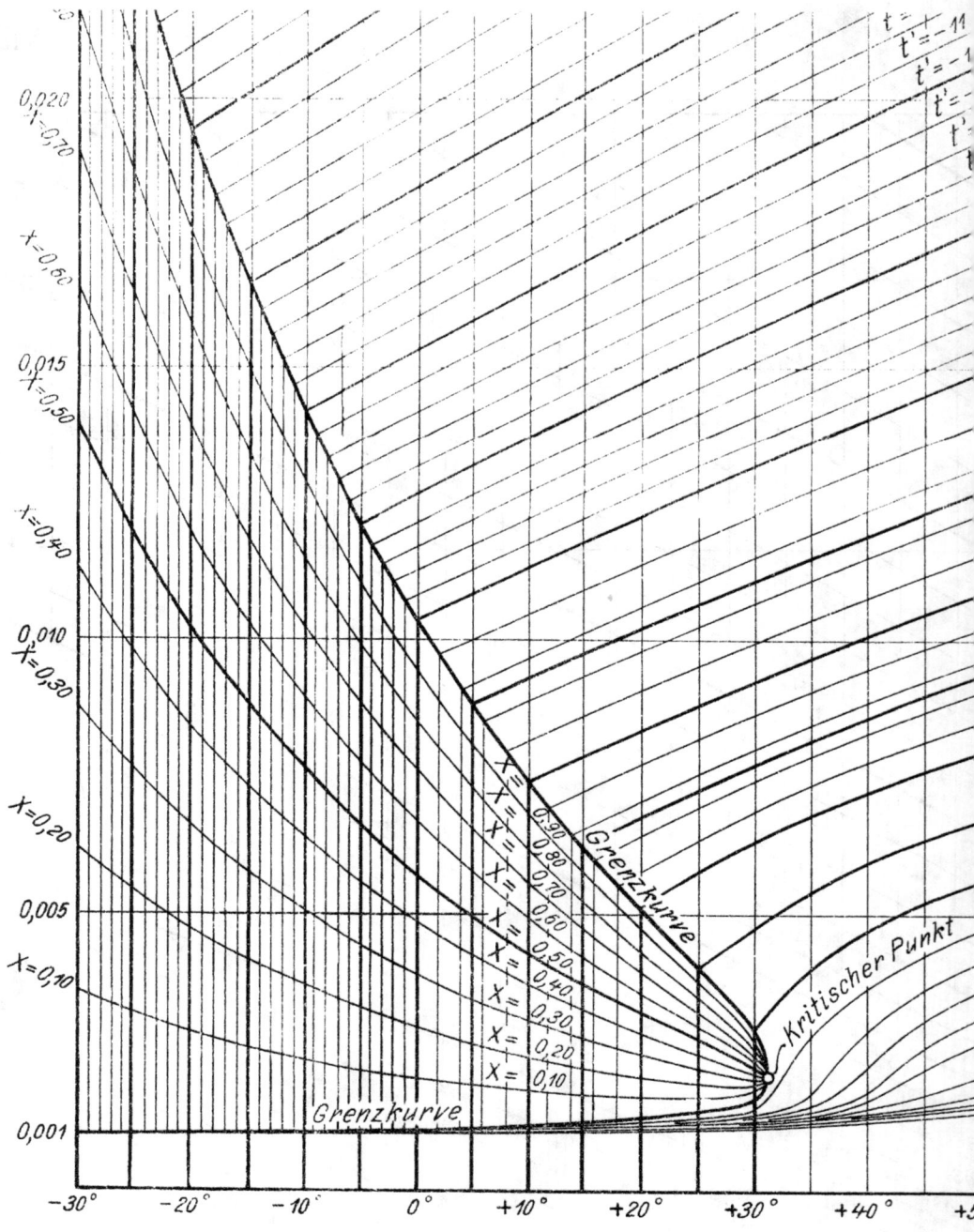

at abs
4 at abs.
0,2 at abs.
31,0 at abs.
=31,8 at abs.
p=32,7 at abs.
p=33,5 at abs.
p=34,4 at abs.
C p=35,4 at abs.
+2°C p=37,3 at abs.
t'=+4°C p=39,3 at abs.
t'=+5°C p=40,3 at abs.
t'=+6°C p=41,3 at abs.
t'=+8°C p=43,7 at abs.
t'=+10°C p=45,7 at abs.
t'=+12°C p=48,0 at abs.
t'=+14°C p=50,4 at abs.
t'=+15°C p=51,6 at abs.
t'=+16°C p=52,8 at abs.
t'=+18°C p=55,4 at abs.
t'=+20°C p=58,0 at abs.
t'=+25°C p=65,4 at abs.
t'=+30°C p=73,1 at abs.
p=80 at abs.
p=85 at abs.
p=90 at abs.
p=95 at abs.
p=100 at abs.
p=110 at abs.
p=120 at abs.
p=130 at abs
p=140 at abs.
p=150 at abs.

+70° +80° +90° +100° +110° +120° +130° +140° +150°

raturen

Verlag von R. Oldenbourg, München und Berlin.